U0137945

CHÂTEAU

酒

A Way of
Planning
&
Entrepreneurship

庄

葡 萄 酒 酒 庄
规 划 设 计 与 创 业

黄卫东

等

/

编著

中国轻工业出版社

图书在版编目（CIP）数据

酒庄：葡萄酒酒庄规划设计与创业/黄卫东等编著. —
北京：中国轻工业出版社，2023.10

ISBN 978-7-5184-4469-4

I. ①酒… Ⅱ. ①黄… Ⅲ. ①葡萄酒—酿酒—食品
厂—建筑设计 ②葡萄酒—酿酒工业—产业发展—研究—
中国 Ⅳ. ①TU277.1 ②F426.82

中国国家版本馆 CIP 数据核字（2023）第 108279 号

责任编辑：马　妍　　责任终审：劳国强
文字编辑：武艺雪　　责任校对：晋　洁　　封面设计：奇文云海
策划编辑：马　妍　　版式设计：锋尚设计　　责任监印：张　可

出版发行：中国轻工业出版社（北京东长安街6号，邮编：100740）

印　　刷：北京雅昌艺术印刷有限公司

经　　销：各地新华书店

版　　次：2023年10月第1版第1次印刷

开　　本：889×1194　1/16　印张：18

字　　数：350千字

书　　号：ISBN 978-7-5184-4469-4　定价：240.00元

邮购电话：010-65241695

发行电话：010-85119835　传真：85113293

网　　址：http://www.chlip.com.cn

Email：club@chlip.com.cn

如发现图书残缺请与我社邮购联系调换

221456J4X101ZBW

本书编写委员会

主任：黄卫东

编写人员（按姓氏笔画排列）：

于庆泉　白明婕　左新会　吕健铭

陈　代　孟　华　宋　妍　杨　畅

杨思雨　张剑涛　吴皓玥　张翛翰

张　静　战吉宬　赵　娜　笃黎娟

赵德升　容　健　游义琳　崔彦志

韩小雨　董继先　程　朝　谭飞腾

魏嘉颐

作者

—

简介

　　黄卫东，男，1961年4月出生，广东惠州龙门人，北京农业大学（现为中国农业大学）硕士研究生。现任中国农业大学食品科学与营养工程学院二级教授，博士生导师，中国农业大学葡萄酒科技发展中心主任，中国葡萄酒杂志社社长，北京酒庄葡萄酒发展促进会会长。

　　主持科研项目获北京市科学技术进步一等奖2次（1990，1995），国家科学技术进步二等奖1次（1992），原国家教委科学技术进步三等奖1次（1995）。1995年获农业部、中国农学会中国农业青年科技奖。1992年起获国务院政府特殊津贴，1997年入选人事部"百千万人才工程"第一、二层次专家，农业部"神农计划"专家。2011年获中华农业科技奖：优秀创新团队奖（非热力加工与技术创新团队）。2011年，入选江西省"赣鄱英才555工程"第一批人选；2012年，受聘新疆维吾尔自治区特色林果业发展科技支撑第二届首席专家。

　　2001年以来，主持筹建中国农业大学葡萄与葡萄酒工程学科，成立中国农业大学葡萄酒科技发展中心，任中心主任。中心成立以来，先后开发"学院派"干红、干白葡萄酒，冰葡萄酒，中心获"'十一五'国家星火计划工作先进单位"荣誉称号。主持研制的合硕特酒庄珍藏干红2012赤霞珠获得2015年度布鲁塞尔（Brussels）葡萄酒大赛银奖；主持研制的合硕特酒庄珍藏干红2011赤霞珠、学院派赤霞珠干红2011、学院派赤霞珠干红2012、学院派马思兰干红2012，获得国际葡萄与葡萄酒组织（OIV）监管的2015柏林葡萄酒大奖赛金奖；主持研制的合硕特酒庄珍藏干红2011赤霞珠、学院派赤霞珠干红2012，获得OIV监管的2015韩国亚洲葡萄酒大赛金奖。

发表论文 260 多篇,其中 SCI 收录论文 150 多篇。2002 年以来,主持葡萄和葡萄酒工程专业相关国家和省市科研课题 10 余项。在葡萄弱光生理,葡萄逆境生理,水杨酸信号转导,干红、干白葡萄酒和冰酒新产品开发,酚类物质研究,葡萄酒产业规划,葡萄酒功能成分对人类健康的影响等方面取得多项科研成果。主持完成的"威代尔冰葡萄酒生产技术及其酚类物质研究"2005 年通过教育部科技成果鉴定,总体达到国际先进水平,其中冰酒酚类物质识别系统尚未见国内外报道;2006 年,主持规划完成的"北京延庆酒庄葡萄酒产业带发展规划"通过北京市科委组织的专家论证,促进了北京酒庄葡萄酒产业发展;2007 年,"中国葡萄酒酚类物质研究"通过教育部科技成果鉴定,总体达到国际先进水平。

2010 年 4 月 15 日,主持北京科委重大项目"延庆区葡萄酒庄园产业化示范工程——葡萄酒庄园发展模式与关键技术研究",通过教育部和北京市科委组织的专家验收。2010 年 2 月 26 日,主持的"延庆美乐系列干红葡萄酒研制及特征因子分析""延庆产区赤霞珠干化葡萄酒研制及特征因子分析"和"延庆产区霞多丽起泡葡萄酒研制及特征因子分析"3 项成果通过教育部组织的专家鉴定,达到国际先进水平。2021 年 11 月,主持的"中国葡萄酒特色微生物风土资源挖掘及小产区葡萄酒发展模式研究和示范推广"入选中国科协科创中国创新案例。

2006 年起,策划和创办《中国葡萄酒》杂志,任社长,编辑出版我国第一本葡萄酒文化推广刊物,推动世界和中国葡萄酒文化在中国的普及;2017 年获得意大利总统颁发的意大利共和国之星骑士勋章。

　　历经十多年的考察积累和教学实践，本书终于要和大家见面了！

　　改革开放以来，随着我国人民生活水平的提高和多样化、健康化生活方式的普及，我国的葡萄酒产业快速发展。2020年6月，习近平总书记视察宁夏时指出，随着人民生活水平不断提高，葡萄酒产业大有前景。宁夏葡萄酒产业是中国葡萄酒产业发展的一个缩影，假以时日，中国葡萄酒"当惊世界殊"。习近平总书记的重要指示为宁夏和我国推动葡萄酒产业高质量发展指明方向、提供遵循、注入动力。

　　我国是美食美酒消费大国，改革开放40多年来，国外葡萄酒大量进入中国市场，使我国的葡萄酒消费者和收藏者消费、品赏和收藏了丰富多彩的葡萄酒，享受了国内外葡萄酒带来的多样化的美味、健康和葡萄酒文化。同时，我国的葡萄酒爱好者也越来越多地到世界葡萄酒产区和酒庄考察和旅游，享受更加多样化的葡萄酒产区和酒庄文化。

　　葡萄酒是一种从传统农业文明延续至今并仍然具有活力和竞争力的健康饮料酒。由于其具有多样性、健康性等特性，葡萄酒成为消费者价值认同范围广的世界性饮料酒。一些葡萄园风土的优良特性、稀缺性和不可复制性，使其酿制的葡萄酒也成为金融产品和投资产品。所以，投资葡萄酒酒庄，是欧洲传统农业文明延续至今的投资取向。

　　葡萄酒产业是一个具有深厚文化底蕴的产业，是涉及第一、二、三产业的综合产业，也是最具文化创意的产业之一，许多时候，品葡萄酒就是在品文化，品历史。葡萄酒产区和酒庄的发展也更加丰富了美食美酒文化和葡萄酒产区文化，健康的葡萄酒饮食文化反过来又促进了酒庄文化和产业文化的发展。

　　葡萄酒和中餐是传统农业文明保留下来最完整的生产体系和健康生活方式，至今，美食美酒与工业文明和现代科技并存而且具有强大的生命力。其实，与欧洲一样，在中国的传统农业文明中，美食美酒搭配也是中华养生之道。中华美食和葡萄酒的相融性，共同的养生理念，使我国葡萄酒酒庄投资人和投资机构也越来越多，他们的创业和创新发展故事也激励着更多的后来者。

但是，葡萄酒产业，特别是酒庄葡萄酒产业是回报率高、回报时间长的产业，需要长期投入。对葡萄、葡萄酒、葡萄酒酒庄和葡萄酒产区认识的深度，决定了投资葡萄酒酒庄创业创新发展的高度。我国葡萄酒消费者、爱好者和收藏者越来越多，葡萄酒消费越来越成熟，我国的葡萄酒产业会有更快的发展，葡萄酒市场也会越来越大；但是，葡萄酒酒庄创业创新发展质量要求也不断提升。

本书介绍葡萄酒酒庄规划设计和创业创新发展的基础知识；通过法国勃艮第（Bourgogne）产区的发展经验论述了葡萄酒产区的发展思路、小产区认定和发展规划；通过国内外葡萄酒酒庄规划设计案例讨论了酒庄发展战略、规划设计理念和有关元素；通过葡萄酒市场和环境分析，酒庄良好关系网的建立，酒庄发展商业策划，葡萄酒拍卖市场对酒品价值、酒庄发展和市场品牌的影响以及葡萄酒酒庄发展案例论述了酒庄的商业策划；通过葡萄酒文化和产区文化以及国内外葡萄酒著名酒庄发展案例论述了葡萄酒酒庄特色文化发展战略、酒庄特色文化的打造以及它们对酒庄可持续发展的作用，包括科技、传统农业文明、特色风土文化、艺术设计、健康旅游等对酒庄特色文化的影响；通过创新人才培育和管理、核心酒品发展战略、多层次产品的创新发展、葡萄酒市场和消费者服务的价值开发等以及著名酒庄葡萄酒和葡萄酒产业的发展模式和经验，论述葡萄酒酒庄管理的创新发展。

这是一本从科学和文化来认知葡萄酒酒庄，规划和设计葡萄酒酒庄并推动葡萄酒酒庄创业创新发展的专业手册。

编著本书，付出了很长的时间，除了经常出国考察葡萄酒产区和酒庄，也成为国内葡萄酒产区和酒庄常客。作为葡萄酒专业的老师，学校和酒庄给予了我许多便利，使我有更多机会与酒庄主和酿酒师深入沟通和交流，他们创业创新的企业家精神一直鼓励着我，在积累写作素材和教学过程中，我也在不断感悟和提升。希望本书能反映出酒庄发展的精髓，并帮助到更多的人。

黄卫东
2023年3月

目录

—

第四章　葡萄酒酒庄发展商业策划

第五章　葡萄酒酒庄文化发展战略

第六章 葡萄酒酒庄管理创新发展

第一章

葡萄、葡萄酒
与葡萄酒酒庄

第一节　葡萄与葡萄酒

对葡萄、葡萄酒、葡萄酒酒庄和葡萄酒产业认识的深度，决定了未来葡萄酒酒庄、产区和产业发展目标以及发展质量的高度。

一、农产品和加工产品

葡萄和葡萄酒是农产品，首先需要认识农业和农产品。

传统农业是指利用生物有机体，通过人工培育来取得农产品的特殊社会生产部门。狭义上，通常分为种植业与养殖业两部分，主要以生产鲜活农产品为终端产品。

农业受自然条件影响较大，除了地域性、季节性和周期性外，它还具有明显的市场滞后性和产品可替代性。

同时，由于农产品日常消费和进入市场的门槛较低，大多数农产品还是消费者产品价值认同范围很小的产品，如稻米、小麦、番茄、马铃薯、黄瓜等，作为日常佐餐产品，满足人们的日常刚性需求，入市门槛低，消费者对产品价值的认同感较低。但是有一些农产品例外，例如，玫瑰花作为爱情的象征，其价值认同相对比较高和广泛。

鲜活农产品还受销售季节、销售场所、销售量的明显影响。不同的季节和销售场所，价格明显不同。由于主要是大众日常消费产品，而且大多数鲜活农产品不耐贮藏保鲜，产品稍微多一些，市场的价格就会大幅降低。

但是，如果把鲜活农产品进行加工，其消费者产品价值认同范围就明显不同了，如鲜马铃薯和加工产品休闲马铃薯片，其价格天壤之别。

如果加入了健康元素和产地文化元素，其产品价值的消费者认同范围就更宽了，如葡萄酒、普洱茶。

更进一步，引进小产区产品认定，即标明产品产地的具体乡镇、村、种植区信息，并应用防伪溯源、一物一码等产地认定技术和防伪技术，产品被赋予了产地特色风土和数量认定，其价值认同就会有更大提升，随着优质产品稀缺性和产地特异性及不可替代性提升，产品甚至可以进入投资和收藏品类，也更有利于产业的有序竞争和可持续发展。例如，欧洲的传统农业以村庄特色风土和社会品牌为引领，不仅保留了传统农业文明和传统农业技术，而且具有很强的市场竞争力。

因此，农产品加工、产地认定，品牌打造和防伪溯源是提高农产品附加值的重要途径。

二、葡萄和葡萄加工产品

葡萄的终端产品形态包括：鲜食葡萄、葡萄盆景、葡萄汁、葡萄干、葡萄酒、蒸馏酒和白兰地等，具有突出的多样性。

葡萄酒是一种酿制酒，是将葡萄汁通过酿酒酵母等微生物加以发酵后所得的、含酒精的碱性饮料酒。它是一种从传统农业文明延续至今并仍然具有活力和竞争力的美味饮料酒。

葡萄酒产生于自然，是一种古老、独特、神奇、美味的纯天然饮料酒。在人类出现之前，可能自然界就存在葡萄酒了。之后，它不断融入人类的智慧和科技成果，不断发展，成为大自然和人类智慧的杰作。

葡萄园和葡萄酒村庄

一直以来，葡萄酒是丰收、和谐和富饶的代名词。卢卡·西尼奥雷利的画作《丰收与富饶寓意画》表现了大地的丰收，画中酒神巴库斯（原丰收之神）和农业女神切雷蕾的身旁，有小麦、水果和葡萄酒。

葡萄酒的基本成分有单宁、花色苷、黄酮醇、黄烷醇等多酚类物质，以及酒精、糖分、有机酸等。与白葡萄酒相比，红葡萄酒中含有丰富的多酚类物质，如原花色素、白藜卢醇、酚酸、黄酮醇等，对人类的免疫系统具有良好的保护作用。

适量饮用葡萄酒可以降低胆固醇，预防动脉硬化和心血管病。法国人喜欢吃高脂肪食品，如肥鹅肝，但法国人动脉硬化和心血管病的患病率在欧洲和美洲国家中最低，这可能归功于法国的葡萄酒。

葡萄酒和葡萄酒产业更是一种文化产品和

葡萄酒和酒杯

文化产业，由于它的文化属性，使它的消费者认同价值很宽。许多时候，在品葡萄酒时，就是在品文化，品历史。

三、酿酒葡萄品种和葡萄园风土

1. 酿酒葡萄品种

酿酒葡萄是起源最早的植物之一，由于地球地质结构的变化，演变出不同的品种，其中现在作为酿酒葡萄的重要品种就是欧洲葡萄（*Vitis vinifera* L.），起源于欧亚大陆，经自然变异和人工选育后演变出西欧品种群、黑海品种群和东方品种群。人类不断为了某一些目标需求进行选择和培育，逐渐形成了一群在形态、经济性状和基因上相对相似的品种群体，如西欧品种群的赤霞珠（Cabernet Sauvignon）、霞多丽（Chardonnay）、黑比诺（Pinot Noir）等，黑海品种群的黑姑娘（Feteasca Neagra）、白姑娘（Feteasca Alba）、白羽（Rkatsiteli）等，以及东方品种群的龙眼等。由于产区文化和对历史的尊重，许多遗传学上有差异的酿酒葡萄品种常用同一个品种名称，而一些欧洲的葡萄酒传统产区，可能同一个品种在不同的产区有不同的名字。

目前，酿酒葡萄品种大多数是人类从野生、自然变异和自然杂交酿酒葡萄个体中经过长期选择和培育出来的，也有一些是人类采用科学育种方法培育出来的。随着现代科学技术的不断发展，未来酿酒葡萄新品种的选育进程和速度将会加快，由基因控制的酒品形态也将会更加突显。

2. 葡萄园风土

葡萄园风土（Terroir）这个名词起源于法国，与法国葡萄园，尤其是与著名的法国葡萄园和名庄密不可分。现在，随着世界上不同国家的葡萄酒名庄崛起，风土也成为世界通用的

酿酒葡萄品种和结果状况

概念。有名的葡萄园和名庄更关心风土，传播其独特性和不可复制性。"风土"，从科学的角度，应该包括与葡萄和葡萄酒有关的所有土壤条件、自然条件和气候条件。但是从狭义来讲，"风土"就是个性化的土壤条件、葡萄园独特的地形和微气候以及和品种的适合度的总称，强调的是特色和不可替代性。

所以，在新建葡萄园和酒庄时，认知、建设和保护、维持葡萄园的独特风土，在特色产地酒品和品牌的培育及市场推广上尤其重要。

3. 葡萄园的微生物风土

说起葡萄园风土，市场和消费者关注不多，但很重要的一个因素就是微生物。许多酒庄酒和产地酒的一个重要特色就是酒庄采用本葡萄园的自有酿酒酵母和非酿酒酵母等一起酿酒，由于微生物的复杂性，酿出来的酒体更复杂、更丰满，香气更丰富、更怡人，酒品特色更突出、更不可复制。

但是，自主葡萄园及葡萄上可能携带有害微生物，给葡萄酒带来生物胺等有害物质和不好的气味。所以，葡萄园微生物群体的安全性和干净度非常重要。这也是近十多年来微生物风土成为研究热点的原因之一。不同地理位置带来的葡萄酒理化指标和风格特性的差异，有时决定了葡萄酒的价值和喜好度。微生物种群的安全性、配合度以及有效性也大大影响了葡萄酒的特色和品质。

葡萄园的微生物风土由科学工作者提出并加以研究。微生物的生物地理学研究旨在揭示微生物来源，其数量和分布，以及各种群在不同地理尺度的多样性变化趋势。随着微生物生物地理学研究的逐渐兴起，葡萄酒"微生物风土"也成为了葡萄酒领域的研究热点。世界主要葡萄酒产区以及中国产区也相继证明了葡萄园土壤、葡萄果实以及葡萄汁微生物菌群的产区特异性，即微生物风土的存在。中国农业大学黄卫东团队进一步研究表明，产区间微生物风土的差异能够对生产所得葡萄酒的风格产生影响，与其风土特性显著关联。

微生物风土概念的提出，有利于不同产区和酒庄更加关注产区、小产区和酒庄特色微生物种群的保护以及酒庄特色酒品的酿造与推广，有利于葡萄酒产业多样化和差异化发展。

葡萄园风土和微生物风土的复杂性和多样性，使来自于风土的影响更为多样，形成葡萄酒的风格和特色，也是许多名庄、名园和名产地更加强调其风土特色的原因。而来自于品种的风格和特色，则更趋向一致，尽管赤霞珠、桑乔维塞、丹魄等品种具有许多品系，但其风格和特色相对相似。

葡萄园风土：
土壤和微气候

葡萄园风土：气候和环境

四、葡萄酒的历史

最早的葡萄酒是野生葡萄成熟脱落，掉在石坑里通过微生物的发酵而产生。至于是谁最先品尝到葡萄酒？谁又最先人为种植葡萄并酿出葡萄酒？答案已不可考。葡萄酒与人类文明紧密相连了7000多年，人类最早种植的葡萄籽在黑海周边的小镇被发现，在古埃及古墓珍贵的文物中，也清楚地描绘了古埃及人栽培、采收葡萄和酿造葡萄酒的情景。

欧洲的葡萄栽种和酿造起源于古希腊时代。在葡萄酒发展的最初阶段，很重要的一点应该是葡萄酒的美味和刺激性，并在那时人类生活中扮演了重要的角色，那一时期的古埃及人、古希腊人以及后来的古罗马人都痴迷于葡萄酒，之后由于宗教和产区葡萄酒文化的形成和影响，使葡萄酒成为了欧洲文明的重要因素。《圣经》至少有521次提及葡萄酒。葡萄酒的快速传播起始于古罗马，随后传遍了全欧洲。至17～18世纪，欧洲各国统治美国、澳大利亚、非洲多国等殖民地的同时，也将葡萄种植及葡萄酒的酿制传至世界各地。

所以，葡萄酒是大自然和人类智慧合作的杰作，是一种最古老的、独特的、神奇的饮料酒，而且它经久不衰，不断有新产区把它作为新兴产业推广并形成主导产业进而不断发展。

五、葡萄酒在中国

在与古埃及、古希腊相同的时期，中国也有葡萄，也可能有葡萄酒。但是，却没有得到很好发展和传承。现在保留下来的野生葡萄品种，都不太适合酿酒。在古代的中国，葡萄酒也出现过热潮，"葡萄美酒夜光杯，欲饮琵琶马上催。醉卧沙场君莫笑，古来征战几人回。"这首《凉州词》至今朗朗上口。可能中国更早时候就有葡萄酒，在一些古墓的考察中发现有可能是粮食和葡萄混酿的酒。有关酿酒葡萄的最早记载文字见于《诗经》，距今也有2500多年。从历史记载，中国酿造葡萄酒的历史可追溯到西汉，汉武帝派遣张骞出使西域，从大宛（今中亚塔什干地区）引入酿酒葡

萄，同时引进葡萄酒酿造方法。大唐时代葡萄酒已颇为盛行。

明代词人张恒的《凉州词》"垆头酒熟葡萄香，马足春深苜蓿长。醉听古来横吹曲，雄心一片在西凉。"清代著名学者张澍的《凉州葡萄酒》"凉州美酒说葡萄，过客倾囊质宝刀。不愿封侯悬斗印，聊拼一醉卧亭皋。"等华丽词章，俯拾即是。

但是，清代中期以后，我国的葡萄酒事业因为战乱不断丢失。直到1892年，清代大学士张弼士在烟台建立张裕酒庄，开始近代葡萄酒的工业化生产，然而发展非常缓慢。新中国成立后，由于国家的主要任务是粮食生产，葡萄酒产业也很难得到重视。改革开放以来，特别是1995年以来，我国葡萄酒产业进入全新的发展时期，至今已形成了以长城、张裕为代表的系列规模葡萄酒企业品牌，以山东烟台产区、宁夏贺兰山东麓产区、河北延怀产区和昌黎产区、新疆北坡产区、新疆天山南麓产区、北京房山产区、辽宁桓仁冰酒产区等为代表的葡萄酒产区。

近20年来，一批像波龙堡、中法庄园、桑干、天塞、瑞云、合硕特、莱恩堡、立兰、贺兰晴雪、志辉源石、龙亭等有代表性的葡萄酒酒庄也逐渐发展。宁夏贺兰山东麓西夏区和闽宁镇酒庄酒产业带、河北怀来产区酒庄葡萄酒产业带、天山南麓酒庄葡萄酒产业带、北京房山酒庄葡萄酒产业带等也逐渐成形，并对世界葡萄酒界和市场产生影响，受到极大关注。

六、葡萄酒分类

葡萄酒按形态分有平静型、起泡型、加强型、加料型等类型；

按颜色分则有红葡萄酒、白葡萄酒、玫瑰红（桃红）葡萄酒等类型；

按酒的含糖量来分，可以分为干型、半干型、半甜型、甜型等。

按产地来分，又可以分为地区餐酒、地理标志葡萄酒、法定产区葡萄酒（可以细分为地区级法定产地、县域级产地、乡镇级产地、村庄级产地和具体的地块）。我国也将乡镇级产

地、村庄级产地和具体地块作为小产区认定产地。

本节将回顾一些葡萄酒名词的定义。

起泡葡萄酒（Sparkling Wine）：酒精度为5%～14%；含丰富的CO_2。例如，法国香槟产区的香槟（Champagne）起泡酒、西班牙的卡瓦（Cava）起泡酒、意大利的微泡酒等。

平静葡萄酒（Still Wine）：酒精度为10%～15%。主要有白葡萄酒、红葡萄酒、玫瑰红（桃红）葡萄酒。

风干葡萄酒（Air-dried Wine）：采摘后的葡萄，被均匀地铺陈在传统的晾干架上（典型的为木架或竹架，现代也有用板木板架的）自然风干（也有用风机辅助的）2～3个月，当葡萄果实的重量因水分散发而减少30%～50%时再按红葡萄酒的工艺酿造成葡萄酒。风干葡萄酒也属于平静葡萄酒。主要产区为意大利威尼托产区的瓦尔波利切拉（Valpolicella）产区。

强化葡萄酒（Fortified Wine）：又称加强葡萄酒，酒精度16%～23%，葡萄酒原酒发酵后，加入白兰地或葡萄酒蒸馏酒调配而成。如波特酒（Port）、雪莉酒（Sherry）等。

加料葡萄酒（Aromatized Wine）：将平静葡萄酒加入香料、药食同源植物等酿制的葡萄酒。如苦艾酒（Vermouth）、多宝力（Dubonnet）、金巴利（Campari）等。

葡萄蒸馏酒（Wine Spirit）：采用蒸馏酒工艺酿制的葡萄烈酒。常见的白兰地、干邑XO等就是将葡萄蒸馏酒通过橡木桶陈酿后的葡萄烈酒。

葡萄酒一般指平静葡萄酒。

红葡萄酒（Red Wine）：葡萄采摘后连同葡萄皮一起压榨酿造，酒红色来自葡萄皮的颜色。通常，红葡萄酒是用红色葡萄、紫红色、紫色或紫黑色葡萄酿造的。

白葡萄酒（White Wine）：不管是采用白色、绿色、黄色或红色葡萄酿制，一般只用葡萄汁发酵，偶尔也会带皮发酵，但是只是很短的时间，最多2天后进行皮渣分离。通常由白葡萄或绿葡萄酿造。采用红葡萄时，则采用轻柔压榨得到葡萄清汁进行酿制。

风干葡萄

桃红葡萄酒（Rose Wine）：采用浅红色或红色葡萄酿制，带皮发酵时间很短（1～3天不等），然后进行皮渣分离，果汁继续发酵至完成。桃红葡萄酒的颜色从浅麦秸秆黄色到玫瑰红色都有，不同的酒庄和酿酒师，控制颜色的深浅不同。

贵腐酒（Botrytised Wine）：源自匈牙利的一种很珍贵的甜葡萄酒，由于它利用侵染于葡萄皮上的一种"贵族霉"（贵腐霉菌，*Botrytis cinerea*，又称灰霉菌）作用，使果实含糖量提升并经过保糖发酵酿制而成，故名"贵腐酒"。

冰酒（Icewine）：一种利用自然冷凉逆境和冰冻逆境培育冰冻葡萄提升果实含糖量，并经过保糖发酵酿制而成的一种甜型葡萄酒。

七、生态农业、有机农业和生态葡萄酒

20世纪中叶，现代农业开始发展。截至20世纪80年代，一些经济发达的国家，已不同程度地实现了农业现代化。现代农业发展的核心是强调现代科技的应用，强调化学产品的应用和人工调控。但是，发达国家的现代农业也产生了某些负面影响，例如，能源消耗过大，农药、化肥、除草剂的过度应用，环境污

染、地力下降，人们越来越担心农产品和食品安全。由于对现代农业的反思，20世纪70年代以后，西方国家出现了替代化学农业的尝试——发展生态农业、自然农业和有机农业。欧洲葡萄酒产业强调了生态农业和有机农业的发展，因为，欧洲以村庄品牌和特色风土闻名的酒庄葡萄酒产业，注重的就是生态农业、有机农业的理念，即生态上能自我维持，低输入，经济上有生命力，环境、伦理和审美方面可接受的小型农业。一些葡萄酒酒庄成为了有机农业和生态农业推广的先锋，近30年来，生态葡萄酒，包括有机葡萄酒和生物动力法葡萄酒越来越受到酒庄主、消费者和市场的关注和认可，也得到政府和中介机构的认定。

1. 有机葡萄酒

与有机农产品一样，有机葡萄酒这个概念可以追溯到20世纪70~80年代，但是其发展速度惊人。欧盟和美国农业部已对有机葡萄酒的生产立法。有机葡萄酒目前无统一标准，但是各国的标准大同小异。一般地，有机标准的基本点如下。

（1）栽种的葡萄不能使用化肥，只允许使用没有污染的天然物质作肥料（如海藻、牲口粪便和植物混合肥料）；

（2）不允许使用除草剂，只能机械、马、牛或人力除草；

（3）对于病虫害，只能采用物理和手工手段预防和去除，或使用从植物中提取的制剂和最简单、传统、实践证明害处最小的化学制剂，如波尔多液（由熟石灰水和硫酸铜配成）；

（4）酿酒过程中，禁止使用转基因酵母和添加常用的辅料，如酸和澄清酶、增香酶等酶。添加二氧化硫（消毒、防腐）的剂量规定得相当严格，以装瓶后的含量计算，不能超标。美国农业部规定有机葡萄酒禁止在酿酒时使用二氧化硫，这点与欧盟和我国的标准不同，我国和欧盟允许使用二氧化硫，只是控制了其最大添加量。

一般地，酿酒时不添加二氧化硫确实可以避免其添加所造成的口感影响（可以通过控制用量避免）；但是不添加二氧化硫很有可能会造成更大的危害，例如，其他致病菌的污染，葡萄和葡萄酒货架期的缩短和口感的下降。

酒庄和葡农必须接受有关的认证中介机构的核查。从一个常规葡萄园改造为有机葡萄园需要三年时间，这就意味着，从停止使用化学制剂算起，需要三年的时间才能使土地消除过去使用化学制剂的影响，恢复原貌。第四年的葡萄才能被确认为生态产品或有机产品。

2. 生物动力法葡萄酒

生物动力农业是要求更严格的一种生物农业类型。这个种植方法是奥地利人鲁道夫·斯坦纳（Rodulph Steiner）于1924年创建的。学说的基础是把地球看作一个整体，要求农耕

有机葡萄园

生物动力法葡萄园

者保持土地的活力。

　　该种生物农业类型主张不使用任何化学合成剂，即除草剂、杀虫剂、化肥等。土地出了问题，农耕者不是使用损害葡萄本身的"药物"来消除病症，而是寻求通过增强"病株"自身的活力和平衡，从而达到除病消灾的目的。

　　为了保持土地内含的生物活力并提高土地的产出，给它增加动力，种植者应使用植物、动物、矿物的原生态制品，而不是化学合成产品。更有意思的是，这一方法强调天体运行和季节变化对作物的影响，何时施肥、何时浇水都要按日月运行而定，这很像中国传统的农历。

　　生物动力葡萄园就是整个葡萄酒园管理、葡萄酒发酵、陈酿和灌瓶的程序要按月相（即新月或满月等）的规律来进行，因为酿造者相信宇宙及星宿的运行会影响葡萄树的生长和果实发酵陈酿，葡萄园内果实的整个收割过程都以人手完成，要丢弃其中30%左右，以保证完美的品质。发酵过程全采用旧橡木桶，成熟后不经过过滤。由于葡萄园的逆境和产量极其低，酿出的好酒不同凡响。

　　生物动力法葡萄酒传承传统有机种植和酿造精神，即一直信仰、推崇并坚持的"Terroir精神"的最好诠释——天、地、人的完美结合和传承！

　　3. 自然葡萄酒

　　完全在纯自然条件下，由酿酒葡萄在本园微生物自然发酵完成，不添加任何糖分、酵母等微生物以及其他酿酒辅料，是强调纯天然性的葡萄酒。但是，由于葡萄园的自然生长状态以及含有各种微生物的可能性，所以，自然葡萄酒存在各种风味，包括各种不良气味和有害物质的可能性。

第二节　葡萄酒酒庄

　　目前，葡萄酒生产企业的类型没有严格的划分标准，但是，区别是明显的，本书把它们分为：酒庄、酒厂、酒园、酒业合作社、葡萄园等。

一、酒庄

　　酒庄拥有自有的专用酿酒葡萄园，面积、品种、产地、产量等明确，有法律和地方行业组

葡萄酒酒庄

织的约束。具有明显的身份证，即每一瓶酒都有标识。如法国的拉菲罗斯柴尔德酒庄（Château Lafite Rothschild，以下简称为拉菲酒庄）、里鹏酒庄（Le Pin）、奥松酒庄（Château Ausone）和国内的立兰酒庄、龙亭酒庄等。

二、酒厂

酒厂拥有齐全的酿酒设备，以生产餐酒、地区餐酒和优良地区餐酒为主，也可以生产法定产区葡萄酒（受到地方行业组织的约束），没有严格的身份证制度，产量根据自有生产和收购葡萄的数量以及市场预测而定。这类酒厂往往有较大的生产规模。

三、酒园

酒园拥有知名的酿酒葡萄园和地下酒窖，但是往往没有葡萄酒发酵车间，常在其他酒庄、酒厂或自己别处的发酵车间酿酒，然后在自己的酒窖陈酿和陈年。

酒厂

酒园

酒园与酒庄一样，葡萄园的品种、数量、葡萄园大小、每年酒的数量、酿酒方法等都有严格的规定和约束，如法国勃艮第的一些酒园。

四、酒业合作社

一些不太有名的葡萄酒酒厂、葡萄园、酒园联合起来组成合作组织，生产共同品牌或不同品牌的产品，共同开发市场。

这类企业，拥有自己的葡萄园、一个或几个发酵车间和酒窖。生产餐酒、地区餐酒、优良地区餐酒和法定产区葡萄酒，法定产区葡萄酒受到地方行业组织的约束。

五、酿酒葡萄园

酿酒葡萄园分为以下两类。

一类为具有一定等级的法定酿酒葡萄园。拥有自己的葡萄园，种植的品种、数量清晰，品质优良，深受葡萄酒酒庄的信任，有固定的购买客户，为生产客户提供生产法定产区葡萄酒，甚至生产知名品牌葡萄酒的原料。这些葡萄园到一定时候，就会发展为酒园或酒庄，如法国勃艮第的一些葡萄园，香槟产区的一些葡萄园。

另一类为无等级、无认定的酿酒葡萄园，历史比较短，酿酒品质还未充分认证，如我国许多农户种植的酿酒葡萄园。

第三节　葡萄酒命名和分级分类

一、命名

目前，不同国家、不同产区，对葡萄酒的命名没有统一的规定。酒庄或酒企，会根据相关国家的葡萄酒标准，与各自的市场客户群体的认知和需求，采取相应的命名，以获得最大的消费市场，推广各自的葡萄酒品牌。

1. 区域或产地命名法

区域和产地命名，强调酒庄和产区、产地社会品牌的推广。欧洲古老的优质产酒区多用此法，如法国的波尔多（Bordeaux）产区及其辖区内著名的小产区梅多克（Médoc）、圣·艾米隆（Saint-Émilion）；法国的勃艮第（Bourgogne）及其44个村庄级葡萄酒、600多个一级园和33个特级园葡萄酒；意大利的巴罗洛（Barolo）村、巴巴瑞斯口村（Barbaresco）等；德国的彼斯波特（Piesporter）、圣约翰（Johannisberg）等。

2. 葡萄品种命名法

品种命名法更易被消费者认知和接受，但是往往与产地、产量无关联，一般作为酒庄的大众日常消费酒品推广。新兴的产区如澳大利亚、美国、智利、阿根廷、中国等许多酒企、酒庄采用此法，如赤霞珠（Cabernet Sauvignon）、霞多丽（Chardonnay）、雷司令（Riesling）等。

3. 酒庄命名法

用酒庄或酒商名称命名，知名的酒庄酒如玛歌酒庄（Ch. Margaux）、拉图酒庄（Ch. Latour）、里鹏酒庄（Le Pin）等的正牌酒庄酒，都使用这种方式，以突显其收藏价值和酒庄的社会责任。以酒商命名，也突出了酒商品牌推广的自信，与产地关联时更是如此。

4. 商标（专属品牌）命名法

许多酒商以其商誉及历史自创品牌命名，如西班牙的桃乐丝（Torres），法国的莎普蒂尔（M.Chapoutier），中国的长城、张裕等。一般地，酒商也会实行多品牌战略，在主品牌下命名相应的副标，以区分产品价值的差异性，面对不同的市场和消费群体。

二、分级分类

葡萄酒世界基于发展历史、规模、葡萄酒文化普及深入程度的不同而分为传统世界国家和新世界国家。葡萄酒传统世界国家主要有法国、意大利、西班牙、德国等，新世界国家指新兴的葡萄酒产业发展国，与欧洲葡萄酒传统世界国家相比，它们的葡萄酒发展历史较短、葡萄酒文化的普及相对滞后，如美国、澳大利亚、智利等。

一般来讲，葡萄酒分为四类：①普通葡萄酒，凡是葡萄酿的酒，就是葡萄酒；②不同品种葡萄酿的葡萄酒，是遗传基因控制为主的葡萄酒；③地理标志酒，即用特定的优质产地葡萄酿制的葡萄酒，它有固定的优质区域，是政府认定和管理的葡萄酒产区；④法定产区和产地酒，即优质原产地葡萄酒，面积、品种、村庄小产区（具体的地块）、产量等明确，有法律和地方行业组织的认定和约束。

（一）葡萄酒传统世界的分级分类管理体系

葡萄酒传统世界国家因为有较长的葡萄酒发展历史，所以葡萄酒分类分级监管和葡萄酒文化发展较为完善。以下介绍主要生产国家法国、意大利和西班牙等产区的分级分类体系，供参考。

1. 1855年波尔多列级酒庄分级制度

葡萄酒的分级分类源自1855年法国波尔多的分级制度，对波尔多地区的梅多克区（Médoc）、苏玳（或索甸）区（Sauternes）和巴萨克区（Barsac）内的优级葡萄酒酒庄所做的一个分级。

在1855年以前，英国几乎承办了世界上各种重要的大型展览，拿破仑便决定在自己国家的首都巴黎，举办万国博览会（Universal Exhibition），当时主办单位为了把法国优级葡萄酒推上世界舞台，方便不是那么懂酒的人来购买，便要求波尔多地区对吉伦特（Gironde）河流域所生产的红、白葡萄酒酒庄和贵腐酒酒庄进行分级，其中梅多克产区选出了61个酒庄。1855梅多克产区列级酒庄分为五级，以市场的品质和价格为主要指标进行认定，从高到低依次为一级、二级、三级、四级、五级。其中，玛歌酒庄（Château Margaux）、拉菲酒庄（Château Lafite-Rothschild）、拉图酒庄（Château Latour）和侯伯王酒庄（Château Haut-Brion）被评为一级酒庄，其中，侯伯王酒庄在格拉夫（Graves）产区，但是，由于侯伯王酒庄在国际上享有盛誉，其葡萄酒在国际市场深受欢迎，所以也入选。这个分级制度得到政府和市场的充分认可，从1855年以来都没有变过，唯一例外的是木桐酒庄（Château Mouton-Rothschild），在1973年从二级酒庄提升为一级酒庄。而在苏玳和巴萨克产区，则选出了21家列级酒庄，分为三个等级，其中，最高的为特等一级1家，即伊甘酒庄（又译为滴金酒庄）（Château d'Yquem），一级酒庄9家，二级酒庄11家。由于那个时代，人们喜好甜酒，所以，在该产区入选的都是生产贵腐酒的酒庄，而生产白葡萄酒的酒庄，无1家入选。

1855列级酒庄分级制度对世界葡萄酒产业发展的影响是巨大的，至今仍引领世界葡萄酒产业和市场的发展。以后又产生了许多分级体系，如波尔多圣·艾米隆产区列级酒庄分级体系，波尔多格拉芙列级酒庄分级体系等，都对葡萄酒市场产生深远的影响。

2. 法国葡萄酒分类体系

法国的原产地管理制度自1936年正式实行，目的是保证装瓶的葡萄酒与酒标上的注解相符，以保护消费者的利益。共分为四类：

日常餐酒（Vins de Table，VdT）、地区餐酒（Vins de Pays，VdP）、优良地区餐酒（Vins Délimités de Qualité Supérieure，VDQS）和法定产区葡萄酒（Appellation d'Origine Contrôlée，AOC）。

日常餐酒：是最普通的葡萄酒，作日常饮用。可以由不同地区的葡萄汁勾兑而成，如果葡萄汁来源限于法国各产区，可称法国日常餐酒。不得用欧盟外国家的葡萄汁。产量约占法国葡萄酒总产量的38%。酒瓶标签标示为 Vin de Table。

地区餐酒：日常餐酒中优质的葡萄酒被升级为地区餐酒。地区餐酒的标签上可以标明产区。可以用标明产区内的葡萄汁勾兑，但仅限于该产区内的葡萄。产量约占法国葡萄酒总产量的15%。酒瓶标签标示为 Vin de Pays + 产区名。法国绝大部分的地区餐酒产自南部地中海沿岸。

优良地区餐酒：是普通地区餐酒向法定产区葡萄酒（AOC）级别过渡所必须经历的类别。如果在VDQS时期酒质表现良好，则会升级为AOC。产量只占法国葡萄酒总产量的2%。酒瓶标签标示为 Appellation+产区名+ Qualité Supérieure。

法定产区葡萄酒：是法国葡萄酒最高类别。AOC在法文意思为"原产地控制命名"。原产地的葡萄品种、种植数量、酿造过程、酒精度等都要得到专家认证。只能用原产地种植的葡萄酿制，绝对不可和别地葡萄汁勾兑。AOC产量大约占法国葡萄酒总产量的35%。酒瓶标签标示为 Appellation+产区名+ Contrôlée。

2009年8月，为了配合欧洲葡萄酒的类别标注形式和分类，法国葡萄酒的分级分类进行改革，2011年1月1日开始装瓶的葡萄酒产品，已经使用新的分类标记。同时，也在使用原来的标记。

VdT葡萄酒改为VdF葡萄酒（Vin de France），属于酒标上无产区提示（IG）的法国产葡萄酒（Vin sans Indication Géographique）。

VdP葡萄酒改为地理标记葡萄酒（Indication Géographique Protégée，IGP）；

AOC葡萄酒改为AOP葡萄酒（Appellation d'Origine Protégée）。

3. 法国勃艮第（Bourgogne）葡萄园分级

法国勃艮第产区生产的所有葡萄酒几乎都为法定产区葡萄酒。勃艮第产区拥有101个AOC法定产区，约占法国400多个AOC的四分之一，但是，产量只有约6%，由5个子产区组成，由北向南分别为：

夏布利、大欧塞尔区及沙第永内（Chablis, Grand Auxerrois and the Châtillonnais），气候冷凉，只出产白葡萄酒，拥有1个特级园，含7块葡萄园，1个村庄级葡萄酒；

夜丘（Côte de Nuits），主要出产顶级红葡萄酒，拥有特级园24个，以香贝丹园（Chambertin）、沃恩-罗曼尼园（Vosne-Romanée）、伏旧园（Vougeot）等惊艳世界；

伯恩丘（Côte de Beaune），红、白葡萄酒都生产，其顶级白葡萄酒享誉世界，拥有特级园8个，夏山-蒙哈榭园（Chassagne-Montrachet）、普里尼-蒙哈榭园（Puligny-Montrachet）等闻名世界；

夜丘和伯恩丘的东坡又称为金丘（Côte d'Orient，缩写Côte d'Or），表示东坡（向东的山丘、山坡之意），是一片狭长的地带，由北向南约50千米，是世界葡萄酒的黄金地带；

夏隆内丘（Côte de Chalonnaise），以圆润平衡的红、白葡萄酒为主；

马孔内（Mâconnaise），以白葡萄酒为主。

在此基础上，勃艮第葡萄酒产业协会将葡萄园分为特级园、村庄级园（村庄级中经过评审的特定园为一级园）和勃艮第级。这样的分级更有利于酒庄在葡萄园上投入，保护葡萄园不受破坏。

勃艮第产区目前拥有44个村庄级AOC，马孔内和夏隆内丘各有5个，夏布利1个，其余的都在夜丘和伯恩丘。

一级园（Premier Cru 或 1er Cru），约占勃艮第11%的葡萄酒产量，表示为村庄名称+ Premier Cru（或1er Cru）+葡萄园名称，数量很多，目前已经有684个，而且数量还在增加。

特级园（Grand Cru），葡萄酒只占产量的约2%，共有33个特级园，夏布利的7块园共用1个AOC名称，其余的32个特级园有24个在夜丘，8个在伯恩丘。酒标上只标特级葡萄园的名字，如Musigny，La Tâche，Montrachet等。

其他2/3的葡萄酒属于勃艮第大区级。

勃艮第葡萄园的分级，由于其对葡萄酒品质判断的基本正确性和数量的限制（身份证是很清晰的），因而得到了世界葡萄酒市场强有力的支持。葡萄酒的价格从村庄级（Village）到村庄一级园（Premiers Crus）再到特级园（Grands Crus）呈现稳步增长的趋势。但是差异对于一些葡萄园也是明显的。例如，有的村庄一级园，市场价格远远高于很多特级园。村庄级也有很好的表现，如沃恩－罗曼尼（Vosne-Romanée）村庄级葡萄酒，以及香波－蜜思妮（Chambolle-Musigny），哲维瑞－香贝丹（Gevrey-Chambertin）和莫雷－圣丹尼（Morey-St-Denis）村庄级的葡萄酒价格都高于村庄一级园。

勃艮第葡萄园的分级对葡萄园的价值也产生了重要影响。村庄级的土地比产区级的土地贵10倍，村庄一级园的葡萄园是村庄级的2~3倍，而特级园的价格比村庄一级园的高3~4倍。

4. 意大利葡萄酒分级分类体系

意大利葡萄酒的分级分类制度借鉴了法国AOC制度的经验，从1963年开始制定到1966年正式实施，对意大利的葡萄酒规范化产生了深远影响。当时制定的葡萄酒等级只有两个，分别是法定产区餐酒（Denominizaione di Origine Controllata，DOC）和佐餐酒（Vino da Tavola，VDT）；1980年，意大利又增加了保证法定产区酒（Denominizaione di Origine Controllata e Garantita，DOCG）等级，在1992年又增加了典型产区酒（Indicazione Geografica Tipica，IGT）等级。至2022年底，全国20个产区，共有332个DOC和76个DOCG。

佐餐酒：英文直译是Wine of Table，意指此类酒是意大利人日常进餐时佐用的葡萄酒。佐餐酒在酒标（Label）上不必列出葡萄品种或产区名称。

典型产区酒：欧盟市场批准了意大利的这种葡萄酒与法国的地区餐酒（Vins de Pays）和德国的地区餐酒（Land Wein）葡萄酒处于相同级别。规定这种葡萄酒应产于典型的特定地区和特定的健康葡萄，并把这一情况在酒标上注明。典型产区葡萄酒要求使用限定地区采摘葡萄的比例至少要达到85%。

有某一类IGT，其实是高质量的意大利葡萄酒，由于有关法律严格规定，意大利酒庄使用外国葡萄品种（如法国的Cabernet Sauvignon）酿成的酒，品质即使很高，也不能使用更高的等级。这些"名小于实"的葡萄酒多来自托斯卡纳（Toscana，英文Tuscany），于是专家们称其为"超级托斯卡纳"（Super-Tuscany）。

法定产区餐酒，即"控制原产地命名生产的葡萄酒"。在指定的地区，使用指定的葡萄品种，按指定方法酿造。DOC葡萄酒的生产得到确认后，葡萄种植者必须按DOC酒法进行生产。与DOC相对的法国评级是AOC，但以整体素质而言，可能意大利的DOC较法国的AOC更平均。

保证法定产区酒，即"保证控制原产地命名生产的葡萄酒"。这是对DOC酒的补充，以保证优质的DOC葡萄酒的可靠性。它要求在指定区域内的生产者自愿地使其生产的葡萄酒受到更严格的管理标准。已批准为DOCG的葡萄酒，在瓶子上将带有政府的质量印记。DOCG是意大利葡萄酒的最高类别，在葡萄品种、采摘、酿造、陈年的时间方式等方面都有严格管制，甚至有的还对葡萄树的树龄进行规定，而且要由专人试饮。葡萄酒要达到DOCG的级别，至少要有5年DOC的经历。

5. 西班牙葡萄酒分级分类体系

西班牙的葡萄酒分级细致烦琐，最新的葡萄酒法于2003年修订，将葡萄酒分为五级，前两类为普通酒。

日常餐酒（Vino de Mesa，VdM）：西班牙葡萄酒分类体系最低一类，凡没进入其他类别的酒，或被降级的酒都只能用VdM出售。常由许多来自不同产区的葡萄酒混合调兑而成。酒标上也常只有出产商的名字，没有年份、葡萄品种及产区的标注。

地区餐酒（Vino de la Tierra，VdlT）：地区餐酒相当于法国的Vin de Pay级别。产区范围比西班牙法定原产区分级（DO）大且笼统，其他有关葡萄栽种和酿酒的法规也少而简单。

指定产区葡萄酒（Vinos de Calidad con Incicación Geofráfica，VCIG）：于2003年建立，比法定原产区（DO）级别低，可作为DO级产区的预备队，成为VCIG级别的地区在5年后方可以申请成为DO产酒区。

法定原产区（Denominaciónes de Origin，DO）：法定原产区分类相当于法国的AOC类别。所有的DO类别酒都有背签标注其橡木桶陈酿和瓶储陈年时间，根据陈酿陈年期的长短

从低到高又可分为年轻酒（Joven）、陈酿酒（Crianza）、珍酿酒（Reserva）、特级珍酿酒（Gran Reserva）四个级别的葡萄酒。

年轻酒（Joven）：西班牙的法定原产区级葡萄酒里最低一类，表示该酒在葡萄采摘后一年即可发售，多数不经橡木桶陈酿。

陈酿酒（Crianza）：表示红葡萄酒经过至少两年的陈酿陈年（橡木桶内陈酿至少半年及装瓶后瓶储陈放一年），葡萄采摘后第三年才可发售。有些地区则规定此类酒在橡木桶中陈酿不可少于一年。白葡萄酒或桃红葡萄酒则需瓶储陈放一年后再发售。

珍酿酒（Reserva）：DO级别葡萄酒中较高品质的一类，表示该酒经过至少三年的陈酿陈年（橡木桶内陈酿至少一年及装瓶后再瓶储陈放一年），葡萄采摘后第四年才可发售。白

酒窖和橡木桶

葡萄酒或桃红葡萄酒则需在葡萄采摘后第三年再发售。

特级珍酿（Gran Reserva）：DO级别葡萄酒里的最高级别，表示红葡萄酒经过至少五年的陈酿陈年（橡木桶内陈酿至少一年半及三年瓶储陈年）。白葡萄酒经过至少四年的陈酿陈年（橡木桶内陈酿至少半年）。

西班牙葡萄酒产区根据在橡木桶陈酿的时间和瓶储陈年的时间确定葡萄酒的级别或类别，虽然不完全代表品质的高低，但是，很容易让消费者和投资者对葡萄酒收藏时间的长短和类型有一个比较明确的判断，目前得到了一些国家和酒庄的认可和推广，也得到许多消费者和收藏者的认可。

法定优质产区（Denominaciónes de Origin Calificada，DOCa）：是西班牙的葡萄酒分类系统里最高一类（1991年创立），相当于意大利的DOCG级别。除各方面的规定比法定原产区（DO）类酒严格外（如单位面积产量的限制等），所有酒也必须在出产地装瓶以确保原装。目前只有两个DOCa产地，即里奥哈（Rioja）和普里奥拉（Priorato）。

（二）葡萄酒新世界的分级分类管理体系

目前，葡萄酒新世界国家的葡萄酒分级分类基本上是初步的，没有传统世界国家那么细致和严谨。以下介绍美国、澳大利亚、加拿大和中国的分级分类体系。

1. 美国葡萄酒分类体系

美国没有正式的葡萄酒分类制度，只有葡萄酒产地管制条例。所以对葡萄酒好坏的定位除价格外，还有重要酒评人士的打分（如帕克的百分制评分），以及葡萄酒竞赛和得奖情况等作为参考，要想买到优质的葡萄酒，特别是性价比好的酒是需要对具体的酒庄或酒企有所了解和研究。

美国的烟酒和枪械管制局于1983年颁发了葡萄酒产地管制条例（Approved Viticulture Area或American Viticulture Area，AVA），该条例虽以法国的法定产区管制系统（AOC）为参考，但没有那么多限制。条例只根据地理位置、自然条件、土壤类型及气候划分产区，对产区可栽种的葡萄品种、产量和酒的酿造方式没有限制，这也是与法国原产地控制条例最根本的区别。

目前，美国有大大小小170多个AVA葡萄酒产区，其中有90多个是在加州。AVA的面积大小差别很大，常常是大包小，大产区里包含着几个中产区，中产区里又有小产区，最小的AVA可以是单一葡萄园或单一酒庄的所在地。

2. 澳大利亚葡萄酒分类体系

澳大利亚葡萄酒产地和产区的规定与美国类似，只规定和划分了葡萄酒出产的地理位置（Geographical Indications System），而没有像法国等传统世界国家那样，对原产地还加以很多葡萄栽培和酿酒方面的规定和限制。所以，确切地讲澳大利亚也没有葡萄酒分类体系，只有产区的划分。

澳大利亚将葡萄酒产区从大到小分为三个级别，即产业带（Zone）、产区（Region）和亚产区（Sub-region）。

3. 加拿大葡萄酒分类体系

加拿大葡萄酒的分级分类，主要是对冰酒的分级分类较为严格，由加拿大葡萄酒品质联盟（The Vintners Quality Alliance，VQA）制定，VQA标准是加拿大最重要的葡萄酒质量标准。

VQA葡萄酒必须是全部用加拿大产的葡萄酿造，必须按照VQA的标准生产并经过专家组的品尝决定是否有资格打上VQA标志。VQA明确规定了种植葡萄的地理区域，葡萄酒酿造方式，有VQA认证标志的产品可以使用的葡萄品种等问题。

VQA类似于法国的AOC分级分类体系，尤其在冰酒（Icewine）的生产上执行。不过，加拿大四个冰酒产区中符合VQA冰酒标准的产区却只有安大略省（Ontario）和英属哥伦比亚省

葡萄园管理

（British Columbia），其他两省不执行VQA标准。

加拿大安大略省和英属哥伦比亚省的冰酒标准：特定时间，凌晨3点~上午10点采摘压榨；特定条件，−8~−7℃；葡萄汁白利糖度必须在35°Bx以上，残留糖必须达到125克／升；发酵罐测得的压榨汁白利糖度不得低于32°Bx，酿制后在VQA小组评比认定下授权贴VQA标识，一般批准量都很小。

错过特定采摘时间而又与标准相近的葡萄酿制的冰酒称为Style冰酒，因其口感非常优良而价格实惠成为加拿大人、美国人餐桌常用冰酒。

4. 中国宁夏贺兰山东麓酒庄分级体系

宁夏贺兰山东麓葡萄酒产区是我国重要的葡萄酒产区，也是我国目前酿酒葡萄种植面积最大、酒庄最多的产区，而且也是我国以葡萄酒为主体设立的国家试验区。2014年2月，宁夏贺兰山东麓葡萄与葡萄酒国际联合会首次对贺兰山东麓的葡萄酒酒庄进行分级。该分级制度每2年修订1次，计划共分5级。实行逐级评定晋升制度，晋升到一级酒庄后，酒庄分级每10年进行1次评定。由国内外专家根据酒庄的种植、酿造、管理和品牌等重要事项进行评判。首次分级分出10个五级酒庄。2021年9月26日，共评选出列级酒庄57家，其中有9家二级酒庄，15家三级酒庄，18家四级酒庄，15家五级酒庄。

第二章

葡萄酒产区
发展规划

第一节　葡萄酒产区发展战略和思路

一、策划规划优先

实践证明，一个葡萄酒产区的成功运作，需要清晰、正确的思路，对发展战略和发展模式进行研究。首先，要选择做正确的事，而不是急于把尚不知是否正确的事做好。

发展葡萄酒产区，产业发展策划和规划是最重要的。要引进各方面的专家和社会关系，结合本地的专家对产区的风土条件、社会经济发展状况和人力资源等是否适宜发展葡萄酒产业进行科学评估和判定，如果基础条件，特别是产区的风土条件适宜或非常适宜的，就要优先做好策划和产业发展规划。产区的气候和风土条件的研究是判定产区发展方向、发展规模和发展模式的基础。

要通过策划和规划过程统一思想，让规划成为各个部门和人员的行动纲领。通过清晰规划进行招商引资，通过规划建立市场、科技和人力资源等关系网。

在规划中，葡萄酒产业不仅要设计产区的特色品种和酒种，更重要的是结合产区的乡村特色文化和美食文化，提炼文化要素，策划和赋予产区、子（小）产区、酒庄和酒品共性、个性和多样性的文化内涵，提出具有特色文化的产区及子产区社会品牌集群。

要根据品种和酒种特性和文化内涵，规划建立不同乡镇不同村庄的种植基地，根据环境、气候和市场、物流等条件，规划葡萄酒产区和小产区的生产结构、品种和酒种结构，规划建立优势基地，标准化生产规则并建立地理标志识别系统和小产区分级分类管理系统。

葡萄酒的核心价值是葡萄园。产地葡萄酒是最高境界的葡萄酒，优质的具有清晰身份证的产地葡萄酒，具有产地的唯一性和产品的不可替代性。因此，打造好葡萄酒的村庄品牌和乡镇品牌集群有利于产区，特别是优质的小产区长远、安全与可持续发展。

二、安全设计优先

葡萄酒产业的竞争，不仅是葡萄酒产品本身的竞争，更是产业资源的竞争，包括资源环境的竞争。消费者对农产品包括葡萄酒安全性的认识和要求将越来越高，无公害食品、绿色食品和有机食品将深入人心，人们需要买到安全优质的产品，对产地和产品的信息要求越来越多，特别是葡萄酒经销商和收藏者。他们需要买得清楚，喝得明白。

发展区域特色葡萄酒产业，一定要树立产业生态化的观念，要加大对产业链等环境的投入，保护和优化酿酒葡萄原料的生产环境、葡萄酒加工环境、产品物流环境等。

要遵循循环经济发展模式，实施清洁生产战略。要制定生态保护和有效利用的产业发展规范，倡导清洁生产，降低原材料和能源消耗，有效防止污染物和其他废物的产生。循环经济是以特色资源的高效利用和循环利用为核心，以"减量化、再利用、资源化"为原则，以"低消耗、低排放、高效率、高效益"为基本特征，符合可持续发展理念的经济增长模式，是对"大量生产、大量消费、大量废弃"的工业化规模经济增长方式的根本变革。

葡萄酒产业是以村庄级产业为基础的乡村级产业。做好了就是典型的、高效的乡村循环经济发展模式：从酿酒葡萄种植，到优质葡萄酒酿造，再到葡萄副产物皮渣利用（如功能性油脂和功能性多酚提取和利用），健康休闲生活方式推广，最后的剩余副产物可以生产沼气和肥料，回归葡萄园。

三、市场优先和建立多元化市场

葡萄酒市场是多样和变化的市场，消费者已从数量型消费向质量型消费转变，而且不断呈现个性化和多元化的趋势。

规范有序的交易市场和渠道是重要的，确保物流和仓储环境的安全和有序也是重要的。葡萄酒产业是长线投入的产业，产区的交易市场、主要交易主体、交易规则和产区品牌管理更为重要。

葡萄酒产区的发展，不仅需要酒庄了解市场，了解消费者的需求，而且产区的管理者更需要了解目标市场的消费需求。对我国葡萄酒产区和酒庄来讲，许多庄主和管理者缺少对目标消费市场的调研。

对于适宜规模化发展的产区来讲，葡萄酒市场经营者，如经销商、品酒师与侍酒师培训和教育机构、葡萄酒文化推广机构等的引进、培育和政策支持尤其重要，同时，要加强与重要消费市场中这些机构的合作，促进产区葡萄酒的推广。

第二节　葡萄酒小产区（村庄、乡镇）认定与品牌培育

酿酒葡萄和葡萄酒产业是一个第一、二、三产业融合的综合产业，是一个历史悠久、文化深厚，产业链长、投资期长、持续性长的比较容易传承的世代产业，目前还没有同类的替代产品和强力的竞争产品。

葡萄酒产业是传统农业文明传承下来的高质量产业，其核心是以葡萄酒村庄风土和品牌为基础的多样化和个性化的村庄级产业。欧洲葡萄酒产业发展的成功经验证明，葡萄酒产业发展的核心竞争力就是打造不可复制的、有利于有序竞争的乡村产业社会品牌。我国的发展战略之一就是乡村振兴战略，因此，我国葡萄酒产业需要大力培育和发展特色葡萄酒小产区，特别是优质的村庄级和乡镇级葡萄酒产区。只有大力培育和发展我国的村庄级和乡镇级葡萄酒品牌，才可能推进我国优质葡萄酒产区品牌的市场推广和产业的持续发展。只有选育出自己的优质酿酒品种，打造出自己的特色产区，培育出特色葡萄酒文化，中国葡萄酒才能登上世界葡萄酒舞台。

未来我国葡萄酒产业的重要发展方向就是葡萄酒优质产区和酒庄葡萄酒逐步形成各自的风格和特色，优质产区走多样化的、个性化的酒庄酒和产地酒发展之路，并建立特色明显的小产区和酒庄产业集群。优质葡萄酒产区酒庄葡萄酒、小产区和小产地葡萄酒的发展将逐步显现出价值提升、增加就业、生态保护、观光休闲、文化传承等多元功能，实现有序的组织化、规模化和多样性、差异性发展模式，大幅度提高葡萄酒产区特色风土的土地功能和价值、资源利用率及劳动生产率。

一、小产区认定的目的和意义

改革开放以来，我国城市的发展是迅速的，其中一个最大的贡献因素就是城市土地价值的不断提升和市场认可。

随着我国人民生活水平的不断提高，对农产品和食品质量和安全的要求也不断提高，尤其是

对高质量的特色农产品和食品的需求也越来越高。而且，对特色产品的安全性、原产地、生产数量、特征等要素的透明度也越来越关注。

因此，特色农产品和食品的原产地的信息对消费者的价值认同、消费和投资产生越来越重要的影响，消费者强烈要求购买的产品信息是清晰的。

未来葡萄酒产区，特别是小产区和小产地的特色风土对葡萄酒产品质量和消费者价值认同的影响也越来越重要和不可替代。

为了提升葡萄园的土地功能，提高特色风土及其地上产品的特有价值，进而提升我国葡萄酒产业质量，推动中国区域特色葡萄酒产业的健康发展，培育差异化的发展模式，尊重原生风土条件，保护生态环境，提高产品消费者价值认同，推动供给侧改革的落实，需要对原产地，特别是小产区的特色风土和地上植物的互作价值进行客观评价。

因此，小产区认定对培育乡村和特色小城镇葡萄酒支柱产业具有越来越重要的作用。法国勃艮第葡萄酒原产地保护所起的作用就是典型案例。

只有原产地不可复制的产品才能培育出社会品牌和可持续发展。

葡萄酒小产区的认定，其重要意义在于：找出中国特色优质葡萄酒的自然产地，推动特色区域社会品牌（在县域品牌旗下的镇域和村域品牌集群）的发展，培育支柱产业和差异化的发展模式；根据风土条件控制产业的发展规模，保护特色风土的生态环境；提高和稳定产品质量，提升消费者价值认同范围，推动供给侧改革的落实和保护；与国际接轨，提高中国特色农产品国际竞争力。

二、小产区认定的几个概念

1. 原产地

农产品和食品的原产地，即产品的生产地。认定的产品原产地，则是指法定的、受到保护的、用于指示农产品生产区域的地理名称（葡萄酒传统世界国家，如法国、西班牙和意大利等称为法定产区）。它有限定的地理边界，

有时还会限定品种、产量、产品标准。需要认证其品质（3～4年）。包括自然和人为的因素，原产地具有排他性，独占享有。

2. 地理标志

地理标志是指标示某商品来源于某地区，该商品的特定质量、信誉或者其他特征主要由地区的自然因素或者人文因素所决定的标志，是该区域产品品质、声誉的证明。地理标志的认定，一般是政府行为。

3. 产品的等级制度

原产地保护（法定产区）进一步发展，就是对产品和特色风土的互作效应进行分级，因而产生了一部分特有产地或地区的分级。根据生产企业（产地生产者）、产品的具体地块和市场价值表现进行划分，例如，1855年法国波尔多的官方葡萄酒酒庄分级、勃艮第葡萄园的分级制度等。

法定产区认定的细分具有排他性，尊重和保护自然，保护特色风土条件；这与有机食品、生物动力法农产品具有基本共性；而且有数量的控制和防伪溯源。

产地越小，排他性越有效，消费者产品价值认同越高，越容易得到市场的认可。例如，在法国葡萄酒法定产区产品中，产地越小，级别和市场价格也越高，越具有市场影响力。因此，在法定产区中，又进一步分为：乡镇级、村庄级和具体的小地块（单一园，一级和特级）。

4. 中国葡萄酒小产区概念

葡萄酒小产区认定产品，是指产自特定小产区（乡镇以下行政区域或具体的地块），葡萄酒所具有的质量、独特风格、声誉或其他特性，取决于该小产区（产地）的气候因素、风土条件和人文因素，经审核批准以中国小产区产品生产地名命名的葡萄酒，该葡萄酒具有安全、优质、独特、难以复制的特点。

中国葡萄酒小产区认定包括：①在特定小产区（产地），即认定的特有地块和村乡区域内的特有地块种植的酿酒葡萄园，有数量的限定；②葡萄原料全部来自该小产区（产地），即认定的特有地块和村乡区域内的特有地块，并在该地采用特定酿酒工艺生产的葡萄酒，有数量的限定。

三、小产区认定命名和保护体系的管理对象

葡萄酒企业集团：拥有很多企业和产地，规模大。规范和认证其产品和质量管理体系。

独立的企业（酒庄）：提高其市场竞争力，差异化发展。

农民种植者：保护其葡萄园的品质，提高酿酒葡萄的价格和农户收益。

经销商：规范的营销模式和合法经营。

产品协会或联盟或合作社。

四、中国葡萄酒小产区的发展模式

第一，需要通过研究确定我国的优质葡萄酒小产区，包括优质的村庄、乡镇；第二，确定这些葡萄酒优质小产区生产优质葡萄酒的具体地块，并进行规划和边界确定；第三，小产区认定和市场推广，以数量控制的高性价比进入市场，并实行一物一码的防伪溯源；第四，通过一定时间的推广，获得一定的市场客户群体，然后，逐步进行配额制客户的筛选和市场布局；第五，根据市场的持续发展，稳定核心客户，建立外环候选客户，持续宣传，稳定推广。

中国是一个人口大国，是以县域（市域）经济为管理基础的国家。在葡萄酒乡村品牌培育和认定过程中，要以县域品牌培育和乡村品牌相结合，县域品牌是综合社会品牌，是县域经济的基础，有利于市场和消费者的认知和记忆。在培育和推广县域综合品牌的基础上，选择有利于葡萄酒小产区发展的乡村，培育和发展葡萄酒村庄品牌集群，促进葡萄酒乡村品牌的推广和市场的有序竞争。

五、中国葡萄酒小产区认定品牌的管理

申请中国小产区认定产品保护，应依据T/CATSI 1—2021《小产区产品认定通则》审核批准。使用中国小产区认定产品专用标志，必须依照该标准经注册登记，并接受所在行政县（市）政府委托机构的行政监督管理和小产区认定委的市场监督管理。

中国小产区认定委和地方政府联合对中国小产区认定保护产品实施保护，实行一物一码防伪溯源和地方政府的日常监督。

小产区认定保护产品的拥有者应该自觉按照保护规定生产，逐步加大自我监督的力度。

对于擅自使用或伪造中国小产区认定产品名称及专用标志的；不符合中国小产区认定产品标准和管理规范要求而使用的；或者使用与专用标志相近、易产生误解的名称或标识及可能误导消费者的文字或图案标志，使消费者将该产品误认为中国小产区认定产品的行为，中国小产区认定委将依据法律进行诉讼。消费者、社会团体、企业、个人可监督、举报。

获得使用中国小产区认定产品资格的生产者，应在产品包装标识上标明"中国小产区认定保护产品"字样以及施加专用标志。

中国小产区认定委每年安排一定数量的保护产品列入监督抽查的目录；对假冒中国小产区认定保护产品的行为进行诉讼。

中国葡萄酒小产区认定保护，有利于县域经济和社会品牌的发展，有利于培育乡镇、村庄的社会品牌和可持续发展，提高葡萄园的土地价值，促进优质产地葡萄酒的消费者价值认同和收藏增值潜力，培育差异化的健康发展模式。

第三节　葡萄酒产区发展规划

一、前期研究和策划

产区规划之前，研究和策划尤为重要。选择是否做酒庄葡萄酒产业，更是不易。因为，酒庄产业是一项投入大，投入时间长，回报时间也比较长的产业，特别是酿酒葡萄适宜生长的风土，往往是逆境风土，大多数是不适宜粮食生产的荒坡地、河滩地、沙荒地等。相对来讲，这些适宜区域的所在地区也是后发展地区，对这些地方政府来讲，财政收入较低，所在区域比较偏僻，招商引资不易，下决心更难。

研究和策划，是决策的基础。应该邀请国内外的专家，包括技术、人力资源、金融、投资、管理和政策等领域的知名专家对产区进行系统地研究和评估。前期的投入是最重要的，只有这样，才能进行正确的选择。

以下以编者团队2007年研究和策划的天山南麓和硕葡萄酒县域产区酒庄集群发展为例，简要列出葡萄酒产区规划前期研究和策划的要点和特别关注点。

1. 国内市场的状况和发展趋势分析

20世纪末至21世纪初，随着我国人民生活水平的提高和多样化、健康化生活方式的推广，我国葡萄酒产业和市场的发展快速。2004年6月1日，国家正式取消半汁酒在中国的销售，使中国市场的葡萄酒真正与世界接轨。2007年之前的几年，我国的葡萄酒年增长率都超过两位数。

国外的发展经历表明，葡萄酒产业是传统文明传承下来的产业，至今与现代文明相融合，仍然是一个有竞争力、效益高的产业，同时，它对产区的风土要求较高，强调它的多样性和个性化发展。

葡萄酒产业是一个文化产业，也是一个农产品深加工产业，更是直面"三农"、有利于农民持续稳定增收的高效农业种植业。因此，它是一个涉及第一、二、三产业的高效益的都市工业、都市农业。但是，它也是一个长线投入的产业，需要持续长期投入和支持，一旦成功，可持续发展的时间长。

中国多年持续的经济快速发展，市场越来越大，国外葡萄酒酒庄和酒商也瞄准了中国市场。由于国外葡萄酒，特别是法国、西班牙、意大利等传统葡萄酒世界国家以及澳大利亚和智利等葡萄酒新世界国家对我国葡萄酒市场的产品优势和价格优势，将长期持续对中国原产葡萄酒产生较大甚至巨大的冲击。而中国的葡萄酒产业，特别是酒庄葡萄酒产业，2007年时还处于萌芽状态，这个因素，需要特别重视。

我国葡萄酒消费市场巨大，发展空间也巨大，产业发展质量好，未来的发展前景是可期待的。

我国葡萄酒生产区域分布较广，有葡萄酒生产的省、自治区、直辖市就有26个，但是，主要集中在山东、河北、吉林、天津、新疆、北京、甘肃、广西、云南等省、自治区、直辖市。而且，随着我国葡萄酒产业发展区域的不断调整扩大，特别是不同产区的优势品种、特色品种会进一步突显，将形成不同产区的葡萄酒特色风格，形成差异化的发展趋势。截至2007年，一些南方省市，如四川的攀枝花、贵州的贵阳、江西的新余等也在谋划发展南方葡萄酒产业。

但是，总的来讲，我国葡萄酒业2007年时尚处于前期起步阶段，在整个酿酒行业饮料酒总产量中，葡萄酒仅占不到2%的份额。

2007年，我国的葡萄酒年产量尚不到7亿升，但行业保持快速增长势头，随着人们对健康意识的提高，葡萄酒市场的发展空间巨大。

2．葡萄酒品质、风格与产区特色

在葡萄酒传统世界国家，高端葡萄酒特别关注本国特色品种、小产区的地域性风土，而且关注在这种条件下最适宜的品种（单品种或混合品种和葡萄园风土以及酿造方法的配合，即天地人的结合）。也就是说，越好的葡萄酒，它的"身份证"越清楚。例如，在意大利，最高质量的意大利葡萄酒，都有法律的严格规定，如果意大利的酒庄使用了外国葡萄（如法国的赤霞珠）酿成的酒，品质即使很高，也不能定更高的类别。

2007年，我国大多数葡萄酒企业连葡萄园都没有，都是采用"公司＋农户"的形式，收购葡萄进行酿酒的，产区也都是大产区，也没有严格的评级，不管是单品种，还是混合品种酿制的葡萄酒，不规范的行为不少。只有部分企业生产的葡萄酒，身份证是清晰的，如河北怀来中法庄园、河北昌黎朗格斯酒庄和北京波龙堡酒庄等。大多数企业生产的葡萄酒，基本上都处在保证是葡萄酿制的葡萄酒的水平上，也就是说，处在法国的地区餐酒和日常餐酒的水平上。

3．发展新疆天山南麓和硕县域葡萄酒酒庄群的不可替代性

研究和气候分析表明，和硕产区具备发展我国高端优质葡萄酒的潜力，而且产区风格和特色具有不可替代性。

2007年，在中国发展葡萄酒产业，最为迫切的是培育中国特色的优质葡萄酒产区。经专家对和硕县气候、土壤指标以及现有葡萄园酿酒品质评估，天山南麓和硕县域是我国最具发展高端优质葡萄酒潜力的产区之一。黄卫东团队的比较研究也表明，和硕县天山脚下的坡地具备种植酿酒葡萄的极佳自然条件，其积温、水热系数、果实成熟时的昼夜温差、风土条件等自然条件更是不可替代，是当时葡萄酒干浸物最高的产区，而且优质葡萄酒品质的指标可以与世界顶级名酒庄葡萄酒相媲美。不足的是与我国许多葡萄酒产区一样，冬季需要埋土防寒。但是，与新疆北疆和西北其他产区相比，由于光热资源丰富，酿酒葡萄成熟时间较早，采后1个多月寒潮才会来临，有足够的时

间埋土防寒，而且，历年未发现晚霜危害。与我国西部的其他产区相比，上述优点是和硕产区未来发展的巨大优势。

中国科学院植物研究所选育的"北红"和"北玫"等高抗寒、抗病品种，是中国拥有知识产权的酿酒葡萄品种；其根系生产量大，抗土壤瘠薄能力强，特别适合贫瘠干旱的土壤。中国农业大学葡萄酒科技发展中心对两个新品种酿酒研究表明，它的酒体中等偏上，颜色宝石红色或玫瑰红色，色泽诱人，香气丰厚，特别是玫瑰香明显持久，口感平衡，品质上等，可生产具有中国葡萄酒典型、独特风格的优质葡萄酒或与其他世界优质名种配合酿制风格突出的多品种混合优质葡萄酒。（由于市场对世界名种酿酒葡萄的普遍认同，国内选育的酿酒葡萄仍有较长的路要走。至今，和硕的酒庄尚未认同这些品种的推广。）

4．和硕交通发达便利、周边环境优美、历史故事较为丰富

库和高速路经该产区，电气化铁路在酒庄群下延往库尔勒市，该产区北靠天山，南望中国最大的淡水湖——博斯腾湖，附近有马兰基地、蝴蝶谷等新疆著名旅游佳地，蒙古族风情（东归英雄居住地之一）也是一大特点。每年庞大的旅游人群，也是和硕县域酒庄葡萄酒市场发展的亮点。

因此，和硕产区是适合酿制高端酒庄葡萄酒的产区，发展酒庄葡萄酒集群并配合新疆风土人情、蒙古族风情和博斯腾湖风貌是今后的发展战略和市场定位。

至今，和硕产区已经成为我国以县域命名的第一个地理标志保护的葡萄酒产区，培育了一批优质的葡萄酒酒庄。

二、发展规划的主要内容

世界先进的葡萄酒生产国的经验证明，在一个适宜发展葡萄酒产业的区域，以酒庄集群规划推动产区发展才是正确的发展思路。一个投资人投资建立酒庄，首先会选择那些被研究证明是葡萄酒优质产区的区域，然后通过科学认证选择那些风土风水条件优异的产地进行投资。

因此，被科学研究、本区域实践或周边区域实践证明适宜发展葡萄酒产业的区域，地方政府在打造优质葡萄酒产区时，要对产区的发展方向、定位、发展模式、发展战略和支持政策进行科学的策划和规划，以酒庄集群规划推动产区的发展，通过规划对区域产业发展优劣条件进行合理的分析和正确的定位，并确定产业的发展战略、发展模式和支持政策。

在对葡萄酒产区的各种风土条件、气候因素进行系统分析和安全评价后，要对产业优势、品牌优势、市场优势、管理优势、科技优势、资源优势进行系统分析。

通过以上这些方面的分析，定位区域葡萄酒产业发展方向：是发展本地消费型的中小型葡萄酒酒庄，是面向都市型市场的葡萄酒酒庄产业带，还是引进大型葡萄酒企业建立规模型品牌葡萄酒产业发展模式？然后，以集约合作的策略，吸引、吸收和整合国内外的人力、管理、科技、品牌、资本和市场资源，结合本产区的特色自然资源，培训提高本地的劳动力资源和管理资源，推动和促进区域特色葡萄酒产业向高质量的方向发展。

产区发展规划的具体内容，需要与地方政府沟通协商确定。主要包括：

1. 发展战略

产区的发展规划首先要研究确定发展战略，要依据产区的自身条件和风土特色，确定产区的发展战略。定位起点要高，落点要实。要拓展思路，找准市场定位，强化特色，确定产区发展的指导思想和原则。发展战略的确定，是政府支持政策制定的重要依据。

2. 规划目标

发展目标是首要任务，需要根据产区的优势和能力确定近期和中远期的目标。对于葡萄酒酒庄产业而言，产业链长，涉及面宽；发展目标不仅仅是产业发展的单一目标，而是涉及整个产业链，甚至乡村社会发展整个系统相关的目标系统。

3. 规划布局和结构

根据规划的区域（县域下的乡镇）和目标系统要求，对未来酒庄葡萄酒产业进行空间布置，并对每个小产区赋予一定的定位，同时，要考虑到不同小产区在功能和特色上的差异，确定区域布局，特别是重点产业示范带布局，实行多样化、差异化的发展。绘出布局和结构用功能布置图，有一定边界，虽然不是法规，但是，可以作为政府规划部门审批的依据。

4. 规划方案

规划方案即实施的具体方案，具体实施主体、实施内容、实施程度、实施地点、目标市场、品牌培育、市场发展模式、发展重点等均应有所谋划。方案的可操作性一定要强。

5. 步骤

将规划的总体目标按照时序划分成若干阶段，每个阶段都要有明确的阶段性目标和任务；各个阶段的发展均以前一阶段的发展成果为基础，逐步有序推进，定期评估考核，最终实现规划发展的总体战略目标。

6. 政策措施

葡萄酒酒庄产业是一项长期投入和发展的产业，政策的连贯性很重要。在实施规划的过程中，根据规划的总体目标要求，要制定一系列的支持政策和对策，以便产业的可持续发展。

本节以宁夏回族自治区人民政府制定的《宁夏贺兰山东麓葡萄酒产业高质量发展"十四五"规划和2035年远景目标》为案例。该规划已经在宁夏政府网发布，读者可以上网阅读。

2016年7月，习近平总书记视察宁夏时指出，中国葡萄酒市场潜力巨大。贺兰山东麓酿酒葡萄品质优良，宁夏葡萄酒很有市场潜力，综合开发酿酒葡萄产业，路子是对的，要坚持走下去。2020年6月，习近平总书记视察宁夏时指出，随着人民生活水平不断提高，葡萄酒产业大有前景。宁夏要把发展葡萄酒产业同加强黄河滩区治理、加强生态恢复结合起来，提高技术水平，增加文化内涵，加强宣传推介，打造自己的知名品牌，提高附加值和综合效益；宁夏葡萄酒产业是中国葡萄酒产业发展的一个缩影，假以时日，可能10年、20年后，中国葡萄酒"当惊世界殊"。习近平总书记的重要指示为宁夏和我国推动葡萄酒产业高质量发展指明方向、提供遵循、注入动力。

　　宁夏贺兰山东麓葡萄酒产区是我国新兴的葡萄酒产区，经过多年的发展，已经成为具有一定国际国内影响力和知名度的葡萄酒产区。2021年5月25日，国家在宁夏设立了"宁夏国家葡萄及葡萄酒产业开放发展综合试验区"，这是首个以葡萄和葡萄酒为主题的国家综合试验区，说明贺兰山东麓葡萄酒的发展取得了长足的进步。经过一年的发展建设，宁夏的葡萄酒国家综合试验区和葡萄酒产区又取得了新的发展。恰逢"十四五"规划年，宁夏回族自治区政府专项制定了《宁夏贺兰山东麓葡萄酒产业高质量发展"十四五"规划和2035年远景目标》，它不仅是政府有关部门和酒庄管理者的行动指南，也是上级政府和社会监督的依据，更是投资机构和投资人投资的重要参考。

　　同时，根据编者多年的国外葡萄酒产区考察，重点总结了著名的法国勃艮第葡萄酒产区的历史、发展历程和发展经验，呈现给读者。勃艮第产区是世界上葡萄酒优质区发展的典范，至今引领着葡萄酒产业和产区的发展方向。

案　例
——

村庄和产地葡萄酒发展的典范产区：
法国勃艮第产区

法国勃艮第产区葡萄园

相信葡萄酒的收藏者和消费者，都对法国葡萄酒著名产区勃艮第产区很熟悉。而且，说起勃艮第产区的村庄葡萄酒和产地葡萄酒更是令人心旌摇曳，尤其是那些著名的葡萄酒名村和特级园。

勃艮第地区位于法国东北部，是法国古老的葡萄酒产区。勃艮第葡萄酒产区绵延230千米，葡萄种植面积30815公顷，是个不太大的产区，但是，它却是法国最重要的葡萄酒产区之一，而且几乎只生产法定产区葡萄酒（除了个别酒庄，有时会不按AOC的规定，酿一些自己喜欢的个性化酒品并提供市场，瓶标不写AOC，只写Vin de France）。在勃艮第产区，法定种植的葡萄品种只有少数几种，最主要的就是红葡萄品种黑比诺和白葡萄品种霞多丽。然而，勃艮第人和葡萄酒消费者只在意它的葡萄酒产自哪个村？哪块地？特别是那些名村和特级园产地。这主要源自于该产区对村庄品牌和产地品牌一如既往的发展战略。

喜欢勃艮第产区葡萄酒的消费者，大多数都为其每款酒独一无二的特色、极致的优雅细腻与有力的骨架而陶醉，更为重要的、令人惊奇的是，除了它的美味，勃艮第葡萄酒还因来自不同村庄，或不同地块以及不同年份而展现出不同的风格特色，这些不同特色的风味特征以及开启每一瓶勃艮第葡萄酒总会带来充满未知的惊喜与变数，使消费者忠诚于它，它也更加闻名于世。

虽然勃艮第产区只有44个村庄，却有84个法定产区（AOC），约占全法国葡萄酒法定产区（AOC）的23%。而且，由于不同的葡农、酒庄、微气候、风土、天地人的结合形成了丰富多彩的葡萄酒风格，即使是资深的葡萄酒爱好者，或是葡萄酒行业的从业人士，也要穷其一生去学习探索它的奥秘。由于它的复杂多样性，少有人敢自称"勃艮第专家"。勃艮第名庄、名园的葡萄酒在葡萄酒拍卖市场，在葡萄酒收藏二、三级市场上的表现非常突出。世界上最具收藏价值和投资价值的葡萄酒中，可能勃艮第葡萄酒就占了大多数。

因此，无论如何定义一瓶葡萄酒的价值，定义一个小产区，包括村庄和葡萄园的价值，或是可期待增值的投资佳品，从各个维度来讲，勃艮第产区都是十分成功的。这也是为什么2015年，勃艮第的葡萄园多样性风土（Climats），即它的44个村庄和产地葡萄园成为了世界文化遗产。

为了寻找答案，先来认识勃艮第产区。

一、现状和特色

1. 位置和子产区

勃艮第位于法国东部，距巴黎2小时车程，距里昂1小时车程。这里自古以来便是交通要道，是连接欧洲北部与地中海的枢纽。

勃艮第由北到南蔓延230千米，共由5个子产区构成。这5个子产区由北至南分别是：

①夏布利、大欧塞尔区及沙第永内（Chablis，Grand Auxerrois and the Châtillonnais）

②夜丘（Côte de Nuits）

③伯恩丘（Côte de Beaune）

④夏隆内丘（Côte de Chalonnaise）

⑤马孔内（Mâconnais）

虽然博若莱子产区也属于勃艮第大区，但是勃艮第产区却没有纳入博若莱子产区，主要原因之一可能就是酿酒葡萄品种了：博若莱子产区的一些村庄允许最高100%佳美（Gamay）酿酒，但是，其他勃艮第产区的红葡萄酒却不能允许；勃艮第公爵（Duke of Bourgogne）菲利普·勒哈迪（Philippe le Hardi）于1395年下令禁止在勃艮第产区种植佳美。勃艮第产区南北跨度大，因而气候和温度差异较大，例如，位于最南部的马孔内地区的萌芽时间会比最北部的夏布利早1星期；马孔内的葡萄采收通常在9月上旬，而夏布利则在9月末。

2. 品种体系

勃艮第的5个子产区拥有众多村庄，各个村庄又遍布众多的葡萄园，所以勃艮第拥有让人惊喜的复杂性与多样性。但其酿造所使用的葡萄品种，却单一得近乎"乏味"。它既不像意大利，拥有许多闻所未闻的本地葡萄品种（Native Grapes），也不像波尔多，采用多品种的混酿，不同葡萄品种之间以不同的配比排列组合。

勃艮第的葡萄品种霞多丽和黑比诺

勃艮第常见的葡萄品种仅有4个，分别为霞多丽（Chardonnay）、黑比诺（Pinot Noir）、阿里高特（Aligoté）和佳美（Gamay）；灰比诺（Pinot Beurot）等其他几个葡萄品种大约只占产区种植面积的1%。其中霞多丽与黑比诺一起，共占据了整个勃艮第葡萄种植面积的90%。所以勃艮第所使用的葡萄品种可谓高度单一，红葡萄酒基本为单一品种黑比诺；而白葡萄酒则为单一品种霞多丽。

对于生产出丰富多样、极富魅力的勃艮第葡萄酒的葡萄园艺师和酿酒师们，手中的原料却极为简单，可谓"大道至简"。但相同的葡萄品种黑比诺和霞多丽，又如何展现出不同的风格特征，以及不同的质量水平呢？这除了勃艮第产区不同村庄、产地、葡萄园风土的"百变"，也包括这两个品种在不同风土下的"百变"了。

3. 法定产区金字塔

同样是来自勃艮第产区的黑比诺红葡萄酒，为何有些价格亲民，可以成为日常餐桌上的常客；而有些却价格不菲，重金难求？

勃艮第产区一直都传承一套成熟的葡萄园分级体系，基于葡萄来源的地块，将勃艮第葡萄酒分为3个级别。

很多消费者会误以为勃艮第的葡萄园有4个级别，大区级（AOC Régionale）、村庄级（AOC Village）、一级（AOC Village Premier Cru）和特级（AOC Grand Cru），但实际上，勃艮第产区葡萄园只有3个等级，分别是大区级、村庄级和特级，"一级园"其实是村庄级的延伸，是村庄级中那些以特定地块酿造的村庄级葡萄酒的优秀代表，近些年也有一些新晋的一级园地块，如马孔内普伊富赛园（Pouilly-Fuissé）的22个优秀地块由法国原产地名称研究所（The National Institute for Appellations of Origin，简称INAO）于2020年9月3号认证为一级园。

根据2021年4月，由勃艮第行业协会（Le Bureau Interprofessional des Vins de Bourgogne，BIVB）提供的数据可知，勃艮第产区拥有33个特级园AOC，44个村庄级AOC（其中那些只适用于在具有明显风土区

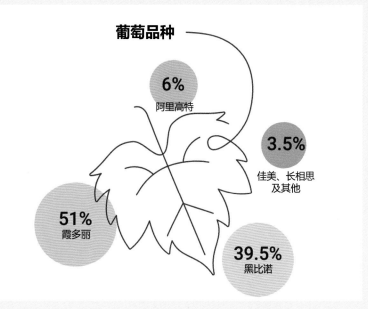

勃艮第产区品种组成

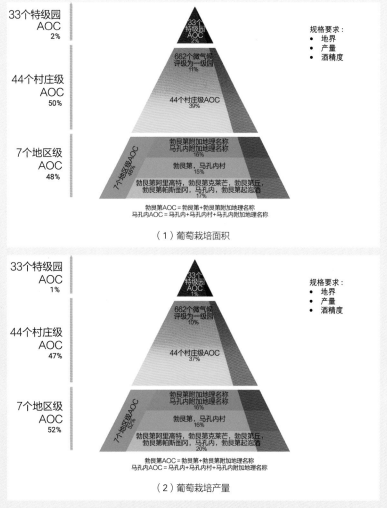

勃艮第产区葡萄园分级体系：面积和产量（2017—2021年）

别的特定小地块的一级园，目前共有684个），以及7个大区级AOC，共计84个AOC。这个数字占全法国AOC数量的近1/4。勃艮第产区AOC葡萄酒的产量仅占全法国平静酒AOC产量的3.8%，但其AOC平静酒出口收入占全法国的24%。

从这组关键数据中可以看出，勃艮第是一个"小而精"的产区。相比其他产区，它的产量不是最大的，但是它却拥有法国所有产区中最多的AOC数量和最高的效益。勃艮第的地块被精细地划分为不同的AOC，展现出不同的风格特色。而且，勃艮第葡萄酒的平均价格也远远高于其他法国产区。

这一特质也决定了，比起简单地使用"勃艮第"这样一个大的整体区域，这里更倾向于以更小的村庄和产地单位进行推广和认知。

4. 葡萄园、葡农、村庄和酒庄及生产商

勃艮第葡萄园面积共有30052公顷，仅占全法国葡萄园面积的4%，但在这片土地上却有16家合作社、316家酒商（或生产商）、3504家酒庄或生产商。

不仅勃艮第的葡萄园被划分成了数量很多的AOC，而且每块土地的所有权也被精细划分。勃艮第葡萄园的主要特色就是土地分成多块。例如，香贝丹特级园（Chambertin Grand Cru AOC）仅仅13公顷的土地，却有20名土地所有者；伏旧园特级园（Clos de Vougeot Grand Cru AOC）面积相对较大，其50公顷的葡萄园也有41名持有人；生产顶级白葡萄酒的蒙哈榭特级园（Montrachet Grand Cru AOC）8公顷的葡萄园由16名土地所有者持有。其他勃艮第法定产区的情况也大致如此。

因而有的酒农可能仅拥有几排葡萄树或几棵葡萄树，但是这样的酒农、生产商数量众多。所以对于普通消费者而言，想要记住勃艮第产区每家生产商的名字，大抵是不太可能的。自然地，在选购葡萄酒的时候，消费者更倾向于选择葡萄酒的产地和村庄，例如，选购1瓶来自香贝丹特级园的葡萄酒，而非在20名眼花缭乱的生产商中选出1位（当然，少量最有名望的葡萄园拥有者或者大名鼎鼎的著名生产商或酒庄，还是会有很多忠诚客户的）。

与法国的著名葡萄酒产区波尔多不同，勃艮第产区拥有连续大片土地的大庄园和规模酒企很少，酒农或生产商常拥有一些零散的小地块。虽然可能每个地块面积都不大，但1个酒农或生产商的名下可能拥有多个不同的原产地AOC的葡萄园，所以生产商的名字不能简单和某个地块做唯一的关联。

例如，勃艮第产区著名的生产商路易亚都（Louis Jadot），可以生产22个特级园AOC，要知道整个勃艮第总共也只有33个特级园。所以不能像拉菲古堡那样，看到生产商的名

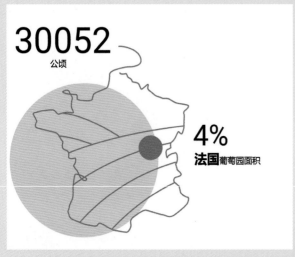

勃艮第葡萄园面积及占法国葡萄园面积的比例

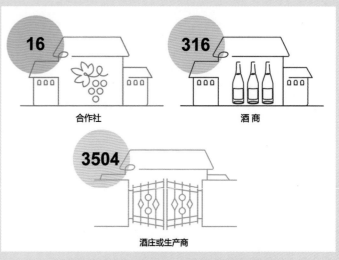

勃艮第产区的葡萄酒生产商、酒商、合作社数量

字，便知这瓶酒里的葡萄来自波亚克村拉菲小山丘葡萄园。针对类似路易亚都生产的葡萄酒这样的情况，消费者首先需要仔细分辨酒标上所标示的葡萄园或葡萄园所在村庄的名称。所以消费者在面对这样的勃艮第酒标时，关注点会放在原产地，即村庄品牌和产地葡萄园上。

另外还有一种情况，勃艮第产区有的土地所有者，所拥有的土地实在是太小了，可能只有一两排葡萄树，以至于独立酿酒的成本太高了，所以会把自己种植的葡萄卖给别人。如果来自同一个原产地AOC，但所拥有的面积又很小的种植者，把他们的原料放在一起酿造一款酒。这样的话，来自某一个生产商或者酒农的标签就更加弱化了，因而更加突出了葡萄来源产地的概念。

造成这种葡萄园所有权分散的原因与《拿破仑法典》（Code Napoléon）有关。该法典关于继承法规定，父母必须平均分配财产给所有的子女，因此，葡萄园被越分越小。葡萄园小，产量自然不高。康帝酒庄的康帝葡萄园虽然是勃艮第为数不多独家占有的葡萄园，被称为"独占园（Monopole）"，却仅有2.5个足球场大小，年产量约450箱，不到拉菲的1/50。

5. 产地命名：突显产地和村庄品牌

在勃艮第，倾向于以葡萄园和村庄地名命名而非酒庄命名的原因，除了葡萄园分散，风土不同，酒标突出产地和村庄，更容易让消费者了解酒品质量和风格以外，也有历史遗留的原因。

勃艮第产区葡萄酒约有2000年历史。公元10世纪，天主教开始在欧洲流行，西多会成为了当时信徒最多的教会之一。1114年，一群西多会修士来到勃艮第，受到了信奉西多会的勃艮第大公与贵族们的欢迎，并且经常将土地赠与教会，教会中有专门负责种植葡萄与酿制葡萄酒的修士，慢慢地这些一开始由修士经营的葡萄园便成为了勃艮第的历史名园，又由于一开始勃艮第大公是将整片的土地赠与教会，所以便有了勃艮第产区葡萄酒以地名命名的习惯。

教会中负责酿酒的修士，平日的工作就是不断地研究与改良葡萄酒。据说，他们深信"什么味的土壤种出什么味的葡萄"，所以他们最原始的辨别风土的方法，便是用嘴品尝石头和土壤。之后，为了区分土壤类型不同的葡萄园，他们便砌石头墙将不同的葡萄园隔开，便是后来勃艮第产区许多"围园（Clos）"的雏形。

6. 多样性的葡萄园风土

修道院院长克洛德·阿尔诺（Claude Arnoux）于1728年首次使用了"克利玛（Climat）"一词来描述勃艮第葡萄种植区的地理划分，这也是理解如今关于勃艮第产区"风土（Terroir）"的基础。提到"克利玛"，就要提到另一个相关的词汇"略地（Lieu-Dit）"，二者的含义类似，都是"葡萄园风土"，二者经常被混用，但又不尽相同。可以理解为，Lieu-Dit是一个地理含义，是人们给一个地方起的名字，而并非一定是葡萄园；而Climat则专门用于勃艮第产区葡萄园及葡萄种植。

一个Climat可能由一块Lieu-Dit组成，或者是某个Lieu-Dit的一部分，也可以集合几块不同的Lieu-Dit。Climat通常只用在一级园或特级园。特级园本身可以是一个Climat，通常由几块Lieu-Dit构成，也有的特级园是单独一块Lieu-Dit。虽然这些被划分得非常精细的小地块紧密相连，但它们却各有特性。

所以，这种精细严密的区分造就了勃艮第产区葡萄酒的多样性风格和特色，对地块风土的表达正是勃艮第精神的内核。位于金字塔尖的特级园自然是对于勃艮第产区风土的完美诠释。但被严格的修道士们通过品尝石头才划出的特级园仅占整个勃艮第产区产量的1%，所以勃艮第村庄级葡萄园是绝大多数消费者去品尝体会勃艮第产区风土差异的选择，这也促成勃艮第产区44个村庄差异化的发展模式。

勃艮第产区的不同村庄确实展现出了属于自己的风格特色。以村庄为单位来认知勃艮第产区的葡萄酒，了解其风格差异，是最事半功倍的方法。而不同村庄葡萄酒，由于其产地和村名品牌的不可复制性，使不同的村庄葡萄酒产业可以差异化可持续发展。那么来自不同村庄的风格差异又是如何形成的呢？

这就要涉及前述中提到过的一个词汇"风土（Terroir）"。勃艮第位于巴黎盆地中间，这里最底部的土壤是花岗岩，也是如今博若莱产区（Beaujolais）的核心土壤。其他更年轻的土壤都沉积在这之上。1亿8千万年前，法国的中部地区是半热带的温暖浅海，有着丰富的贝类。这些贝类死亡之后都沉积海洋底部，在漫长的岁月中，在地球压力的作用下，这些贝类变成了石灰岩以及泥灰岩（即富含石灰岩的黏土）。经过几百万年的演化，每一个地质时期都沉积了不同的海洋生物，所以，产生了现在不同类型的石灰岩和泥灰岩。

①夏布利：著名的白葡萄酒产地夏布利村，葡萄种植于富含蚝化石的泥灰岩土地上，年代为晚侏罗纪时代的基莫里阶，从瑟兰河谷向上扩展到与夏布利奇高的陡坡，面向南与西南，有许多夏布利特级葡萄园。而土地年代为波特兰阶的葡萄园，则品质稍逊，被称为小夏布利（Petit Chablis）。

②夜丘：土地年代属于中侏罗纪，主要由石灰岩构成。在沃恩－罗曼尼村（Vosne-Romanée）以及哲维瑞－香贝丹村（Gevrey-

勃艮第葡萄园风土

Chambertin）还有一些背斜谷（Combes），又进一步增加了夜丘土壤的多样性以及坡地的日照。

③伯恩丘：土壤为中侏罗纪时代的石灰岩和泥灰岩，尤其是上层的侏罗纪地层，例如，夏桑－蒙哈榭村（Chassagne-Montrachet）的石头、科通村（Corton）的Callovien石头。整片伯恩丘是砂质泥灰岩和石灰岩的混合组合，适合黑比诺以及霞多丽的种植生长。以科通山为例，黑比诺和霞多丽相邻种植，分别种植在石灰岩和泥灰岩上。

④夏隆内丘与马孔内：与夜丘和伯恩丘组成的金丘不同，这里的坡地受制于多重断层，这些断层将土地切割成一块块，东部壮观的索鲁崖（Roche de Solutré）就是这样的例子。由于这些断层给土壤带来了多样性（黏土、石灰岩、泥灰岩、砂岩），所以这里红品种[例如梅顾亥（Mercurey）]以及白品种[例如普伊富塞（Pouilly-Fuissé）]都能酿造出表现特色风土的不同风格的葡萄酒。

勃艮第人并没有成片改变这些历史形成的多样性风土，而是尊重自然，尊重风土，以村庄为核心品牌，以差异性的不同风土为基础，持续几代人打造不可复制的村庄葡萄酒的发展模式，塑造不同村庄的葡萄酒文化。

二、村庄葡萄酒产业的差异化与有序的市场竞争模式

下文介绍了勃艮第金丘（Côte d'Or）的著名村庄及其风格特色，展现了勃艮第产区不同村庄葡萄酒的"百变"和可持续发展。

夜丘主要的村庄，从北到南分别为：

①马沙内村（Marsannay）：最靠近勃艮第省会第戎（Dijon）的产区。目前尚无一级园和特级园。自2016年8月，已经有14个地块提交了一级园认证申请。是目前勃艮第唯一一个可以产干红、干白和桃红葡萄酒的村庄级产区。红葡萄酒为典型的夜丘风格，带有精致的红色和黑色水果香气；白葡萄酒通常饱满圆润，带有柑橘类水果和百花香气；桃红葡萄酒则果味出众，清新又饱满，很有特色。

②菲桑村（Fixin）：拥有6个一级园，没有特级园。其生产的红葡萄酒结构感良好、口感强壮，带有泥土气息和紧致的单宁，适合陈年。

③哲维瑞－香贝丹村（Gevrey-Chambertin）：拥有26个一级园，9个特级园。哲维瑞－香贝丹村毫无疑问是勃艮第最好的名村之一，也是拥有特级园最多的村庄。9个特级园分别是：香贝丹园（Chambertin），贝日－香贝丹园（Chambertin Clos de Bèze），夏贝尔－香贝丹园（Chapelle-Chambertin），香牡－香贝丹园（Charmes-Chambertin），玛泽耶－香贝丹园（Mazoyères-Charmbertin），格里特－香贝丹园（Griotte-Chambertin），拉奇希尔－香贝丹园（Latricières-Chambertin），马兹－香贝丹园（Mazis-Chambertin），卢索－香贝丹园（Ruchottes-Chambertin）。这里的酒有充足的单宁和酸度，形成浓郁的风味和饱满度，

勃艮第葡萄园风土：根系深深地生长在下层岩石中

勃艮第葡萄酒村庄

以支撑其持久的陈年潜力。

④莫雷－圣丹尼村（Morey-Saint-Denis）：拥有20个一级园，5个特级园，分别是：洛奇园（Clos de la Roche），圣丹尼园（Clos Saint-Denis），兰布莱园（Clos des Lambrays），大德园（Clos de Tart），波内玛尔园（Bonnes Mares）。该村位于夜丘的中部，它生产的葡萄酒兼具了其北边邻居哲维瑞－香贝丹村的力量，同时又兼具它南边邻居香波－蜜思妮村的精致香气。

⑤香波－蜜思妮村（Chambolle-Musigny）：拥有24个一级园，2个特级园，分别是：波内玛尔园（Bonnes Mares）和蜜思妮园（Musigny），这里的白葡萄酒和红葡萄酒都是强调圆润细腻和精致。

⑥伏旧村（Vougeot）：拥有4个一级园，1个特级园。这个村几乎只产红葡萄酒，其3/4的产量都来自这里唯一的特级园伏旧园（Clos de Vougeot），陈年后能发展出森林植被的香气，它也是金丘唯一位于山坡底部的特级园。

⑦沃恩－罗曼尼村（Vosne-Romanée）：著名的葡萄酒村，拥有14个一级园，8个特级园，分别为：拉罗曼尼园（La Romanée），罗曼尼－康蒂园（Romanée Conti），罗曼尼－圣维旺园（Romanée Saint-Vivant），里切堡园（Richebourg），拉塔希（或踏雪）园（La Tâche），伊瑟索园（Echezeaux），大伊瑟索园（Grands Echeveaux），大街园（La Grande Rue）。他们都拥有标志性的犹如天鹅绒般丝滑的单宁，特殊的甜香料香气，浆果、紫罗兰花香以及新翻过的矿物土壤交织的复杂香气。

⑧夜－圣－乔治村（Nuits-Saint-Georges）：拥有41个一级园，没有特级园。一级园占该村庄产量的45%，这里的风格带有肉味、辛辣的香料以及泥土的气息。

尽管来自不同村庄的白葡萄酒都有各自特色，但是也有共同的特征，那就是：纯净、集中的风味和有力的口感。大部分红葡萄酒是优雅的，也有一些更加浓郁深邃的，来自沃内村（Volnay），波玛村（Pommard），伯恩村（Beaune）和阿罗克斯－科通村（Aloxe-

Corton)。

伯恩丘主要的村庄如下：

①拉杜瓦–塞尔里尼村（Ladoix-Serrigny）：拥有11个一级园，它的2个特级园科通园（Corton）和科通查理曼园（Corton-Charlemagne），分别与另外2个村庄阿罗克斯-科通村（Aloxe-Corton）和佩侬-维杰莱丝村（Pernand-Vergelesses）共享。1/4的葡萄园属于特级园科通园。科通园白葡萄酒有黄苹果、梨和榛果的风味；科通园红葡萄酒，酒体饱满有力，富有野草和森林的气息。村庄级的酒有相对更柔软的单宁和红色浆果味。科通查理曼园酒体饱满，矿物丰富，酒体黏稠，和它一样有力量且香气更复杂更怡人的酒来自特级园蒙哈榭园（Montrachet）和骑士–蒙哈榭园（Chevalier-Montrachet）。

②阿罗克斯–科通村（Aloxe-Corton）：有14个一级园，3个特级园。大部分的葡萄园都属于科通园红葡萄酒和科通查理曼园白葡萄酒，而且这2个特级园在一个斜坡上。科通园有28个克利玛，面积93公顷，葡萄酒的风格也多样。另一个特级园查理曼园（Charlemagne）0.28公顷属于Aloxe-Corton和Pernand-Vergelesses共享。

③佩侬–维杰莱丝村（Pernand-Vergelesses）：有8个一级园，3个特级园，是与前2个村庄共享的Corton、Charlemagne和Corton-Charlemagne。葡萄园位于科通山西南朝向的坡地。白葡萄酒有成熟苹果、烤坚果的风味及很好的酸度和矿物感。由于具有富含铁元素的多黏土泥灰岩，这里的红葡萄酒至少需要经过5年的瓶中陈年。

④绍黑–伯恩村（Chorey-Les-Beaune）：没有一级园和特级园，主要位于伯恩北部的平原上。这里的红葡萄酒有精致的单宁，微微的高酸使其口感柔和优雅。香气是覆盆子和樱桃等主导的红色浆果香。

⑤萨维尼–伯恩村（Savigny-Les-Beaune）：有22个一级园，没有特级园。主要生产红葡萄酒，红葡萄酒口感柔和带有丝质单宁和柔和的浆果风味，白葡萄酒带有苹果和烤榛子的香气。

⑥伯恩村（Beaune）：位于勃艮第的中心，有42个一级园，没有特级园。2/3的产量来自一级园。这里的红葡萄酒有紫罗兰、黑樱桃、黑醋栗和秋日落叶的香气。伴随着陈年，还能带来松露、香料和皮革的香气。

⑦波玛村（Pommard）：有28个一级园，没有特级园。只生产红葡萄酒，大比例的黏土土壤使得红葡萄酒的风味和香气都很浓缩，如黑莓、蓝莓、李子。年轻的时候很艰涩，陈年使单宁软化，同时带来矿物、皮革和野生动物的香气。

⑧沃内村（Volnay）：有29个一级园，没有特级园。只生产红葡萄酒，45%的产量来自一级园，口感柔和，带有黑色浆果、木质、野生动物的风味，陈年带来李子干、香料气息。

⑨蒙蝶利村（Monthelie）：有15个一级园，没有特级园。这里的葡萄园集中在一个背斜谷的入口，这个背斜谷被一条河流切割成山坡。因此，这里的葡萄园种植在冲积土的土壤上，主要产红葡萄酒，白葡萄酒比例很小。红葡萄酒口感柔和，丝滑的单宁口感，是轻酒体，经常闻起来比喝着风味更浓郁。

⑩奥赛–迪雷斯村（Auxey-Duresses）：有9个一级园，没有特级园。位于伯恩丘的中部，被北部以红葡萄酒为主的沃内村和南部以白葡萄酒为主的默尔索村（Meursault）夹在中间。这里的红葡萄酒和白葡萄酒都紧致而细瘦。白葡萄酒带有苹果和杏仁风味，红葡萄酒带有红色浆果香气，以及紧致却丝滑的单宁口感。

⑪默尔索村（Meursault）：有19个一级园，没有特级园。几乎96.5%的产量是白葡萄酒，其中1/3属于一级园。这里的白葡萄酒浓郁带有奶油的质感，年轻时有黄苹果、燕麦和芝麻香气，陈年后有咖啡豆、榛子、肉桂和蜂蜜气息。是著名的高品质霞多丽的产地。

⑫圣–罗曼村（Saint-Romain）：没有一级园和特级园，62%的产量是白葡萄酒，剩余38%的产量是红葡萄酒。这里的葡萄园位于相对较高的海拔，所以这里的葡萄酒干净简洁，口感清脆，而轮廓分明。

⑬普利尼–蒙哈榭村（Puligny-Montrachet）：有17个一级园，4个特级园，分别为蒙哈榭

园（Montrachet），巴塔-蒙哈榭园（Bâtard-Montrachet），骑士-蒙哈榭园（Chevalier-Montrachet），碧维妮-巴塔-蒙哈榭园（Bienvenues-Bâtard Montrachet）。99%以上是白葡萄酒，黑比诺仅有不到1公顷。白葡萄酒强壮，香气有杏仁糖、黄苹果、黄油、烤杏仁、芝麻和蜂蜜的香气。法国作家大仲马（Alexandre Dums）曾说："喝这种酒时应该双膝跪地并脱帽致敬"。

⑭夏桑-蒙哈榭村（Chassagne-Montrachet）：有55个一级园，3个特级园，分别为蒙哈榭园（Montrachet），巴塔-蒙哈榭园（Bâtard-Montrachet），克利特-巴塔-蒙哈榭园（Criots-Bâtard-Montrachet）。这里的白葡萄酒强壮有力，带有苹果、蜂蜜、烤坚果和炒芝麻香气。红葡萄酒很芬芳，有樱桃酒、黑醋栗和灌木丛的香气，陈年会带来皮革和皮毛的气息。

⑮圣-奥宾村（Saint-Aubin）：有30个一级园，没有特级园。产量中61%为白葡萄酒，39%为红葡萄酒，以白葡萄酒最为出色。白葡萄酒有非常好的酸度和丰富的矿物风味，红葡萄酒有精致的单宁和红色浆果风味。

⑯马朗日村（Maranges）：有7个一级园，没有特级园。该村位于伯恩丘的最南部，生产的红葡萄酒和夏桑-蒙哈榭村有很多相同的风味，但有更加细致的单宁。

通过以上的分析，可以看到，"风土专家"勃艮第产区形成了以村庄风土为核心基础和品牌的葡萄酒发展模式，而且，由于村庄也是行政区划单元，容易形成凝聚力，形成不同的村庄团体组织和村庄葡萄酒文化，同质化竞争关系弱，形成有序竞争的差异化发展机制。

从葡萄原料的角度来讲，虽然上述村庄使用的葡萄品种基本都是霞多丽与黑比诺，但是，除了这两个葡萄品种拥有多种多样的品系（Clones）外，这两个品种对不同的风土也容易产生不同的次生代谢产物，形成不同的风格。各个村庄会从自己的市场目标出发，去繁育和选择适合自己的品系，而非都使用完全相同的品系。也就是说，对于各个村庄，并没有普适性的"最佳选择"，而是有针对各个村庄

甚至各个园子"最适合"的品系选择。

从葡萄种植方式的角度来讲，勃艮第产区拥有许多葡萄园艺种植师，他们都有自己的理念，尊重自然，尊重风土，坚持传统农业文明传承的优良种植和管理技术体系，有的选择可持续（Sustainable）的栽培方式，有的选择有机（Organic）耕种，甚至有的选择生物动力法（Biodynamic）。即便是都采用生物动力法的酒庄，他们之间的理念也会有所不同，在具体的操作措施上也会根据各自的葡萄园风土采取强化特色的技术体系，如各自专有的有机肥等。勃艮第产区的酒农之间并不进行彼此之间对比竞争，而是关注内在，践行自己的理念，从而促进了有序健康的产业竞争和差异化的发展。

从葡萄酒酿造的角度来看也是类似，近年来有很多新的酿造方式和选择，例如，有的酒庄选择带梗发酵，有的选择完全不带梗，有的选择部分带梗；有的选择用野生酵母，有的选择用培养酵母，有的选择"培养的"野生酵母。每个酒农面对每个地块都有自己的"秘密"配方。但是，在不同的理念和实践中，都有高品质的葡萄酒出产。他们之间的差异是来自风格和理念的，品质上都是优质，但是风格和特色是多样的。这恰好与酿酒葡萄丰富多样的次生代谢是吻合的。

而从消费者和文化的角度出发，各个村庄有各个村庄的风格。例如，沃内村因其精致优雅的风格常被描述为芭蕾舞者；而香波-蜜思妮村则被描述为品味高雅，风姿绰约的优雅女士；哲维瑞-香贝丹村因其强壮结构，被描述为孔武有力的健壮男士。所以对于消费者和收藏者而言，虽然以上村庄都来自勃艮第产区，但是他们之间不具备互相替代性。可能一餐晚宴里的三瓶酒都来自勃艮第产区，甚至同一个村庄，但他们三者完全不同，丝毫不会让人觉得重复。

三、勃艮第葡萄酒产区发展经验的启示

（一）以村庄风土为核心，持续打造村庄和产地葡萄酒品牌

对于葡萄酒市场而言，消费者从村庄风土、乡土文化认知勃艮第葡萄酒是容易进入且

勃艮第葡萄园的有机种植体系

勃艮第产区多样性的发酵车间

勃艮第产区多样性的酒窖

熟知的。而从勃艮第产业发展的角度而言，众多小规模的勃艮第生产商或酒庄，独自进行宣传与推广无疑压力巨大。而"村庄"正是这些小生产商可以共享的品牌与携手协同发展的组织形式。勃艮第2000多年葡萄酒的发展经验表明，酒庄或者生产商可以没落，但是，具有特色风土和行政区划意义的村庄葡萄酒风格和文化是可持续发展的，是可以做到多样性差异化高质量发展的。

但同样作为法国乃至全球知名的葡萄酒产区，波尔多与勃艮第走的是两条完全不同的消费者认知路线。在波尔多葡萄酒人和广大的葡萄酒消费者的心目中，对波尔多葡萄酒酒庄的认知度是优先于其来自的村庄的。例如，消费者在品饮一瓶来自拉菲酒庄（Château Lafite Rothschild）的葡萄酒时，总是会第一反应关

注到，"这可是一瓶拉菲呀！"而非："这是一瓶来自波亚克村（Pauillac）的葡萄酒，它的生产商叫作拉菲"。在波尔多，葡萄酒庄拥有连片葡萄园的情况很常见，由于规模较大，酒庄自行完成种植、酿造、陈年、装瓶、装箱，标以酒庄名，并自己进行市场推广或自己委托酒商进行推广。而消费者也就会经常忽略其所标识的原产地名称。这些酒就会以某某城堡的庄园名称为人所熟知。

由于两个产区的发展战略和发展模式的不同，两个产区的发展结果也明显不同。在葡萄酒市场，消费者对波尔多的葡萄酒村庄认知较少，但是，消费者认识的波尔多名庄却较多。而波尔多的酒庄又是一个巨大的群体，消费者能记住的也有限，加上酒庄管理者的不同风格和传承的问题，即使是一些知名酒庄，在历史

的长河中，也是上下起伏的，一些名庄至今也会碰到很多困难而在艰难发展。因此，波尔多产区葡萄酒产量远高于勃艮第产区，但是，波尔多产区含有大量低端、低价的葡萄酒，品牌影响力和葡萄酒的效益远低于勃艮第产区。

（二）丰富多彩的村庄人文景观打造多样葡萄酒村庄文化

正因为勃艮第产区拥有悠久的葡萄酒历史，在漫长的发展过程中，勃艮第产区的酒农或修道士们逐步发展出了各式各样葡萄酒相关的文化活动。他们起初萌芽形成某个村庄，目前大多发展推广到成为影响整个勃艮第葡萄酒行业的重要活动。

1. 伯恩济贫院葡萄酒慈善拍卖

伯恩济贫院葡萄酒慈善拍卖（Vente des

Hospices de Beaune）大大地促进了伯恩丘乃至勃艮第产区葡萄酒产业的健康发展。

1443年，勃艮第公国首相尼古拉·洛兰（Nicolas Rolin）和吉果·萨琳斯（Guigone de Salins）建立主宫医院（Hotel-Dieu），以帮助那些深受饥荒之苦的人民。最初捐献的一片葡萄园由吉勒梅特（Guillemette）于1457年捐赠给伯恩济贫院。以后，许多贵族、富商纷纷伸出援助之手，捐赠出现金、土地和建筑物，特别是葡萄园。而这些捐赠的葡萄园也促成济贫院建立了济贫院酒庄，所产葡萄酒销售所得也成为济贫院开支的主要来源款项。目前，这些拍卖所得主要用于济贫院医疗开支、老人福利、文物修缮、国际援助及国际重大医学课题研究，如癌症、艾滋病、心血管疾病、阿尔兹海默症、癫痫等病理研究及防治等。

开放的勃艮第产区与和谐的葡萄酒产区文化

精致的伯恩济贫院
酒庄

　　时至今日，伯恩济贫院拥有的葡萄园已达60多公顷，其中近50公顷种植黑比诺，余下的10多公顷种植霞多丽。大部分都是伯恩丘的一级园甚至特级园，分布在阿罗克斯－科通村（Aloxe-Corton）、波玛村（Pommard）、沃内村（Volnay）以及默尔索村（Meursault）这些著名的村庄里。此外，伯恩济贫院还拥有一些位于夜丘（Cote-de-Nuits）的特级园，如马兹－香贝丹园（Mazis-Chambertin）、洛奇园（Clos de la Roche）和伊瑟索园（Echezeaux）等著名葡萄园。

　　伯恩济贫院葡萄酒的营销应该是目前葡萄酒市场营销最成功的案例，也是葡萄酒人热爱生活、热爱慈善的精神体现。几百年来，伯恩济贫院名下葡萄酒的销售，最初采用非公开发售，主要是热心慈善的伯恩酒农、酒商将济贫

院刚发酵好的葡萄酒，买回酒庄进一步陈酿，以使济贫院有更多的精力从事慈善事业；到法国大革命后改为投标发售，价高者得。19世纪中期，伯恩济贫院葡萄酒主管约瑟夫·贝达斯（Joseph Petasse）为了更好地推动葡萄酒的销售，亲自走访了法国及欧洲的各大潜在客户和热心慈善的葡萄酒卖家，推荐济贫院的葡萄酒。在约瑟夫·贝达斯的大力推动下，济贫院在1859年举办了第一场正式拍卖会。1924年起，伯恩济贫院拍卖会的日期固定在每年11月的第三个星期日，成为勃艮第乃至法国的葡萄酒慈善拍卖活动，并在1934年与伏旧酒庄城堡晚宴和默尔索午宴组合在一起，成为著名的勃艮第"荣耀三日"以及勃艮第产区的重要葡萄酒推广活动。2005年，伯恩济贫院对拍卖进行了一次重大革新，世界著名拍卖行

佳士得全权接管了拍卖工作，成为伯恩济贫院拍卖的操槌者。除了勃艮第酒商之外，世界其他国家和地区的购买者也可以参与竞标，并且可以在场外通过电话和网络出价，不过根据原产地法律，拍得的酒还是得在勃艮第当地委托酒庄进行陈酿、陈年和装瓶，待两年之后才能拿到酒。2021年，苏富比拍卖行接棒，开始运作伯恩济贫院的年度拍卖。如今这个在伯恩举办的活动，已经成为整个勃艮第，甚至是整个葡萄酒世界最为著名和盛大的葡萄酒拍卖会之一，也大大推动了勃艮第葡萄酒产业的高质量发展。

作为带有慈善性质的拍卖会，每年都有一桶（通常是500升的大桶酒）被选为"总统特选"（Cuvee President），进行特殊慈善拍卖，所得款项全部捐给其他慈善机构。这是拍卖会的重头戏，每年济贫院都会邀请国际名人拍卖这桶酒。很多名流政要、皇室成员以及演艺明星都义务担当过拍卖师。例如，2012年及2013年拍卖会的主持人就分别是法国前任总统夫人卡拉·布吕尼（Carla Bruni-Sarkozy）和意大利王妃克洛蒂·寇洛（Clotilde Courau）。世界上的许多葡萄酒酒商、收藏者和爱好者，也积极参与"总统特选"的慈善拍卖，纷纷献出爱心支持伯恩济贫院的慈善事业。近十年，我国的葡萄酒人也积极参与其中，曾两次成功竞拍"总统特选"。

2．默尔索午宴

中世纪时，西多会教士们会在葡萄采收后举办宴会，邀请种植者来共庆丰收的喜悦。1923年，拉芳酒庄（Domaine des Comtes Lafon）的庄主胡尔斯·拉芳（Jules Lafon）决定复兴这一传统。他在酒庄里举办了一个小型的宴会，邀请了酒庄工人以及35个朋友参加，这便是默尔索午宴的雏形。

这一宴会形式得到了默尔索（Meursault）

伯恩济贫院慈善拍卖和"总统特选"桶葡萄酒

其他酒农的响应，在接下来数年里迅速发展，至1932年正式成形。自此以后，默尔索（Meursault）产区每年都会在伯恩济贫院（Hospices de Beaune）葡萄酒拍卖会后的星期一举行庆祝采收结束的活动。午宴取名"La Paulee de Meursault"，"Paulee"原意为"铲子"，寓意将当年的最后一串葡萄铲进压榨机，预示着当年葡萄采收的圆满结束。

发展至今日，默尔索午宴已达800人规模。每位受邀参加的宾客都会带来葡萄酒与众人分享，因此来自世界各地的一些陈年勃艮第特酿常常会在默尔索城堡（Château de Meursault）相遇，从而发生一些奇妙、罕见的葡萄酒品鉴和交流。

因为这一做法，人们常认为默尔索午宴是BYOB（Bring Your Own Bottle，自带酒）聚会的原型。默尔索午宴不仅在勃艮第颇具影响力，这样的活动形式，还跨越大洋，被世界各地的葡萄酒爱好者和业内人士所推崇。所以效法默尔索午宴而随之产生了"纽约午宴（La Paulée de New York）"和"旧金山午宴（La Paulée de San Francisco）"。进而形成了以葡萄酒品鉴为营销平台的葡萄酒市场发展模式。

而且默尔索午宴还推出了一项针对国际杰出侍酒师们的奖学金项目（La Paulée Sommelier Scholarship）。目的是将勃艮第独特的文化和精神向新一代的优秀年轻侍酒师们传递下去。获得奖学金的侍酒师们将被资助前往勃艮第产区的葡萄园和酒庄实地进行参观学习。

3．夜－圣－乔治济贫院葡萄酒拍卖会

夜－圣－乔治济贫院成立于1270年，比伯恩济贫院成立时间早两个世纪。虽然它没有伯恩济贫院这么著名，但像他的邻居一样，拍卖所得部分会用于医疗慈善事业。而且由于拥有高品质的葡萄园，其出产葡萄酒的品质往往很高。目前，夜－圣－乔治济贫院拥有的葡萄园约12公顷，且主要位于当地一级园内，也有部分位于哲维瑞－香贝丹村以及沃恩－罗曼尼村。

拍卖会在每年收获后三月份的第二个星期日举办。拍卖在伏旧园城堡（Château du Clos de Vougeot）举行。同样，该活动也吸

引了世界上许多葡萄酒经销和葡萄酒收藏家，商业和慈善相结合促进了许多酒庄的发展。

例如，勃艮第著名的酒商亚伯必修（Albert Bichot），同时也是夜－圣－乔治村庄克洛斯弗兰缇酒庄（Domaine du Clos Frantin）的拥有者。这个酒庄正是夜－圣－乔治济贫院的邻居。而亚伯必修也是参与夜－圣－乔治济贫院葡萄酒拍卖会的酒商之一。葡萄酒消费者可以通过亚伯必修参与到这场举世瞩目的拍卖会中来。少至一瓶多到一桶，方式多样。这样的活动不仅可以让世界各地的葡萄酒爱好者品尝到勃艮第产区的美酒，而且还能参与到可追溯到中世纪的古老的勃艮第葡萄酒拍卖，体验并弘扬勃艮第独特的葡萄酒文化。

4．夏布利葡萄酒节

每年10月下旬，夏布利的葡萄生产者都会举行大规模的夏布利葡萄酒品酒会，50多位葡农和酒庄联手在品酒会上，推介去年以及更早之前的小夏布利、夏布利、夏布利一级园以及特级园酒品。

同时，专业人士还会进行夏布利葡萄酒比赛，评出高品质的夏布利法定产区酒，授予奖章。以促进夏布利葡萄酒的市场竞争力和市场影响力。

（三）打造葡萄酒极品名村和特级园，培育葡萄酒的极端高地，促进产区高质量发展

勃艮第的特级园是勃艮第的宝藏与明珠。这些著名的特级园对它所在的村庄拥有巨大的推动和协同发展能力。

最典型的就是，罗曼尼康帝酒庄（Domaine de la Romanée-Conti）高质量发展以及不同葡萄园的葡萄酒极致品质，大大带动所在村庄和所在葡萄园葡萄酒品质和价值的提升。

此外，以坐拥9个特级园的哲维瑞－香贝丹村（Gevrey-Chambertin）为例。这个村庄拥有一块最出名的特级园，那就是拿破仑的最爱，常被称为"葡萄酒之王"的香贝丹特级园（Chambertin Grand Cru）。为了增加这个乡村的知名度，于1847年，便将它最出名的葡萄田Chambertin加入村庄的名字中，便有了如今的哲维瑞－香贝丹村。而且作为勃

康帝酒庄，引领世界产地葡萄酒和酒庄葡萄酒产业的发展

康帝酒庄葡萄园

艮第拥有最多特级园的村庄，其9个特级园中的其他8个也因它而荣，名称中全部加入了"Chambertin"。所以，顶级特级园对其他特级园以及它所在的村庄的带动能力可见一斑。

当然不仅是特级园之间的影响，特级园对它旁边的一级园同样有巨大的影响。在市场上，紧邻顶级特级园的一级园，要比其他同为一级园的酒款价格高得多，其品质与名望甚至与许多特级园比肩，例如，著名的香波-蜜思妮村的爱侣园（Les Amoureuses）。爱侣园位于香波-蜜思妮村里蜜思妮特级园（Musigny Grand Cru）的下坡处，土质稀薄又多沙石，出产的葡萄酒有着如天鹅绒般柔滑的单宁，风格优雅却不失强壮，年轻时非常迷人，陈年能力也十分惊人。爱侣园被公认为具有在未来升级为香波-蜜思妮村的第三块特级园的潜质。

另一个著名的一级园玛康索园（Aux Malconsorts），位于沃恩-罗曼尼村与夜-

圣-乔治村接壤的南边的角落，紧邻罗曼尼康帝酒庄著名的独占特级园踏雪园（La Tâche），具有类似的土壤结构及风土特征，但口感更为柔和可口，精致优雅而充满活力，具备馥郁的花香及柔和的单宁。玛康索园早在1860年便已被酒评家、行业内人士们列为拥有超一流水准的葡萄园，著名酒评家及葡萄酒作家贾斯珀·莫里斯（Jasper Morris MW）多次说玛康索园是他心目中"与Chambolle-Musigny村的爱侣园、Gevery-Chambertin村的圣雅克园（Clos Saint Jacques）并驾齐驱，是勃艮第最优质的三个一级园之一"。

至今，世界上最值得投资和最有价值的前50款葡萄酒中，2/3来自勃艮第的特级园或超级一级园。由于勃艮第产区对特级园以及葡萄酒名村的精心打造，大大促进了勃艮第产区的高质量发展。

第三章

葡萄酒酒庄规划与设计

第一节　酒庄发展目标与选址

建设能够健康成长和持续发展的葡萄酒酒庄，策划和规划是基础。它确定了酒庄的形象、发展方向、目标战略和市场定位。

葡萄酒酒庄的建设，涉及第一、二、三产业，包括葡萄园的规划和葡萄的种植，发酵车间与酒窖的规划和设计，以及与葡萄酒文化传播和市场推广有关的设施规划和设计等。对于现代的葡萄酒酒庄而言，大多数酒庄规划和设计，不仅是规划设计一个生产酿酒葡萄的葡萄园和酿酒的酒庄，还包括与葡萄种植和酿酒产业相关，涉及整个产业链的其他相关产业，特别是文化和餐饮产业的建筑、设施和相关功能的规划和设计。许多酒庄的投资人，可能更关心和关注后者的规划和设计。因为，葡萄酒酒庄是一个具有较大投资规模，回报期长的投资。所以，规划和设计一个酒庄，对于投资机构和家族而言，决策的难度较大且决策的时间较长，葡萄园规划和设计与酒庄规划和设计常常不是同时进行的，而且，葡萄园规划和设计与酒庄规划和设计又是由两类专业人士主导的，但是，又是相关的。因此，在酒庄规划设计中，研讨、沟通频繁，常常有思路和想法对立的情况，庄主的意见和决策很重要，而庄主对葡萄酒的热爱和对酒庄的情怀也很重要。往往一个酒庄的建设，是投资人的一时情感抒发而决定的；也可能心里早就在谋划建一个酒庄，恰好碰到合适的时机和合适的人，就决定投资建酒庄了。

酒庄和葡萄园地址的选择，是关系酒庄发展方向和目标以及成败的主要因素。世界著名酒庄和著名产区的发展经验证明，葡萄酒品质是种出来的。葡萄酒品质的主要构成因素是葡萄次生代谢产生的多酚类物质，而它们的产生与葡萄园一定的逆境条件密切相关，构成葡萄园特色风土的逆境很多，例如不同的岩石风化的土壤、适度的干旱、适度的紫外线、昼夜温差、葡萄园微气候等。而且葡萄园所处产地和环境不同，所形成逆境的条件和复杂性也不同，所以葡萄酒的产地，即葡萄园所在地的选择是优先的决策，一旦决策，酒庄特色风格的核心要素就基本确定了。它是很难人为改变的，正因为这一特点，形成了葡萄酒酒庄产业的多样性，而且使酒庄的产地葡萄酒和社会品牌关联度很高，也造就了酒庄品牌和不同产区，特别是乡村小产区品牌的有效结合，共同健康发展。

可见，酒庄的投资人，在谋划和决策建设酒庄时，核心第一要素就是选址，在优质的产区，选择优质风土的产地建设酒庄。

第二节　酒庄设计理念、思路和内容

酒庄投资决策人选址确定后，就会委托设计公司设计酒庄。对于决策人和设计师，包括葡萄园设计师，要通过多次的务虚会、讨论会确定酒庄设计的理念和思路。位于不同产区的不同酒庄，发展方向、目标、市场定位不同，发展战略也不同。在酒庄设计时，决策者和设计师要重点做好以下方面的设计。

一、酒庄葡萄园风土保护和可持续发展设计

首要考虑的是葡萄园风土的保护、完善和可持续发展的设计。在优质的产区，选到优质的小产地不容易，如果保护不好，那结果将是灾难性的。酒庄葡萄酒和产地葡萄酒，其核心竞争力与传统农业文明传承下来的生态农业、有机农业等密切相关。世界上几乎所有的名酒庄都在葡萄园传承传统农业文明技术和管理制度，葡萄酒市场和消费者也认可和接受这种传承和文化。所以，新建的酒庄，就要与该领域的专家合作，设计好这种管理体系，保护好原生态的葡萄园环境。

二、葡萄园微气候设计

葡萄园风土保护制度设计好后，应进一步完善葡萄园风土的设计，即葡萄园微气候的设计了。它包括与产区气候相适应的土壤种植沟的改良、葡萄行向、行距株距、葡萄架式的设计、葡萄叶幕的设计等。目标是通风透光，葡萄园温度、湿度适宜，有利于酿酒葡萄果实的健康成长。

三、酒品种类和工艺设计

酒庄建立初期，可能酒庄的主要酒品很难确定，包括主要种植品种、酿酒酒品等。可以先参考产区其他优质酒庄的品种方案和酒种方案，并聘请专业酿酒师，设计相应的有机酿造工艺，结合酒庄的中长期目标，研究酒品的种类和相应的酿造工艺。在不断地试验中，进一步确定葡萄园的种植品种，优选葡萄园的产地酵母等微生物资源，打造好酒庄的核心特色酒品。酒品种类和工艺是可完善的，所以，酒庄的决策者要有信心和耐心。

四、酒庄建筑风格和特色设计

酒庄的建筑风格特色的谋划和设计，可能是大多数酒庄投资人和设计师最用心的了。多数情况下，都是决策者最后决定酒庄建筑设计的风格和特色。一般地，酒庄的标志建筑，包括办公、展示、推广等以及与酒庄相关产业有关的建筑设计，由决策者与相关的设计师谋划设计，而酒庄酿造车间、地下酒窖、储酒车间等，则要请葡萄酒相关的专业设计师和专家策划设计。

五、旅游元素和主要美酒美食设计

世界上大多数葡萄酒产区都是主要旅游目的地。所以，酒庄旅游元素的设计是很重要的。葡萄酒旅游元素的设计包括：①酒庄旅游资源：葡萄园和酒庄的观光设计包括自然资源的日出、晚霞等观景台的设计，池塘、水景的设计，酒庄工艺、装备、地下酒窖等的设计；②酒庄活动的设计：体验活动包括葡萄园修剪、农作等农事活动，酿酒实践，品酒活动等。

葡萄酒和美食产业都是传统农业文明传承下来的最完整的生产体系和健康的生活方式，至今，与工业文明和现代科技并存而且具有强大的生命力。美食美酒搭配是一门艺术，美酒天生就是为了美食而存在的。其实，与欧洲一样，在中国的传统农业文明中，美食美酒搭配也是中华养生之道。因此，在酒庄设计中，与酒庄酒品搭配的美食设计，尤其是与酒庄酒品搭配的当地美食核心菜品的设计尤其重要。一方水土养一方人，每个葡萄酒产区的酒品，最搭配的大多数是当地的菜品。

六、酒庄设计主要内容

1. 酒品方案和工艺流程设计

酒品方案和工艺流程设计包括种植的酿酒葡萄品种、酒品方案，以及酿造这些酒品的工艺流程。

2. 物料概算及生产车间设备选择

物料概算包括葡萄酒年产量设定、葡萄原料产量估算、包装材料（酒瓶、木塞、胶帽、包装箱等）的计算。生产车间设备策划和选择包括原料接收设备，例如葡萄的分选、给料和

输送设备，以及配套的分选平台、传送装置等的选择；压榨设备包括除梗破碎机和气囊压榨机等；发酵设备、储酒设备和控温设备；灌装设备包括洗瓶机、装酒机、打塞机、热收缩帽机、贴标机、包装机等；其他主要设备如输送设备、过滤设备、化验分析、水净化处理设备、运输机等应根据实际情况选择与主要设备相匹配的型号，并根据生产过程耗水量、耗蒸汽量、耗电量估算，进行管路设计。

3. 生产车间工艺布置

生产车间工艺布置要保证生产的顺利进行，确保能够提高厂房及设备的利用率，节约建设投资，减少车间运输，节约能源等。要在保证工艺流程的前提下，物料和操作人员的运输距离尽可能短，便于操作与维修。主要遵循以下原则：设备布置一定要满足工艺流程的顺序，保证各生产工序间的连续性，相同和同类的设备尽可能布置在一起，这样便于管理，便于互用；设备与设备之间要有适当的操作及维修间距，一定要排列整齐；车间要有合适的运输通道；设备布置要便于清洗消毒和卫生管理。

车间厂房建筑的要求：对于各种大型容器或运转时会产生很大震动的设备要采取相应的防震措施。设备不应该布置在建筑的伸缩缝或沉降缝处；在门口附近布置时不要妨碍门的开关及交通运输；操作平台应该合理设置，防止平台支柱林立重复，影响美观、妨碍交通。

车间辅助室及生活室的布置包括配电室、制冷室、化验室、办公室、工人休息室以及更衣室、浴室、厕所等。配电室要靠近用电负荷中心，制冷车间要靠近需要冷量的车间，化验室、办公室、工人休息室应该集中布置在一起。

车间的主要管道有供水管道、蒸汽管道及供冷管道；各种管道的铺设要注意使用的方便性和安全性，注意标明各种管道的标识，必要的要注意做好防冻措施。

酿造车间的器具和设备为了保证酒的质量，避免微生物滋生，要经常进行清洗消毒，大量的用水必须要有匹配的排水设备，地面要有一定的倾斜度以保证水能及时排到排水沟里。

4. 质量控制和环境保护措施及卫生条件要求和设计

质量控制设计最好是建立在ISO 9001质量管理体系的基础上，设计危害分析与关键控制点（HACCP）食品安全保证体系和良好生产规范（GMP），在设计中严格按照三者的规范要求执行。

5. 环境保护措施设计

综合考虑葡萄酒厂所处位置周围的自然环境质量，主要包括水质、大气、生态环境，对车间进行清洁生产规划。实现可持续发展战略，坚持"企业发展与环境保护并重"，在规划中遵循可持续发展的原则，以循环经济、清洁生产为参考模式，实现"零排放"的目标。在生产车间室外配置污水处理站，污水处理站采用厌氧-好氧相结合的方法处理该生产车间废水。

6. 园林和卫生条件设计

厂区布局紧凑合理，在节约用地的同时，做好产区的园林绿化设计。主车间、仓库等应按生产流程布置，并尽量缩短距离。全厂的货流、人流、原料、管道等应有各自的线路，力求避免交叉，避免物料往返运输，等等。

车间地面应平整，采用防渗、防滑、易冲洗的材料，有适当的坡度；加工车间顶棚及墙壁应采用不吸水、光滑、耐腐蚀材料，顶棚应呈现一定的弧形。生产车间、仓库应有良好通风，采用自然通风时，通风面积与地面面积之比不应小于1∶16；采用机械通风时，换气量不应小于每小时换气3次。原料库、成品库、加工间、包装间内均应设防鼠、防蚊蝇、防尘设施。室内有毒、有害气体浓度不得超过国家规定的卫生标准。生产车间内必须设三联水池，车间的生产用水必须符合国家生活饮用水标准的要求，等等。

7. 非酿造工艺的设计

包括按照国家标准进行给水排水设施设计；按照国家有关标准进行车间的土建设计、供电设计、消防系统设计、采暖和供蒸汽系统设计等。

第三节　天工酒庄规划设计

本节先以编著者团队参与规划设计的新余国家农业科技园区天工酒庄为例详细解析葡萄酒酒庄的规划和设计，然后，以几个案例给读者提供不同特色酒庄的规划和设计，希望读者能感受到酒庄主对酒庄的情怀以及对酒庄品质和文化的极致追求。

一、天工酒庄所在地概况分析

1. 位置

新余市位于江西省中部偏西，浙赣铁路西段，地处北纬27°33′~28°05′，东经114°29′~115°24′。全境东西最长处101.9千米，南北最宽处65千米，东距省会南昌市150千米。全市总面积3178平方千米。

2. 气候

新余市的气候属亚热带湿润性气候，新余国家农业科技园区位于新余市北部的丘陵山区，年平均气温17.7℃，降水量1595毫米，日照时数1655小时，无霜期281天，属于亚热带湿润干爽气候。由于雨水很多，真菌病害较多，现有的鲜食葡萄每年雨季的喷药次数较多。需要采取避雨栽培措施或选用抗病品种。

3. 文化元素

（1）新余历史悠久　在市区东北部拾年山原始社会遗址出土的大量石器、陶器表明，远在5000年前的新石器时代，先人就在这里繁衍生息，具有深厚的人文文化底蕴，著名的一些事件和人物如下。

卢　肇——江西第一个状元；

王钦若——北宋江南第一个宰相；

傅抱石——当代著名国画大师；

何大一——著名医学教授、美籍华人；

刘　敞——金石学开山之主；

严　嵩——一代权臣；

宋应星——中国第一部科技巨著《天工开物》的作者，被欧洲人认为是中国古代最伟大的科学巨匠。酒庄名称可以该巨著为元素取名，如天工酒庄。

（2）新余是旅游胜地　烟波浩渺、清澈澄碧的国家重点风景名胜区仙女湖，有水域面积50平方千米，大小岛屿99个，有群岛峡谷曲水、植物基因种库、水下千年古城"三绝"，集"水文化"和"仙文化"于一体，山水相映，水天一色，可让人充分领略到"落霞与孤鹜齐飞，秋水共长天一色"的情景。

无论从自然环境、地理特征还是从科技发展、能源领域，这块土地都有浓烈的生态、绿色、环保的气氛，是一座绿色生态城市。

二、待建酒庄场地分析

位于农业园区核心区的待规划酒庄用地，占地82.42公顷，呈长条形，属于丘陵地貌特征。

1. 地形图

根据地形图，酒庄所在地属于南方丘陵地形，有多座小型山丘，有利于葡萄园的分区和葡萄的光照利用，也有利于小酒庄的布局。

2. 高程图

根据高程图，酒庄葡萄园和酒庄选址的丘陵地形，海拔落差适宜，葡萄园和酒庄可以错落有序分布。

3. 地形模型

地形模型的结果，与地形的分析吻合。

4. 现场实景图

现场实景图表明，每个山丘较大，地形较为平缓，土质为典型的黄土沙荒地，是酿酒葡萄的适宜风土类型。

三、项目分析

1. 目标定位

通过前期的研讨，规划者和投资机构认为酒庄的发展目标应该将新余的城市底蕴与葡萄酒的文化结合，将欧洲葡萄酒文化的精髓与农业园区发展理念相结合，使其生根发芽，有利于吸引本地客户和周边南昌城市圈的客户。对现有的国内外酒庄进行分析，取其精华，规避与本地发展无关或相背离的因素。

地块开发无论从整体酒庄集群还是酒庄单体，均要切合当地的气候特征，形成良好的区域微气候。做好小区域和大规划的双重环境设计，尽可能地采取自然采光通风等技术手段。

尊重地形地貌，做与环境相融合的建筑群体。建筑或占据山顶，形成气势，或顺应山势，蜿蜒山间山腰，某些建筑风格不适合丘陵地势，即使会产生很好的气势效果，也宁缺毋滥。

注重绿色生态设计。不仅将现有山水条件用好，更要从新余的城市发展出发，以新余市后花园为目标，大力提倡生态设计，利用新余本地产业因素，尽量多利用太阳能等生态能源。

2. 客户定位

首先，酒庄集群的客户为广大的新余及周边南昌城市圈的葡萄酒消费者和游客。酒庄要为公众提供一个体验健康的葡萄酒生活方式与享受生态的载体和契机。主酒庄设置于整个场地中前端，是园区葡萄酒集群的主体庄园形象的代表，是进入新余的高速路上的一个门户形象，不仅让体验者远离城市的喧嚣，同时又感受了葡萄酒庄园的氛围。

第二种类型酒庄的目标则是为不同类型的客户提供一个品味生活、休闲生活的场所和机会。避开喧闹，外表低调、特色文化元素突出的酒庄规划于场地中濒临水岸的位置。如此依山傍水的建筑会有原生态的优美与安静，以休闲、舒适为主要品格。朴实的外表和精美的内饰让人可以体验另一种清静的优雅和健康的品酒生活。

第三种则为中小企业主客户提供一个会客宴请、享受生活的场所。个性化酒庄设置于场地的中间地带，以商务接待和交流为目标，这样会所建筑在兼顾功能使用的前提下，尽揽酒庄大气和优美的风景。

3. 酒品定位

以配合本地餐饮为目标的产地葡萄酒作为核心产品。结合旅游休闲度假开发相关酒品，以当地适宜生产的酿酒葡萄品种为主，通过引进世界名种，通过试验不断筛选确立主栽品种，鉴于新余及所属省江西偏辣口味的饮食结构，以白葡萄酒、桃红葡萄酒为主，半甜型葡萄酒为辅。

四、酒庄规划设计

1. 概念

规划布局采用自然生长的葡萄藤形态，由葡萄藤、葡萄枝、葡萄果实组合而成。葡萄藤是酒庄主干道，也是主要绿化轴线，葡萄枝为支路，葡萄果实为各个单体建筑。

2. 原则

规划尊重山势，道路沿等高线走势，尽量减少土方量。

规划中尽量利用当地建材，以节约成本和能耗。

多考虑清洁能源利用，优先使用太阳能热水（集热器顺应坡屋顶造型）和水源热泵取暖，条件允许可以考虑使用光电转化。

天工酒庄设计概念

酒窖设计利用山势，尽量深入山中，利于低能耗运行下保持恒温恒湿。

建筑设计重视自然通风，主动节能。

西向、南向等存在强烈日照的位置采取遮阳措施。

3．总平面图

主酒庄和小酒庄群采用山丘自然的等高走向，按照生长的葡萄藤伸开的形态，在不同的区间分布，错落有序，酒庄之间的连接干道和支路，以及周边的绿化轴线，景观怡人。

4．不同功能酒庄分区图

公共区域核心区的主酒庄（公众参观酒庄）处于重要的位置，从园区周边的两条主干道路都可以清晰地观赏到主酒庄全貌，有利于吸引游客的注意和品牌的推广；半私密区域（家族酒庄）、私密区域（商务酒庄）等则分布于不同的山丘之中。

五、单体酒庄（主酒庄）设计

1．设计思路

葡萄酒文化兴起并发展于古代西方文明，结合本酒庄群以旅游休闲健康为主题，以本地客户和周边南昌城市圈客户为目标客户，当然吸引力强的表达形式就是与西式建筑融合。但是纵观中国葡萄酒庄的发展历史，各式城堡不断出现，要应用也要适当避免城堡式建筑模式的束缚，做富有地方特色和文化特征的葡萄酒庄，就要从众多建筑风格中筛选，找出适合规划设计理念的建筑风格来加以改进，形成酒庄的对外整体形象。

2．风格研究

从地形环境上讲，神秘高耸的城堡适宜建在山地之中，本案属于丘陵地形，因此可以借鉴大型城堡式建筑的建筑风格，建造舒适宜人的欧式城堡建筑，掩映于绿树和葡萄藤之中。

从气候上讲，城堡类建筑外界面开窗面积较小，不利通风和采光，适合寒冷地区，新余当地气候温和湿润，日照时间长，春季雨水较多，故在设计中适当加大建筑开窗面积，使其通透性好，适合新余气候特征。

3．国内相关类型酒庄研究分析

规划设计研究院和发展单位对国内外比较著名的酒庄进行研究，特别是对这些酒庄的特色进行了比较分析，主要研究的酒庄如下。

烟台张裕卡斯特酒庄：建筑档次较高，建筑欧式风情较浓，建于平坦地形之上，广场采取法国皇家园林风格以几何形状对称发散布置，但本案地处丘陵，如前分析不适宜此种风格。

北京张裕爱斐堡国际酒庄：主酒庄采用了城堡式，建筑较为气派，并在张裕爱斐堡国际酒庄旁，建造了宜人的欧洲小镇，以弥补单纯城堡式建筑的不足。适宜规模型的葡萄酒休闲旅游。

烟台君顶酒庄：环境依山傍水，与本案相似，同时是集葡萄酒生产、高尔夫练习场、户外泳池、庆典广场、中西餐厅、湖景客房、主题SPA、主题商场、品酒室、主题会所、酒文化参观等于一体，对本案的功能设置有极强的参考价值。君顶酒庄选择了浪漫的法国风情建筑，创造了较好的休闲度假气氛，这与前面所作分析的结论是暗合的。但君顶酒庄是与自然环境以及烟台蓬莱元素的结合，而且投资较大。本方案在这方面要着重加强研究，努力创造出更精细、更适宜当地的欧式建筑，并控制成本。

青岛华东百利酒庄：现已成为集葡萄种

植、酿造、酒文化推广、旅游度假、观光等系列产业于一体的绿色酒庄，依山面水而建，具有田园式风光，这些优点值得借鉴，其理念有与本案相合之处。

昌黎朗格斯酒庄：坐落于"葡萄酒之乡"的河北昌黎，与地处渤海湾风景如画的碣石山和黄金海岸为邻。酒庄建成于山坡上，由七座不同功能的建筑单体组成。与坡地葡萄园和平地葡萄园连为一体，山上山下相互辉映，与庄园雄浑恢宏的风格建筑一起铸就了朗格斯酒庄的磅礴气势。酒庄建筑的主题基调为欧洲古典建筑风格，设计中以自古罗马时期盛行至现代的半圆形拱券和柱式作为建筑元素母体，使之不断再现从而产生令人难忘的建筑韵律和光影变化。同时在建筑选材上采用坡屋面红色陶瓦、自然黄沙色舒布洛克砖饰墙面、花岗石基座和线脚，以突出古朴典雅之美。酒店建筑依山就势，高低错落，具有浓郁欧洲山庄风格。

4. 国外名庄简析

国外名庄很多，以波尔多左岸五大一级酒庄为例与发展商和投资人多次沟通和研讨。

拉菲酒庄：著名的1855年波尔多列级酒庄一级酒庄，其建筑外观朴素内部装潢则十分具有古典气息。

奥比昂酒庄：在波尔多左岸五大一级酒庄中最小却成名最早，建筑带有可亲近的乡村庄园气息，古朴而精致。

拉图酒庄：建筑外观朴素，内部改为现代感装潢，与其自动化设备相得益彰。

玛歌酒庄：建筑为希腊式，典雅柔美，玛歌早期建筑与拉图一样，将优雅迷人与气势磅礴完美结合。

木桐酒庄：建筑为希腊式。每年请一位艺术家创作酒标，其中包括萨尔瓦多·达利、亨利·摩尔，最著名的是1973年毕加索的"酒神狂欢图"。

这些名庄不仅酒品上乘、各具特色，而且庄内建筑与其个性风格相辅相成，充满了迷人气息，让人感受到悠远的历史和浓郁的葡萄酒香，都有各自独特的魅力和历史气息。

新余同样有着悠久的文化历史，本案设计的目标也是要创造出属于新余的具有独特气质

的酒庄。

5. 主酒庄设计原则

通过分析国内已建成酒庄的优缺点，吸收朗格斯酒庄等成功案例经验和借鉴世界顶级酒庄的经验，本方案酒庄设计的四项原则如下。

（1）文化　用欧式风格建筑体现酒庄传统文化；结合新余当地传统风格，部分酒庄采用庄园式布局。

（2）气候　建筑设计重视自然通风，主动节能；西向、南向等存在强烈日照的位置采取遮阳措施。

（3）地形　单体平面设计时结合具体位置，或沿等高线布置，或占据山头平面空地设计；酒窖设计利用山势，尽量深入山中，利于低能耗运行下保持恒温恒湿。

（4）生态　单体中尽量利用当地建材，以节约成本和能耗；多考虑清洁能源利用，使用太阳能热水（集热器顺应坡屋顶造型）和地源热泵取暖，条件允许可以考虑使用光电转化。

6. 主酒庄规划设计方案

酒庄群毗邻新余快速路，而主酒庄设置于整个场地前端。是庄园形象的代表，是进入新余的高速路上的一个门户形象。主酒庄作为主体建筑，要起到展示酒庄形象的作用，并要成为新余的一个地标，因此，主酒庄的方案都采用了较有气势的城堡式建筑风格。

经过设计方和业主双方进一步讨论，最终确定设计方案。

酒庄的发酵车间和酒窖是酒庄的生产功能区，设计图如右页所示。

六、其他小酒庄规划方案

小酒庄是为客户提供品酒、酿酒体验，度假，休闲，娱乐的场所，与主酒庄相比应亲切宜人，在此选择了分散的院落式布局。

建筑依山傍水会有原生态的优美安静，休闲与舒适。朴实的外表和精美的内饰让人可以体验另一种清静的高贵。

1. 商务风格小酒庄

结合了欧洲古典风格的众多元素，巴洛克和洛可可的艺术特征均有充分体现。而这些元

天工酒庄主酒庄设计
方案

天工酒庄发酵车间
设计图

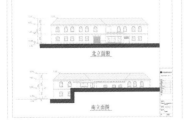
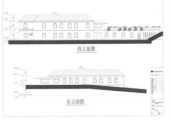

素，恰恰体现了一种商务、尊贵的文化氛围。所以，在商务风格小酒庄的建筑形式上，本案优选与山势相互呼应，形成高低错落的建筑格局，多内院，多空间布局，给商务活动提供不同的场所。

2. 庄园式家族小酒庄

每天辛苦忙碌的生活需要消闲，看惯了城市的灯红酒绿，需要亲近尺度的生活氛围。从新余历史上的建筑风格出发，可以看出人们更加接受实用和艺术性相结合的建筑风格。因

此，这类家族小酒庄，本案选择了更加近人尺度的，更加具有人文氛围艺术气息的庄园式建筑风格。

七、其他配套设施规划

1. 酒庄大门

大门作为酒庄群门户，对外代表了酒庄群的形象，对内则是整个酒庄游览的起始点，因此，本案选择了带有酒庄文化气息的欧式大门。

商务小酒庄设计图

家族小酒庄设计图

天工酒庄大门设计图

2. 道路规划

道路主要分为车行道路、生产道路和人行道路。

（1）车行道路 小型汽车行驶道路，分为7米双车道和4米单车道2种，主要入口及景观道路为7米双车道，建筑消防通道及次要通道为4米单车道。全部采用混凝土路面。

（2）生产道路 农用机械行驶道路，分布于葡萄种植区中，便于采摘运输葡萄。全部采用碎石路面。

（3）人行道路 供人行的道路，方便人流疏散和在园区内的行动。采用地砖与当地特色碎石铺装。

3. 广场规划

广场分布于主酒庄南侧，以花岗岩铺装为主，供人流疏散和举办活动。广场设计水池与雕塑突出酒庄主题。

4. 停车位规划

设计停车位若干个，分布于入口、主建筑及附属建筑周围，方便使用。

5. 园林景观规划

植物种植设计主要考虑适地适树的原则，极力营造效果好，养护成本低，可持续的景观。重视四季景观的变化，努力做到"季季有花，四季常绿"。

案例 3.1
中奥文化完美融合的葡萄酒酒庄：
河北昌黎朗格斯酒庄

朗格斯酒庄

位于河北昌黎的朗格斯酒庄，成立于1999年，由奥地利著名企业家格诺特·朗格斯·施华洛世奇（Grunt Langers Swarovski）投资兴建，酒庄建在昌黎县内的秦皇岛碣石山腰，是中国改革开放后中奥文化交流的结晶。2018年，酒庄由秦皇岛宏兴钢铁有限公司并购。

一、酒庄建立初衷

2006年6月，施华洛世奇先生来中国朗格斯酒庄度假，《酒尚》杂志专门组织记者采访施华洛世奇先生。提起葡萄酒和酒庄，施华洛世奇先生说，他喜欢上葡萄酒并建立葡萄酒酒庄，是因为他的母亲。施华洛世奇先生刚刚20岁时，从庞大的家产中分到第一笔本金，他的母亲给他指点了投资方向，告知他用这笔本金做对人的健康有益的事情，母亲和他选择了天然的葡萄酒事业，为了亲人健康酿制葡萄酒。2006年时，她已经89岁高龄，身体依然很健康。杂志的记者问他，您母亲长寿的秘诀是什么？他自豪地说，除了运动，就是葡萄酒了。施华洛世奇先生和本村的一名果农合作，果农种葡萄，他酿酒，计划在适宜的时候建立一个自己的酒庄庄园。尽管以后，因为家族的事业，他的精力很大程度上用于水晶事业，但是，他从没有放弃建立朗格斯酒庄的梦想。在他家族的水晶事业发扬光大后，她的母亲总是提醒他为人类的健康多做益事。在20世纪90年代末，施华洛世奇先生决定建立酒庄庄园，集葡萄酒生产、教育、文化推广、旅游为一体。于是，施华洛世奇先生带领其团队在全球范围内调研考察，当时，世界葡萄酒总体发展趋稳，有时供大于求，但是，中国是一个人口大国，而且流行饮酒文化，是新兴的葡萄酒市场，也是巨大的潜在市场。而且当时中奥文化和经贸交流不断加强，充满活力，改革开放对引进外资也有诸多优惠条件。综合各项优势，团队选定在中国建设酒庄。

二、选址河北昌黎碣石山

20世纪90年代末，中国的昌黎葡萄酒产区，是中国最大的葡萄酒产区，而且位于北京的北部，离北京只有200多千米，地处北纬39°24′～40°37′，东经118°33′～119°51′，北依燕山，东临渤海，西南携滦河。产区气候类型为暖温带半湿润大陆性季风气候，因毗邻海洋，受海洋影响，气候较温和。燕山山脉可以阻挡来自北方的寒流，产区冬季不是特别寒冷，无霜期较长，平均186天；海洋和河流又可以调节本区的温度、湿度和光照条件，产区夏季并不炎热。年平均气温11℃，1月最冷，月平均气温-4.8℃，7月最热，月平均气温25℃，全年降雨量660毫米。春季少雨干燥，夏季温热无酷暑，秋季凉爽多晴天，冬季漫长无严寒，这样的气候特征非常适合葡萄酒生产。

昌黎产区，地层基底岩系为花岗岩和变质岩中的混合岩，地层出露部分主要为中生代侏罗纪岩浆活动的花岗岩，新生代第四纪全新统地层分布最为广泛，为冲洪积相与河流冲积相沉积，主要堆积物为棕色含小砾石亚黏土、灰黄色含沙亚黏土、灰黑色含沙黏土、夹黑色腐植黏土及不稳定的泥煤薄层，土壤略呈酸性，pH5.5～6.7，大部分近中性，类型为轻砂质多砾质淋溶褐土。这些得天独厚的自然条件，为优质酿酒葡萄的生长提供了赖以生存和繁衍的自然环境，也赋予了这里的酿酒葡萄复杂而独特的香气和细腻的酚类物质。

而且，昌黎产区有500余年栽培葡萄的历史，是当时中国最主要的葡萄酒产区之一，是中国改革开放后第一瓶干红葡萄酒诞生地，也是中国第一个葡萄酒地理标志产品的产区。

酒庄最终选址在碣石山产区的两山乡段家店村北的樵夫山脚下，这里原是一片山坡荒地，由于特殊的山基地质构造，地下水极度匮乏，农业种植靠天吃饭，处于相对传统的农耕模式，诱导多酚类物质的逆境条件突出；这里远离工业区，无污染，空气清新，使这里生产有机葡萄成为可能。樵夫山西南东北走向，酒庄位于呈L形分布的西北两面环山的东向山坡上，背山面海，微环境优越。

三、酒庄发展定位

酒庄的发展定位与施华洛世奇先生的建庄初心是分不开的。酒庄庄园建立的核心理念就是对人类健康有益，酒庄的定位和追求是生产健康、自然、纯粹的葡萄酒，让更多的人品尝到真正优质的葡萄酒。为了母亲的愿望，以人类的健康为使命，以家族的名誉来酿酒，实现"美好佳酿，自然品位"的宗旨，并传播健康的葡萄酒生活方式。施华洛世奇先生曾说："朗格斯酒庄于我，是一份个人的欢愉，一份给予妈妈的礼物，一份传递着的爱与信仰。"

四、酿酒葡萄园设计

酒庄庄园的核心就是酿酒葡萄园，因为优质的葡萄酒是种出来的，要想酿出健康、自然品位的葡萄酒，葡萄园的设计极为重要。施华洛世奇先生组织中外专家团队对葡萄园进行科学规划设计，按照生态健康，环境友好，低残留、无污染等可持续发展的理念，确保葡萄园能生产出优质葡萄果实。

1. 合理利用地理地势

庄园城堡位于樵夫山脚下的山坡上，面向东、南、北三个方向的120公顷葡萄园，匹配酿酒酒窖的加工与储存能力；葡萄园设计按照等高走向，维护山地的自然地貌。葡萄园西高东低，利用海拔落差（17米），设计排水设施；由于较高的海拔落差，采光也良好。

2. 品种布局

依据产地的积温、光照条件以及无霜期，晚熟品种赤霞珠等可以正常成熟，按波尔多混酿理念设计品种布局为：赤霞珠、美乐（Merlot）、品丽珠（Cabernet Franc）为主栽品种，同时陆续引入更多其他品种进行试验观察，包括西拉、马尔贝克、马瑟兰（Marselan）、小味儿多（Petit Verdot）、小芒森（Petit Manseng）、维欧尼（Viognier）、胡桑、阿拉耐尔等品种。

酿酒葡萄是多年生植物，适应性和品质研究持续多年，通过种植生产和酿酒比较，证明赤霞珠较为适应；由于产区生长季7、8月份降雨较多，成熟较早的美乐、品丽珠由于果皮较薄，抗病性较差，逐渐被淘汰。根据多年试验结果和生产实践，酒庄一直在进行品种选优并结合葡萄园改造，进行品种更新，特别是2018年以后，以老园更换为目标，增加了较大面积的马瑟兰和部分小味儿多，同时增种了7公顷左右的白色酿酒葡萄，以丰富品种结构，而且碣石山产区海岸较为凉爽的气候特

朗格斯酒庄酿酒葡萄园

点，更利于表达口感清新清爽、清香细致的白葡萄酒风格，也与当地的特色美食海鲜更为搭配，满足旅游人群的需求。

3. 株行距与架型、整形修剪方案

葡萄园南北行向种植，利于采光和果实成熟均匀一致。行距2米，株距1米，篱架多主蔓扇形整形，这是个较为高产的设计，随着劳动力人口的逐渐减少和对操作便利性要求的增加，后期逐渐改造为"厂"字整形，单臂篱架，短梢修剪，使得修剪作业得以简化，更易于埋土防寒，也使结果部位一致，果实成熟均匀；改造后的葡萄园行距3米，株距1.2米，可以适应一定的机械化作业。架型设计上没有采用本地较多使用的鲜食葡萄的小棚架，而是选择统一的篱架，这更有利于酿酒葡萄的采光需求。

4. 架材选择

建园之初，本着利用当地材料的原则，依托当地独特资源，采用开山建立酒庄时打造的石柱作为主要架材，既结实耐用又具有地方文化符号。但随着用工难和机械化作业的要求，这些架材逐步退出了使用，取而代之的是标准化的镀锌金属架材，规格统一，架面标准一致。

5. 土肥水管理制度

该园上层土壤为褐土，轻砂多砾质，有机质中等，渗透性良好，pH5.8～6.5，土层80～100厘米以下为黏土层，保水保肥能力强，根据该区的年均降雨量及其分布，设计葡萄园定植成活后全年免灌溉种植；禁施化肥，根据土壤肥力状况不定期施用秸秆、沼渣、羊粪等有机肥，有机化栽培；采用生草割草制，减少土传病害传播，营造微环境，方便雨季作业。

6. 植保理念和制度设计

控制农残和环境污染，生产绿色健康葡萄果实。采用矿物源、植物源药剂和微生物菌剂等预防和治理病虫害，同时结合天敌、物理诱杀以及适时地用低毒低残留药剂综合治理。

7. 路网与排水设计

最初的作业道设计是方便小型拖拉机和马车等机械作业通行，田间作业路宽6米，但随着对葡萄园标准化、机械化程度要求的增加，后期改造葡萄园田间作业路宽度调整为8～10米；葡萄园南北跨度约1500米，东西跨度约1500米，根据整体西高东低的地形地势，设计3条自东向西的主排水渠，南北向每隔约150米设置1条排水支渠，每个地块边界设置毛渠，利于排水。

8. 葡萄园音乐设计

奥地利人对音乐的情怀，使庄主要求在葡萄园设置音响设备，生长季每天播放轻音乐伴随葡萄的生长发育。庄主认为，葡萄树是有生命的也是有灵性的，在音乐的熏陶下葡萄可以生长得更加优雅美好，员工也在音乐中享受工作的乐趣，身心愉悦。

9. 防风林带与防雹设计

本区冬季盛行西北风，而春季南北风交替，风力较大，对新梢枝条具有较强的破坏力，夏季有时会受到台风影响，因此葡萄园东西向设置3道防风林，采用速生杨等高大乔木与灌木相结合的林带设计，以减小风力影响。夏季的强对流天气可能会有冰雹发生，为防范雹灾，酒庄设置防雹高炮1台。

五、酒庄及配套设施设计

（一）工艺设计

为实现"美好佳酿，自然品味"的酿酒理念，酒庄采用了独特的自然重力酿酒工艺。

重力酿造是指利用势能差，在重力自流的作用下完成葡萄酒的酿造生产过程，减少人为干预和剧烈机械处理，避免了可能发生的酒体结构与成分的物理及化学的异常变化，从而最大限度地保证葡萄酒的天然潜在质量。机械泵送工艺可能会额外增加酒体本身以外一些成分的溶入量，如氧、金属离子，从而引起酒体内在自然性的变化，且不利于酒的发育和成熟并影响其整体生命运动进程。自然重力酿造工艺避免了上述情况出现。

由于采用自然重力酿酒，就要求相关建筑在山坡自上而下呈阶梯分布，高差18米，共三层四个作业面，全部酿酒工艺立体布置，而非传统的平面布置。

1. 功能分区设计

三层：原料前处理区、发酵区、办公区、

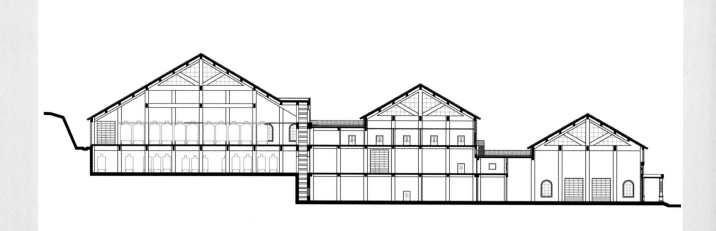

重力酿酒工艺设计

发酵车间

陈酿酒窖

辅料库、备件库；

二层：陈酿酒窖（罐储区和桶储区位于山下，恒温陈酿）、原酒后处理区（调配，冷稳定，过滤）；

一层：灌装区、备件库、瓶储窖区（位于山下，适温恒温陈年）、包装物料库、成品库。

2. 工艺程序设计

葡萄田间采摘分选—原料前处理区再次分选—传送带运至前处理区除梗破碎（三层罐顶平台，第一作业面）—发酵（三层，第二作业面）—调配与储酒陈酿（二层，第三作业面）—原酒稳定与过滤（二层，第三作业面）—灌装（一层，第四作业面）—瓶储陈酿（一层，第四作业面）—成品出库（一层，第四作业面）

（二）设备布局设计

根据工艺程序设计要求，分别在不同层位和作业面布置与设计能力相匹配的设备，如除梗破碎机、气囊压榨机、冰机、锅炉、发酵罐、储酒罐、橡木桶、过滤机、装瓶线等。

设计匹配不同容量的酒罐以方便发酵和满罐储存；为实现同层或下层向上层重力倒酒，设置运货电梯，内置酒罐上下倒酒；山下酒窖设计中央空调，恒温恒湿陈酿，优化酒品品质发展和增强陈年潜力；与葡萄园一样，酒窖中

设置音响设备，葡萄酒陈酿过程中播放音乐，给陈酿管理员工和橡木桶内微生物营造一个优雅温馨的工作环境；采用酒庄自制中国橡木桶陈酿，体现中国自然风味，培育酒庄独特品质风格；灌装区U形设计，物流人流科学合理。

（三）酒庄建筑设计

为了促进酒庄中国元素和奥地利元素的结合，施华洛世奇先生专门邀请了资深设计公司作为酒庄建筑设计方。通过研讨确定，酒庄建筑的主题基调为欧洲古典建筑风格，融入奥地利的建筑元素。设计以自古罗马时期盛行至现代的半圆形拱券和柱式作为建筑元素母体，使酒庄能体现令人难忘的建筑韵律和光影变化。同时在建筑选材上采用坡屋面红色陶瓦、自然黄沙色舒布洛克砖饰墙面、花岗石基座和线脚，以突出古朴典雅之美。由于采用重力法酿酒工艺，与工艺有关的建筑则依山就势，高低错落，体现浓郁的山庄风格。突出"自然与休闲"的主题，在设计中引入与高雅、健康的葡萄酒相适宜的艺术和文化。全面融合3S原则，即大海（SEA）、沙滩（SAND）和阳光（SUN），体现北戴河区域的地域文化。

酒庄要设计成集酿酒、品酒、旅游、观光为一体的"人文绿色酒庄"。例如，能够让游

瓶储区和收藏区

客体验采摘收获，亲手酿造或定制美酒的"朗格斯葡萄酒之旅"；设计葡萄籽精华油SPA水疗中心；酒庄大厅设计品酒和展卖中心，各式酒架、品酒台、艺术品布满四周，体现着优雅的葡萄酒文化。室外，从窗能看到草坪、花池喷泉，仿佛置身于油画之中。

酒庄的酿酒车间和酒窖在总平面中偏于一隅，与接待中心、客房楼、管理中心和培训中心围合成中国风格的庭院空间，在各方面体现中奥的文化元素融合与酒庄休闲、度假、旅游、娱乐及会议的功能设计。

（四）综合功能配套设计

为充分落实"美好佳酿，自然品味"的理念，彻底践行"酿造健康美好生活"的品牌使命，酒庄除葡萄园种植与酿造生产等核心功能外，还配套设计了其他附加功能，延长产业链条，确保葡萄酒文化传播和健康葡萄酒生活方式的推广。

酒庄配套建设了四星级酒店，以满足客户接待服务需求，设置餐饮、客房、会议、康养、娱乐等项目，为客户、会员提供优质服务，并使客户在旅游休闲中深度体验葡萄酒文化；酒庄还设计建立了葡萄酒研究和培训中心，与中国农业大学葡萄与葡萄酒工程专业的专家教授合作培训专业人才，传播葡萄酒文化，体现社会责任；2020年，以酒庄为依托单位成立了河北省葡萄酒产业技术研究院，并开展了多项科研工作，研发创新，科技引领。

建设初期由于周边市政条件的限制，酒庄各建筑设施都采用燃油锅炉作为采暖及生活热水热源。为了响应国家节能减排以及推广使用可再生能源的号召，2011年酒庄进行了节能改造，采用地源热泵作为空调采暖冷热源，采用太阳能＋地源热泵系统作为生活热水热源（太阳能系统无法满足生活热水需求时，由地源热泵系统作为生活热水备用热源，夏季利用

冷凝热回收功能提供生活热水，冬季在采暖的间歇提供生活热水），虽然通过初步估算，该项目节能改造初期投资费用约为1500万元，但是，庄主义无反顾地投入进行节能改造。事后的运营结果，空调采暖及生活热水的运行费用降低至128万元／年，酒庄基本不排放二氧化碳（即使酒庄内电耗增加导致供电厂排放二氧化碳量的增加，总的碳排量也能够降低49%左右）。可见，酒庄进行节能改造后能够大幅降低建筑能耗及二氧化碳排放量，达到非常好的节能减排效果，符合酒庄和国家的发展方向。

六、产品与市场定位

采用会员制销售酒庄生产的酒品，培育与酒庄高度价值认同的高端消费人群，部分顶级酒款采用施华洛世奇水晶酒标，以彰显其尊享定位。

朗格斯酒庄酒品

3.2 致力于服务国家乡村振兴发展的示范酒庄：
宁夏贺兰山东麓闽宁镇原隆村立兰酒庄

立兰酒庄

一、庄主与酒庄创建

立兰酒庄创始人左新会出生在内蒙古的一个农场，内蒙古被称为歌的海洋、酒的故乡，喝酒就是一种生活习惯，左女士也在成年后喜欢上了饮酒生活，比起白酒的浓烈，她更喜欢葡萄酒的优雅、复杂与平衡。

2010年的一次出差，一个意外相遇，却改变了不惑之年的她的事业发展方向。那一天在出差去往香港的飞机上，她与邻座的小女生聊起了葡萄酒，发现她是一位年轻的酿酒师。说到宁夏贺兰山东麓的风土和葡萄酒，年轻的酿酒师就一直陶醉在贺兰山东麓的葡萄酒中，

立兰酒庄庄主左新会

这深深地感染着左女士。回到家后，早就喜欢葡萄酒的左女士翻阅了大量关于酿酒葡萄种植和酿造的资料，并购买了微型酿造设备，在自己家的地下室，开始了自酿葡萄酒。自酿葡萄酒成品之时，恰逢中秋佳节，每逢佳节倍思亲，她从奶奶和妈妈的名字中各取一个字，给自己的酒品命名为"览翠"。由此，产生了一个新的品牌。在自酿葡萄酒的整个酿造过程中，她悉心向酿酒师请教，认真聆听每个酿造的细节并落实在酿造过程中。等发酵结束后，酿酒师对她初次酿酒作品的品质赞不绝口。等陈酿结束后拿去检验机构检测，产品的各项指标都符合食品安全标准，这给了左女士极大的鼓励和勇气。父亲也鼓励并支持她将酿酒技能作为事业，与未来发展结合。就这样，左新会女士走上了葡萄酒酒庄的创业之路。

二、酒庄规划和设计

快速决策建立葡萄酒酒庄后，她基于立足于贺兰山，立志在贺兰山做出具有中国风土的高品质葡萄酒的初心和目标，为酒庄起名为"立兰酒庄"。

建酒庄首先就是建立葡萄园，左庄主想做绿色有机的高品质葡萄酒，想做像拉菲酒庄一样的高品质酒庄。拉菲酒庄的葡萄园面积是103公顷，她建设葡萄园就比拉菲的103公顷多3公顷，106中的"6"在中国的文化中也有顺利吉祥之意，所以，她坚持在流转的133公顷的土地上只种了106公顷的葡萄，其他的都用来做防风林和园区景观绿化用地。

（一）发展理念

立兰酒庄在建庄开始就秉承着尊重自然，敬畏自然的理念。原隆村的这片土地极其缺水，而且土地贫瘠，种什么农作物都颗粒无收。但是，在左庄主的眼里，正是这样最原始的，从未被开垦和污染的土地才是她最想要的，因为在她的心里，她想做一个绿色有机、环保健康，能够面向未来，可持续发展的高品质酒庄。

所以，规划设计之初，酒庄的发展理念就确定为尊重自然、尊重风土，尽最大的努力做优质的有机酒庄。

（二）葡萄园气候和风土条件

贺兰山东麓产区，位于中温带干旱气候区，属于典型的大陆性气候，可以用"一山一河一长廊"来概括。

一山：北纬37°43′～39°23′，南北绵延200多千米的"天然屏障"贺兰山；

一河：黄河流经宁夏区段长397千米，成为葡萄灌溉的水源保障，它还调节了葡萄生长期的气候，阻隔了沙尘和寒流；

一长廊：贺兰山东麓葡萄产业文化长廊，规划面积100万公顷，地形地貌多样，是西高东低的缓坡长廊。

原隆村这块荒山荒坡，位于东经105°98′36″，北纬38°28′43″，处于贺兰山的"核心地带"，系冲积扇三级阶梯，成土母岩以冲积物为主，地形起伏小而平坦，沟壑小而浅，土壤侵蚀度轻，土壤为淡灰钙土，土质多为沙壤土，而且富含砾石。这种风土开发的葡萄园，有利于葡萄根系向地下深处生长，吸收更复杂的矿物质。该地日照时间长，昼夜温差大，年降水量约为193.4毫米，但作为福建省援助的闽宁镇原隆村，在移民改造时建设了便利的黄河水灌溉条件。

原隆村东临西夏渠，北靠闽宁供水厂，西临国道110，地理位置优越，交通便利，环境开阔，酒庄周围没有污染源。从银川市区出发，沿国道110或者乌玛高速向南驱车40分钟到达闽宁高速口，就可以到达原隆村立兰酒庄。

（三）葡萄园规划设计

通过前期的考察和调研，左庄主要求设计师们以高标准规划设计酿酒葡萄园，把资金重点用在葡萄园的建设上。

首先，根据政府引导和专家推荐，经过严格的筛选程序，引进脱毒苗木，从源头保证葡萄的纯正性，同时，建立栽培制度，实施有机种植，建立完善的可追溯系统。立兰酒庄葡萄园占据着贺兰山脚下150公顷的理想缓坡，充满钙质的砂砾石土壤带给葡萄酒强劲的酒体和

立兰酒庄葡萄园

馥郁的果香。

立兰酒庄采用创新架型：45°倾斜上架，长梢修剪，易于埋土；通过土壤肥力分析和可持续发展要求，严格控制亩产上限为9750千克/公顷。全园实行可控滴灌系统，高效节水与控水；基于互联网打造可追溯系统，每瓶酒可以追溯到每一块葡萄园，实施精细化管理。酒庄只用自产有机葡萄酿酒，保证一粒葡萄不外购，一粒葡萄不外销，牢牢把握葡萄酒的质量安全。

2011年建园以来，历时12年，立兰酒庄葡萄园已经成为闽宁镇一道靓丽的风景线，昔日的干沙滩变成了今日的金沙滩。立兰酒庄在这里扎根发芽，不仅给原隆村移民提供就业，增加移民的收入，改善生活，还美化环境，增加植被面积，减少水土流失，实现了经济效益和社会效益的统一，成为宁夏回族自治区乡村振兴发展的样板，实现了既要金山银山也要绿水青山的目标。

（四）酿酒车间规划设计

立兰酒庄建设之初，左庄主重点放在了葡萄园设计和建设上，而酒庄建筑的地址一直没有确定，只是有一片所谓的"预留地"，是一个6.7公顷左右的采砂坑。一位建筑设计师建议，充分利用采砂坑建设酒庄，特别是发酵车间，即利用它建一个半地下酒庄，节能、节省成本。将酒庄建设成：在高处看是一层的建筑，在低处看是两层建筑的酒庄，而且酒窖就在采砂坑原来的基础上通过修正以低成本建成地下式酒窖，实现前处理车间、发酵车间、灌装车间、瓶储区、橡木桶区、成品库等科学有序地利用采砂坑进行布局。随后设计公司按这个方案进行了酒庄设计。

1. 前处理车间

前处理车间被设计在二楼的大平台上，这样的设计有利于葡萄利用自然重力入料，减少将葡萄在一楼提升后再入料的工序，做到了节省能耗，减少操作流程，减少入料时间，最大程度地使葡萄在最新鲜的时候进入发酵罐里。

为了保证每一粒葡萄原料的高品质，酒庄实行果实精选制度。前处理车间依次安装了穗选、振筛、除梗机，粒选机，蠕动泵等，而且要求这些设备都是目前世界上一流的装备和配套设备，酒庄的葡萄酒技术规程确定，果实实行柔性处理和精准快速处理。

2. 发酵车间

发酵车间位于处理车间的下方，地面与车间有8米的高差，便于酿酒葡萄前处理后利用高差产生的自然重力尽快入罐。发酵车间配有10吨、15吨、20吨3种规格合计38个发酵罐，38个发酵罐中有4个15吨白葡萄发酵罐，其他的都是干红发酵罐，罐体并排摆放，中间通道宽阔，便于设备转运和清理皮渣，气囊压榨机是可以推动的，根据不同发酵罐处理皮渣的不同，摆放的位置也不固定，主要是为了提高生产效率和质量。

立兰酒庄葡萄园风土

立兰酒庄发酵车间

3. 灌装车间

灌装车间配备有1200瓶/小时的灌装线。这条灌装线为当时最先进的自动无菌灌装线，具备30秒控干瓶内水的装置，灌装葡萄酒之前会将加热后的氮气充满整个瓶子，然后再将葡萄酒灌装到葡萄酒瓶，这样橡木塞和酒之间由氮气隔离，充分的保证葡萄酒的品质。同时具有瓶外洗和贴标缩帽的功能。

4. 酒窖

酒窖分为橡木桶区和瓶储区两个主要功能区。酒窖采光全部采用边缘供光的设计，减少光对酒窖的影响，配备自动加湿器和中央空调，对酒窖实现了数字化管理。

橡木桶区分225升桶区和5吨大橡木桶区，每年根据葡萄品质的不同，会相应地选择采用不同品牌和烘烤程度的橡木桶，严格遵守12～18个月橡木桶陈酿的技术规程。225升橡木桶每3～4年就要更换。

瓶储区主要采用仓储笼，对已经能够灌装的酒进行灌装后在酒窖继续存储6～12个月以后才能贴标上市销售，所以一款立兰酒庄"览翠"品牌葡萄酒从采摘发酵到贴标销售一般需要3年完成。因此，酒庄要求培育酒庄的葡萄酒要像对待呱呱坠地的孩子一样呵护，直到离开酒庄。

5. 库房

库房与灌装车间紧邻，主要是为了方便贴标以后减少转运直接入成品库。包材、辅料都

立兰酒庄酒窖橡木桶区

配备专门的小型仓库，做到规范化管理。

6. 化验室和生产办公室

化验室和生产办公室设在前处理车间的上方。紧邻发酵车间，方便工作人员的出入。随时随地都可以看到所有罐的温度和酿酒罐管理标签上的使用状态。

7. 物流路线设计

各个车间和库房都设计有通路，使得电叉车和其他运输车辆都可以到达。另外，在发酵车间和储酒车间设计有专门用来运输包材和设备的货梯，在酒窖与灌装车间相接的地方设计有货梯，这样可以实现陈酿区和灌装区的联动作业。

三、酒庄与原隆村同进步、共发展

闽宁镇是习近平21世纪初亲自提议和命名的移民区，而原隆村就是闽宁镇的重点移民村。当年"天上无鸟飞，地上不长草，风吹石头跑"的原隆村，在左庄主和村民们的努力下，干沙滩种上了酿酒葡萄，酒庄也酿出了美酒，村庄变美了，村民们也有了工作，酒庄的酒品也进入市场，并受到市场欢迎。通过与专家们的充分沟通研讨，确定酒庄要可持续、高质量发展，就要酿原隆村的特色葡萄酒，酿出高质量的特色产地葡萄酒与原隆村同进步，共发展。

1. 强化原隆村特色风土，高质量培育葡萄园

建立酿酒葡萄园时，酒庄参考拉菲酒庄，种植以赤霞珠为主的混合品种，葡萄园分出的八个区域分别种植了赤霞珠、美乐、马瑟兰、西拉、霞多丽等世界名种。开始时左庄主不知道哪个品种适宜原隆村的风土，那就从苗木入手保质量，只用脱毒苗木；用草原羊粪，经腐熟处理施到定植坑中，改良土壤。目前，葡萄园已经成为贺兰山东麓产区的一道靓丽的风景线。

2. 用心酿酒、酿有机葡萄酒，多品种酒品服务市场

酒庄建立初期没有经验，没有研究和实践，确定不了核心酒品和营销推广方案，就先从品牌酒和品种酒做起。把酒庄不同地块的葡

立兰酒庄瓶储区

萄分类酿造，先酿好酒，做有机葡萄酒，用多品种酒品服务市场，让市场和消费者知道，立兰酒庄是一个用心酿酒的酒庄，是一个酿有机葡萄酒的酒庄，贡献给消费者安全、干净和好喝的有机葡萄酒。左庄主注册了"览翠"、"贺兰石"等商标，生产赤霞珠、美乐、西拉等品种酒。由于他们努力做好每个细节，酒庄的酒品获得了市场好评，也得到许多国内外著名葡萄酒大赛的大金奖、双金奖和金奖。酒庄也不断进步，先后进入贺兰山东麓列级名庄五级、四级、三级酒庄，直至目前的最高等级二级酒庄。

3. 围绕国家乡村振兴战略，做原隆村葡萄酒，做产地葡萄酒

在摸索中进步的立兰酒庄，恰逢国家提

出乡村振兴战略，通过和有关专家的多次研讨决定，未来立兰酒庄的发展方向和战略就是打造贺兰山下的原隆村葡萄酒和酒庄的单一园产地酒。做高端、不可复制的产地酒和酒庄酒。近两年，庄主和中国农业大学的教授专家一起培育了立兰酒庄的新产品。首先，给酒庄的八块葡萄园起名，今后就按照这个名字做酒标；其次，筛选酒庄的产地酿酒酵母和非酿酒酵母，强化酒庄的酒品特色。

两年来，以原隆村命名的葡萄酒上市了，以产地命名的葡萄酒也上市了，而且获得了国内葡萄酒收藏家和酒评人的高度认可。

四、未来的立兰中国梦

1. 核心价值观
用心酿酒；酿有机葡萄酒；酿原隆村风土葡萄酒。
2. 理念
始终坚持"酒庄的灵魂是酒，酒的灵魂是土地，土地的灵魂是人"。
3. 愿景
酿造具有中国风土的村庄级高品质葡萄酒。
4. 目标
让世界分享览翠葡萄酒。

3.3 聚集中国优秀文化元素的精品酒庄：
烟台蓬莱龙亭酒庄

龙亭酒庄

一、庄主与酒庄创建

位于烟台蓬莱的龙亭酒庄，是一个中国元素和葡萄酒文化相融合的中国精品酒庄，由宋妍夫妇投资创建。它的建立缘于庄主宋妍一直以来对葡萄酒与田园生活的热情与向往；而选择蓬莱建立酒庄则是受到我国现代葡萄酒产业发源地烟台蓬莱的吸引。蓬莱具有丰富迷人的旅游资源，蓬莱仙阁也是中国古代四大名楼之一。然而，蓬莱更具特色的是它拥有许多适合酿酒葡萄生长的丘陵风土，可以酿制优雅醇美的葡萄酒。而且，它还拥有优良宜居的环境，多样鲜美的美食，以及淳朴的民风，深深吸引宋女士，使她流连忘返，决定在这里建立一个精品酒庄。

庄主宋妍对葡萄酒的认识有三个时期的转变，作为一名消费者，在澳大利亚留学和生活时期，她就对葡萄酒产生了浓厚的兴趣。回国后进入了当时国内最早、最大的葡萄酒进口公司工作，成为了一名葡萄酒的营销者和葡萄酒文化的推广者。该公司的产品涵盖了葡萄酒全球各大知名产区，葡萄酒产品几乎涵盖了世界上丰富多彩的各类酒品。这段工作经历，为宋妍打开了葡萄酒世界的大门，在此工作期间，宋妍对葡萄酒的鉴赏能力也由启蒙期的新世界澳大利亚产区提升到了世界的各个名产区。在工作之余，她的脚步也踏遍世界各大知名产区，在对葡萄酒庄的访问与学习探索中，也奠定了未来作为创建酒庄与经营者的基础。而后，与同样向往葡萄园生活方式的先生共同创建了龙亭酒庄，也正式成为葡萄酒生产者和酒庄管理者。龙亭酒庄的每一片葡萄、建筑的每一处细节都见证了她对酒庄和酒品品质的精致要求。

二、酒庄发展理念和战略

庄主宋妍坚持，"回归本土品牌，让世界了解中国的优质风土，才是我们的初心。"

酒庄在选址初期，就秉承酿酒葡萄对风土的特色需求，把选择适宜种植酿酒葡萄的个性化特色风土放在了第一位，最终决定在中国葡萄酒特色小镇——烟台蓬莱区刘家沟镇龙亭产地建设葡萄园和酒庄。

由于宋庄主对葡萄酒和酒庄的热爱，她的自有葡萄园从一开始就实行尊重自然的生物动力法发展模式，推动绿色发展，促进人与自然和谐共生，保护生物多样性。龙亭酒庄自建庄以来大量保留原生林地，持续不断地实践生物动力法，保持自然生草，减少碳排放。

建立酒庄的过程中，遇到了各方面的挑战，但是从始至终，从决策者到生产者都不曾妥协过对高品质葡萄酒的质量要求。2016年，龙亭酒庄酿出了第一个年份的葡萄酒，在多项国际和国内比赛中都取得了不错的成绩。龙亭酒庄葡萄酒的品质很早就获得了酒评人、葡萄酒收藏者和市场的认可。

宋庄主一直强调，龙亭酒庄的建设和发展不只是一门生意，在生产优质酒品的同时，酒庄也要肩负起对社会的责任，坚持可持续发展，坚持生态优先战略，龙亭酒庄的目标就是向世界展示中国能够生产出可持续和负责任的顶级产地葡萄酒。

龙亭酒庄庄主宋妍

龙亭酒庄生物动力法葡萄园

三、酒庄规划设计

在建庄之初，酒庄的理念就是"敬畏自然，天地人合一，无为而治"，与西方生物动力法结合酿造中国产地特色风格的葡萄酒，在当时可谓先驱。

宋妍女士认为："这样的自然条件有助于葡萄果实积聚香气，使得酿出的葡萄酒更为香醇。"

龙亭葡萄园地处蓬莱区刘家沟镇峰山东侧山腰，属于海积平原，土壤表层是棕壤，以片岩和大理石为基岩，排水性良好，诱导酿酒葡萄次生代谢的逆境条件适中而多样，原生态且不太肥沃的土壤环境，是种植天然特色酿酒葡萄的绝佳特色风土。

建园伊始，酒庄在园中开挖了80厘米深、80厘米宽的定植沟，每公顷施用了120吨无

害化处理的羊粪和15吨火山岩粉配制的有机肥，以增加有机质与矿物质，强化葡萄园的特色风土和有机活力，还喷施了生物动力配置剂500，充分激活土壤生物活力，强化酿酒葡萄的根系生长环境。

因为从未使用化肥和化学农药，葡萄园内自然生草与昆虫品类丰富多样，甚至还吸引了成群的喜鹊、麻雀，野鸡、野兔等小动物前来安家（有时也会对葡萄园和果实造成一定的困扰）。

经过多年葡萄园管理，葡萄园风土特色更加突出，果实更加饱满和细腻，自然生草也使葡萄园生态更多样更清新干净，果实香气更复杂、更丰富、更迷人。

2021年，酒庄第一次进行了二氧化碳回收，再运用到葡萄原料的保护中去，有效地降低了干冰和氮气的需求。

龙亭酒庄从第一年份酒品开始就要求"质

龙亭酒庄及其葡萄园

龙亭酒庄葡萄园风土和生长状况

大于量"，开园种植面积22公顷，行间距2.5米，每公顷种植约4500株葡萄树，采收前经过至少3次树选，压榨前经过至少3次粒选，年产量128吨，年度总产量不到5万瓶。

　　"工欲善其事，必先利其器"，为了生产高品质葡萄酒，确保在酿造期间不会因为工艺和装备影响酒品质量，酒庄设计和建设期就投入大量资金选购世界知名领先的生产设备，如前处理设备是与法国众多知名酒庄同款的法国布赫，灌装设备是目前最先进的自动无菌灌装线galaxy 2000，与著名酒庄罗曼尼康帝酒庄同款，并且酒庄在第一年份的低树龄陈酿中，就选择了法国知名细纹橡木桶。

四、葡萄园气候和风土条件

　　龙亭酒庄的气候属于温带季风性大陆气候，年平均气温12.5℃，葡萄生长期有效积温2195℃，葡萄成熟前日温差7～8℃，成熟期间气候变化平缓。有效积温较低，葡萄成熟前昼夜温差低，葡萄糖分积累较慢，糖酸比例平衡。葡萄不需要埋土就可以安全越冬，这样葡萄就不会像我国的大部分产区因机械埋土而出现损毁葡萄枝干的问题，不埋土使得葡萄树产量稳定，有利于树体贮藏营养的积累；可以实行免耕法，让花草种子充分成熟，增加植物的多样性；减少冬春季节风沙对环境的影响，保护生态环境的同时，也增加酒庄冬季的景观，使酒庄的环境变得更美；葡萄的树形也可多样。

　　龙亭酒庄离大海直线距离只有3千米，站在酒庄钟楼门口就可以直观大海。夏季凉爽的海风降低葡萄园的温度，使得龙亭葡萄园夏无酷暑；冬季太平洋的暖流，渤海、黄海的暖流为其提供天然的保温带，使得龙亭葡萄园冬无严寒，葡萄在适宜的环境下积聚营养和抗性度过冬季。

酒庄葡萄园全年无霜期218天，葡萄生长期长，有利于构建葡萄酒品质和健康元素的次生代谢产物（多酚类物质）的合成，使果实酚类物质积累丰富，特别是单宁丰富而细腻，白葡萄品种香气浓郁复杂。

酒庄年平均降雨量592毫米，全年降雨量分布不均匀，冬春两季降雨少，夏季降雨集中，主要集中在7～8月，这两个月份的降雨量占到全年降雨量的50%～60%，夏季葡萄病虫害防治压力大，早熟品种管理挑战大，进入9月份降雨开始减少，中晚熟品种可以充分成熟。9月和10月降雨量低于60毫米，水热系数分别为1.29和1.14，给晚熟葡萄创造了理想的成熟环境。

酒庄全年日照时数2536小时，日光能系数大于8，能满足不同类型葡萄的光能需求。

龙亭酒庄属丘陵地貌，地势北低南高，海拔从33米到103米。面朝大海，北向坡的地形为浅色葡萄提供相对冷凉的小气候环境，极易将多余的雨水排走，有利于葡萄的生长。地表约1米深度的棕壤土，有利于葡萄根系的生长。1米以下多为半风化的马牙石，土壤pH为7.6～7.8，偏碱性。经过9年的自然生草，酒庄的土壤有机质含量达到3.5%以上，构建了优质酿酒葡萄可持续生长的优质土壤。

龙亭酒庄的霞多丽葡萄一般在9月上旬采收，葡萄含糖量达到195～220克/升，品丽珠和马瑟兰在10月上旬至中旬采收，含糖量达到230～260克/升，小芒森含糖量达到270～350克/升。

酒庄葡萄生产的原则是保持自然，利用自然，自然而然。酒庄占地面积66.7公顷，其中就保留了33.3公顷的生态林，为鸟类提供良好栖息环境，常在林中过夜的喜鹊超过300只，麻雀不计其数，野鸡和野兔时常出没，2022年6月发现酒庄内已经有7只鹰，这些鹰盘旋在葡萄园上空，寻找麻雀和兔子作为它们的食物，已经形成了良好的生态链。

在建园初期，酒庄尽量保持原有的地形地貌，不破坏土壤多年形成的特色熟土风土；多年来，一直采用免耕法，让花草开花结籽，使得酒庄葡萄园花草的开花期从3月中旬开始一直延续到10月，而结籽的花草种子又变成鸟的粮仓，吸引更多的鸟来寻找食物，带来更多的其他植物的种子到龙亭葡萄园。草可以通过生根来疏松土壤，提高葡萄的有机质含量，鸟和其他动物为葡萄园带来新的物种和肥料，使得葡萄受益，形成了一个良性循环的立体生态系统。

龙亭酒庄聘请周围村庄的果农来田间管理葡萄园，因当地果农有多年丰富的林果种植经验，能很好地按酒庄的要求完成作业任务。整个生长季，全部手工作业，比机械作业更为精准到位。

五、酿酒车间规划设计

本着充分利用当地高低错落的有利地形，从保证和提升葡萄园果实和酒品质量作为设计的出发点，酿酒车间的空间和设备配置，要满足年发酵33.3公顷葡萄园所产葡萄和年灌装存储600吨原酒的能力，同时，精细地设计了旅游参观路线，既满足参观者的需求，又不影响酿酒车间的运行。

设计实现前处理车间、发酵车间、储酒车间、灌装车间、酒窖紧密衔接又不在一个平面，保持了各个功能区的独立性。因为车间设计在山体里，即使室外温度达到38℃，室内温度一般不超过21℃，给葡萄酒的生产创造了良好的环境。

1. 前处理车间

前处理车间占地280平方米。有三个大门与车间外的前院广场处于同一平面，前院广场能通往各块葡萄园。在这里可以完成葡萄的卸料和葡萄筐的摆放清洗。收料间由前处理设备和葡萄暂存区连在一起，为室内空间，便于葡萄原料的存放，免受可能的烈日暴晒。这里的另外一个设计重点是前处理车间的地面与室外停车场在一个水平面上，这样可保证物料的搬运不受影响。

前处理车间依次安装了穗选机、提升机、摇动式除梗机、粒选机、蠕动泵和热交换器设备。这些设备为当今世界先进葡萄处理设备，

龙亭酒庄酿酒工艺和装备

保证柔性精准处理的同时，又能方便快捷调控原料温度。

2. 发酵车间

发酵车间370平方米，位于处理车间的下方，地面与处理车间有6米的高差，利于物料的输送，通过平台可以从前处理车间便捷地到达发酵车间，便于观测发酵状态和辅料的添加操作。发酵车间配有1吨、2吨、4吨、8吨规格的发酵罐24台，罐的配置按整数倍数设计。罐体高度从紧邻前处理车间由高到低排列，先是8吨干白发酵罐、8吨干红发酵罐、4吨干红发酵罐和浮顶罐，4吨干白发酵罐和其他罐排列在一排，中间有两条东西走向的4米宽通道，便于出渣和倒灌作业。

干白发酵罐采用细高罐，罐体高度与直径的比例大于2，方便澄清和温度控制，干红则为矮胖罐，罐体与直径的比例接近1∶1，便于更多的皮渣能与酒液接触，减少皮渣的厚度，减少皮渣和发酵液的温差。另外一个设计要点是干红罐为锥形罐，便于淋淌工艺使用时，皮渣能散开，上人孔的直径达到1.2米，方便压帽操作。

气囊压榨机设计在发酵车间的最东端，紧邻前处理车间，这样果浆输送距离最短。

3. 储酒车间

储酒车间460平方米，位于发酵车间的靠北方向，与发酵车间的地面高差有5米，这样发酵车间的酒液，可以不用泵自流到储酒罐。储酒车间有15台16吨的储酒罐，其中的9台为双层罐，分别是5t与11t，6t与10t，7t与9t的组合，这样一来这15台罐外形看起来是一样的，不同吨位的组合，可以保证酒满罐储存。

在发酵车间最北端，有3台冷冻罐，用于灌装前的冷冻处理，另外，还备有2台16吨的高位罐，用于酒液灌装前的升温处理，同时便于将酒液输送到灌装机。

4. 灌装车间

灌装车间172平方米。配备有每小时灌装2000瓶的灌装线，具备30秒控干瓶内水的装置，同时能实现螺旋盖和软木塞的方便互换，具有瓶外洗的功能。

5. 动力车间

动力车间435平方米，包括配电室。动力车间配置有软化水处理机、空压机、制氮机和冷冻机。从这里产生的软化水、高压空气、氮气和冷媒能送到车间每一个罐体，对酒液实现温度控制和氮气保护。

6. 酒窖

酒窖位于储酒车间和灌装车间的东面，与两车间紧邻，方便酒的运输。酒窖占地面积3600平方米，分为品酒区、储酒区、VIP储酒区和成品库四个区域。品酒区为圆形设计，有直径6米的天井直通室外，阳光可以照进室内，利用自然光线可以满足品酒需要。居于室内酒窖品酒又能感受到变化的光线移动，有时晚上还可以看到天空的星星，给人以极大的想象空间。除圆形的品酒区外，还有椭圆形和方形的桶储区，每个功能区有层高的变化，给人以错落有致的感觉。酒窖配有地缘热泵，来实现恒温恒湿的环境，满足橡木桶和瓶储酒的使用要求。酒窖的照明灯沿墙面安装，不直接照射酒瓶，减少对酒的可能损害。

7. 库房

库房与灌装车间紧邻，总面积923平方米，主要用来存放包材。这个库房墙体厚度在40厘米，并配有温控设施，酒庄产量加大后可以在恒温条件下进行瓶储酒的存放。

8. 化验室和生产办公室

化验室和生产办公室占地310平方米，设在前处理车间的上方。紧邻发酵车间，方便工作人员的出入。透过化验室的窗户可以看到整个发酵和处理车间，在这里设有中控室，可以看到所有罐的温度、氮气压力及酒罐的使用状态。

9. 参观路线设计

酒庄要适宜酒庄葡萄酒和葡萄酒文化的推广，有利于爱好者进入酒庄参观，品赏酒庄文化和葡萄酒文化。因此，设计强化了中国元素、葡萄酒文化、美酒美食在酒庄不同环节的展示。参观者步入通往生产车间的走廊，就可以看到酒窖天井，通过天井可以看到酒窖的品酒桌和木桶，引发参观者探究酒窖的欲望。车间的参观通道位于整个车间东面，除前处理车间与参观通道在一个平面外，发酵和储酒车间的参观通道始于车间东面墙，悬空起来，给参观宾客从高处往低处看的最佳视角。宾客沿通道参观，依次经过前处理车间、发酵车间、储酒车间、灌装车间和酒窖，最后回到酒庄大厅正门。其中，站在储酒车间走廊回望，可以看到生产部的化验室及中控室。灌装车间除可以在车间的上方俯视参观外，下入酒窖前还可以透过玻璃窗进行近距离平视参观。

10. 物流路线设计

各个车间和库房都设计有通路，使得叉车和其他运输车辆都可以到达。另外，在发酵车间和储酒车间设计有专门用来移动小型设备的货梯，在酒窖的入口设计有货梯，木桶和瓶装酒可以放在叉车上，叉车开进货梯进行不同层面货物的运输。

六、酒品创新与市场定位

龙亭酒庄秉持"敬畏自然，工匠品质，乐享生活，传承美好"的核心理念，按照"天地人合一"之道，采用生物动力法种植酿造"忠于风土，纯净自然，时尚健康"的国风精品葡萄酒。酒庄名曰"龙亭"，即龙栖之亭，出自宋庄主和她的先生对中华文明的感悟，"龙"乃中华民族至尊图腾，"亭"为东方园林休憩之所。龙行天下，豪迈归来，优美之地，安然乐享。

酒庄在建立之初就确定了崇尚自然，推动绿色发展，促进人与自然和谐共生，保护生物多样性的发展思路。龙亭酒庄要走出产地葡萄酒的个性化独特路线，酿造体现刘家沟镇龙亭产地特色风土极品葡萄酒是酒庄的首要任务。从种植品种开始，特别是红品种的选择，庄主就主导和确定了酒庄葡萄酒风格细腻、优雅的发展思路；蓬莱产区气候温和，十分适合生产这种风格的葡萄酒。宋庄主和酿酒师在蓬莱当地进行了详尽考察，在充分了解了当地已经种植葡萄品种的情况，并细致分析了龙亭葡萄园的土壤及气候之后，最终选择品丽珠作为红葡萄主栽品种。以品丽珠为原料的干红葡萄酒，表现出品种与风土相融合形成的个性化鲜明的龙亭产地特色，丰富的花香和细腻的口感，是海岸产区红葡萄酒独有的风格，龙亭酒庄将其发挥到极致，优雅而丰满，细腻而复杂。这款红葡萄酒也成为酒庄的旗舰款葡萄酒，"龙亭"红葡萄酒。

酒庄的艺术酒标系列，将中国传统的艺术形式设计进酒标，辅以符合酒品个性的名字，将葡萄酒打造成为国风产品。"醉桃春"品丽珠桃红的酒标为山东当地的窗花剪纸，一双喜鹊立于枝头，预告着春天的到来。轻松明快的桃红葡萄酒为国内非红即白的葡萄酒品类增加了一种新鲜的选择。"海风莱"霞多丽白葡萄酒以风景水墨画为酒标，描绘出龙亭酒庄所在的海岸、山丘以及红瓦黄墙的酒庄形象。因为海岸独特的咸鲜矿物感，这款酒取名"海风莱"，莱既是海风拂面，又点名蓬莱这个独特的产区。"东方美人"小芒森甜白葡萄酒将八仙中何仙姑为原型的工笔仕女画设计为酒标，衬托出这款葡萄酒的典雅气质。果香馥郁，入口甜润，酒体柔润细致，蓬莱刘家沟镇的特色海岸风土在酒中得到充分表达。

国风的应用不仅体现在酒标上，对葡萄酒品鉴的感官引导也在使用国人更熟悉的香气。"蘭"红葡萄酒感官体验宛如开启了本草纲目，海棠、杨梅、红枣以及崖柏这样的描述让国人更容易理解和亲近。酒标以花中四君子之一的兰花为设计主题，酒标上玲珑的小麻雀也是龙亭葡萄园原生鸟类，酒庄之晓常现百雀朝会的景象，也代表了龙亭的自然生态及活力。

龙亭酒庄的葡萄酒以价格和风格为区隔，从低价位的轻松易饮型桃红，到中等价位体现品种与小产区风土特点的红、白、甜白葡萄酒，再到树立酒庄品质形象的高端产地单一园红葡萄酒，供应高端餐饮、品质电商等不同渠道和收藏者。

为了使消费者沉浸式体验酒庄田园生活及葡萄酒文化，酒庄配套完善的法国村落风格度假酒店和田园餐厅，实现了葡萄酒主题文化旅游。一侧是严肃、精密的葡萄酒生产车间，一侧是诗意、自然的田园客房。地下还藏着酝酿美酒的酒窖。酒庄以法式庄园结合中式园林为建筑外形，以亲近自然为设计主旨，凝聚中法古典生活方式与意境。来酒庄的游客可在享受田园闲适度假生活的同时，体验葡萄园田间劳作，春天抹芽、夏天疏果、秋天采摘、冬天剪枝；也可以参与亲子活动非遗传承手工花馍馍的制作；单纯在草地上观星放空也非常惬意。

七、未来的龙亭中国梦

（一）核心价值观

敬畏自然，工匠品质，乐享生活，传承美好。

（二）愿景

中国风格 / 中国风

生物动力 / 原生态

世界水准 / 世界级

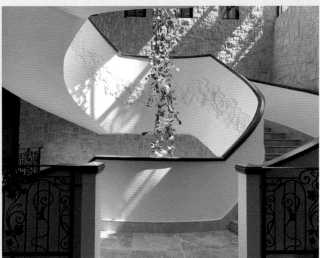

龙亭酒庄田园葡萄酒文化生活

（1）树立民族品牌自信，将葡萄酒中国化，葡萄酒目前虽然是西方社会社交及日常不可缺失的饮料酒，并且已经有丰厚的历史文化底蕴，但是对于追求幸福美好生活的中国人来说，需要打造中国的葡萄酒和葡萄酒文化。因为，中餐和葡萄酒是传统文明保留下来的最完美的生产体系和生活方式。

（2）深耕酒庄风土，让风格、口味具有标识性，更接地气。

（3）酿造纯正中国血统、中国口味的葡萄酒，酿酒师、酒农都是中国人，对蓬莱风土与自然赋予更多情感。

（4）树立中国精品葡萄酒及酒庄品牌文化，传播中国精品葡萄酒特质。

（5）代表中国产区精品葡萄酒走进世界葡萄酒地图。

（6）一方水土养一方人，用中国味道、中国味蕾诠释葡萄酒口感，融合中华饮食文化，使葡萄酒亲近中国消费者，出现在每一户国人的餐桌，打造中国美食和葡萄酒和谐搭配的靓丽风景线。

3.4 河北怀来中法庄园
中法友谊和葡萄酒文化交流合作的经典示范酒庄：

一、酒庄起源

中法庄园，前身为中法两国农业领域合作项目的成果，是中法友谊和葡萄酒文化交流合作的结晶。这座由两个国名命名的酒庄，见证了中法两国葡萄酒人对葡萄园风土、酒庄设计、葡萄酒文化和葡萄酒酒品酿造的完美追求，也是国内首次从法国引进马瑟兰与小芒森葡萄品种并进行规模种植的酒庄，被称为"中国马瑟兰的摇篮""中国小芒森的引领者和先锋酒庄"。

1997年，温家宝访问法国，并与法国官方达成在葡萄与葡萄酒领域加强合作的共识。后经商定，在中国合作建立法国葡萄栽培与酿酒示范基地，展示法国优良的酿酒品种、先进的设备、精湛的栽培，以及酿酒技术与中国风土的有机结合样板，生产以原产地命名类型的优质葡萄酒，促进中国葡萄酒与世界的接轨。1999年11月17日，中法两国农业部长在巴黎签署《中国农业部与法国农业渔业部关于建立中法合作葡萄种植与酿酒示范农场的合作议定书》。该项目由中国原农业部、河北省人民政府、法国农业部和法国国家葡萄酒行业组织共同组织实施，河北省怀来县人民政府为项目承接单位，代表中法管理农场。2000年"中法合作葡萄种植与酿酒示范农场"正式建园，中法两国该项目的执行人员立志要把试验农场建设为法国优质酿酒葡萄名种的示范基地，建设成为中国酒庄葡萄酒行业的标杆，推动中国葡萄酒产业的高水平发展。

庄园占地32.53公顷，其中葡萄种植面积22公顷，生产办公区面积2公顷。设计年产葡萄酒总量20万瓶。示范基地总投资4738万元，其中河北省资本金1160万元，怀来568万元，法方无偿援助240万美元（合1992万人民币），流动资金1018万元。葡萄种植资源包括16个品种21个品系的酿酒葡萄和5个品种的鲜食葡萄，共10万株，全部为嫁接苗引进。全套生产设备由法国公司提供，其中部分酿酒设备为国内首次引进，如冷浸提多功能发酵罐、漂浮帽式储酒罐、活动式气囊压榨机等，节省操作空间，降低生产成本，提高产品品质。

2003年秋季，中法庄园第一次采收并成功酿造出第一批法国优质葡萄品种和怀来风土完美结合的产地葡萄酒和酒庄葡萄酒7万升；

2004年生产季又生产优质原酒10万升。

2005年，"中法合作葡萄种植与酿酒示范农场"更名为"中法庄园"。

2010年，迦南投资集团入主中法庄园，并在毗邻规划设计了迦南酒业，使两酒庄成为姐妹酒庄，共同隶属于迦南投资集团。

二、酒庄规划设计和建设

庄园选址毗邻首都北京的河北怀来，甄选纯正的法国酿酒葡萄苗木，经多年科学栽种、品种优化，精细酿造工艺，促进法国优质酿酒名种和怀来优异风土完美结合。试验农场以高标准建立葡萄园，以现代设计理念规划设计了一座中法文化元素融合的现代风格酒庄。酒庄以凸显极致的产区风土特色为目标，酿造具有独特的怀来风土特色和法国优质品种特色的精品酒庄葡萄酒。

中法庄园葡萄园

中法双方都对该示范基地高度重视，中国原农业部、财政部、科技部及原国家质量技术监督局、河北省人民政府、河北省原农业厅等部门的相关领导曾多次亲临基地指导，并要求完全按照法国先进葡萄和葡萄酒发展理念与技术体系完美地落实于中国的风土上并"开花结果"。法国农业部和法国国家葡萄酒管理局官员多次来农场视察工作进展情况，国际葡萄与葡萄酒组织（OIV）主席和总裁、法国驻华大使馆大使等在百忙之中也多次来农场指导。项目法方协调员白索利先生40余次从法国来农场指导庄园的规划设计和建设工作。

（一）葡萄园规划设计和种植

1. 品种

中法两国专家一致的目标，就是选用法国最优质的酿酒葡萄品种。庄园共引进16个品种21个品系。10万株无毒苗木除主栽的5个品种（国内已经大面积种植）外，7个品种是第一次引入中国，这7个品种中的白色品种维欧尼、小芒森和红色品种马瑟兰等在法国也是刚问世十几年的品种，表现优异，结果品质高。目前，这3个品种已经逐渐得到我国主要产区的认可，马瑟兰更是红遍中国的核心产区。马瑟兰单品种酒庄酒也已经成为庄园质量最高、价格最高的红酒。

苗木产自法国国家酒局下设的专业苗木工厂，品种纯正，而且精确到品系。例如，赤霞珠引进3个品系（191、169、15），霞多丽有2个品系，美乐有2个品系。

苗木全部引进的嫁接苗，嫁接苗有7个砧木类型，分别属于地中海砧木和美洲砧木，抗病性、抗旱性、抗寒性、抗沙性均好，根系发达，能充分吸收地层深部的营养物质。

2. 种植和栽培

庄园土壤为沙砾土，结合碱性、保湿性差的特点，按照前期法国专家的调研确定以法国先进的技术定植酿酒葡萄、管理葡萄园，当时这在国内尚属第一。南北行向光照充足均匀，定栽4000株/公顷（法国AOC标准密度），产量控制在9.75吨/公顷以下；叶幕适中，控制通风条件，采用简洁修剪；在水肥控制方面

中法庄园规划设计与建设的专家和人员

中法庄园苗木引进与马瑟兰葡萄

精心规划种植的中法庄园葡萄园

继承了法国传统的栽培技术，通过叶片和土壤分析技术科学补充营养，即植株缺什么元素就适量补充，严格控制7月份之后的灌水，这是提高葡萄质量所必需的；葡萄收获季节的成熟度观察，精准地以每天的取样化验确认品种成熟时间。

酒庄葡萄园规划设计和建设的前4年，常年有法方园艺师在农场指导工作，并培养中方的园艺师。

（二）葡萄酒酿造技术规划设计与管理

（1）严格筛选葡萄果实 除葡萄园采收时进行串选外，在车间第一关口就是严格分选不合格的葡萄果实（粒选），例如青果、坏果、树叶等，坚决不让一粒不合格的果实下线加工，防止个别的坏果造成整罐酒的变质。

（2）防氧化措施到位 从加工开始的整个酿酒过程都在无氧的条件下操作，从葡萄破碎开始就用SO_2保护，发酵前用CO_2气体填充发酵罐，避免果汁氧化，发酵过程中也是用气体保护。

（3）严格低温发酵，以保护葡萄酒香气 白葡萄酒控制在13～14℃，红葡萄酒控制在26℃以下；发酵时间长，白葡萄酒发酵期1个月，红葡萄酒发酵期2～3周，缓慢发酵的好处是能更有效保护酒香、果香。

（4）坚守酿酒不加糖的做法 克服当时中国的酒厂酿造时添加糖的习惯，也可以说，中法庄园可能是当时国内唯一发酵不加糖的酒厂。法方专家强调，葡萄的质量是多方面的，糖分仅是其中一项，酸、单宁、酚类物质、色素、香气等都会对酒质构成重要影响，酿酒师做的就是保护好原有优质葡萄的品质和各种物质不被破坏，而达到葡萄酒的平衡和谐。

（5）更注重葡萄酒后期管理 当时的中国酒厂葡萄酒后期发酵即苹乳酸发酵工艺运用不多，庄园强调橡木桶酒窖的管理要做到严格控制湿度、温度。酿酒师每天都要对酒窖给予特殊呵护，以避免杂菌污染。同时随时观察葡萄酒的变化状况。

为确保法国葡萄酒酿造技术的示范，由法国酿酒师带领中方派往法国学习酿酒归来的两名酿酒师完成酿造，并逐步由中方酿酒师主导（中方两名年轻的酿酒师李德美和赵德升后来都成为中国知名的酿酒师和专家）。在中法全体参加人员的努力下，酒品质量远超过设计目标，得到OIV主席和总裁的充分肯定和高度评价。

（三）酒庄规划设计

中法庄园酒庄建筑占地5900平方米，同时还有配套专家公寓、商务办公、培训中心、和品酒室等硬件设施。整体建筑由长城的灰色、紫禁城的红色，加之以现代化建筑理念，实现了古典与现代，中法文化的巅峰融合。

三、庄园风土特色、发展理念与思路

（一）庄园风土特色

中法庄园拥有22公顷葡萄园，地处北纬40°的河北怀来产区核心区，属中温带半干旱大陆型季风气候，四季分明，光照充足，昼夜温差大至12℃以上，平均年降雨量约393毫米。良好的光照，较大的昼夜温差和适宜的年降水量，为葡萄果实中糖分和酚类的均衡积累提供了条件，同时也让葡萄形成适宜的酸度，

中法庄园前处理工艺

多维度的土壤赋予葡萄优雅、复杂的特质。

从最初落地中国的幼苗，到今天的成熟葡萄藤，二十余年执着与深耕，中法庄园对怀来产区东花园村庄小产区的卓越风土有深入的理解，尊重和顺应自然，通过严格精细的种植管理，结合精湛酿造工艺，中法庄园葡萄酒出品优质而稳定，实现了对产区风土的极致表达。

（二）庄园发展理念

按照中法两国商定的发展理念，庄园要完美地示范法国传统的葡萄种植与酿酒模式；展示法国优良的酿酒葡萄品种、先进的酿酒设备、精湛的栽培和酿酒技术并促进它们与中国风土的有机融合；树立"中法庄园"葡萄酒高端品牌形象，生产具有产地特色的优质酒庄葡萄酒；为中国葡萄种植与酿酒行业规范生产和产品提供示范样板。

（三）庄园发展思路和发展方向

庄园建设完成后，庄园就制定了以生产中国的高质量、高档次、高品位的庄园葡萄酒为己任，以葡萄酒俱乐部会员制为市场推广主体，以开展酒庄旅游互动为切入点，以其他销售形式为补充的市场发展思路和方向，以葡萄酒文化传播、技术传播为先导，以会员个性化服务为经营方针和策略。

（四）庄园产品定位

作为中法两国政府间葡萄酒行业的第一个合作项目，打造中国第一高端庄园葡萄酒的形象。

（1）建立全国性的核心品牌 成为中法庄园未来的形象产品，属于高档系列；从产地酒种和特殊品种酒上设立庄园的酒种和市场定位。

（2）以特殊渠道为主 以商务用酒、礼品酒、文化情感用酒三类为主。

（五）庄园酒品类型

1. 庄园混酿干红

作为中法葡萄酒合作的结晶，中法庄园的葡萄园苗木全部来自法国原产地。首要酒品就

是传承了波尔多经典混酿的工艺，并结合怀来东花园村庄的风土特色，以平衡优雅为酿酒目标培育中法庄园的酒品。珍藏系列干红和东花园干红均使用赤霞珠（Cabernet Sauvignon）、美乐（Merlot）、品丽珠（Cabernet Franc）、小味儿多（Petit Verdot）等品种进行调配。

（1）庄主珍藏干红葡萄酒 选自中法庄园特优地块，平均树龄20年以上，以赤霞珠、美乐为主要葡萄品种，经法国橡木桶陈酿18个月而成。人工采摘、3道筛选，只在最佳年份出品，为中法庄园限量经典酒款。酒体醇厚而层次突出，单宁紧致细腻，回味悠长雅致。每年酒标图案为十骏马图册中的一幅，值得收藏和品鉴。

（2）珍藏干红葡萄酒 平均树龄20年以上，经法国橡木桶陈酿16个月以上，充分展现典型波尔多干红特色，为中法庄园限量经典酒款。多年对产区风土和品种的理解，中法庄园葡萄酒的风格已趋近成熟稳定：优雅、深邃、集中、复杂。追求风格一致，并恰当地呈现年份特点，是酒庄酿酒团队用心努力的目标。

该系列酒品获奖荣誉有2021上海国际葡萄酒品评赛（SIWC）金奖（2015年份）；2019国际葡萄酒品评赛（IWC）金奖（2014年份）；2014 TOP100百大葡萄酒《中国葡萄酒》金奖（2011年份）；2019发现中国·中国葡萄酒发展峰会年度最具潜力葡萄酒（2014年份）；2016发现中国·中国葡萄酒发展峰会年度十大葡萄酒（2012年份）。

（3）东花园干红葡萄酒 东花园村庄，中法庄园所在地，用这个美丽的名字，命名一款表达怀来东花园风土的经典混酿葡萄酒。与中法庄园珍藏级别酒款一样，东花园混酿的葡萄来自中法庄园自有葡萄园。相同的葡萄园管理方式，而在酿造方式上略有不同：发酵期间酒汁循环浸渍更轻柔，发酵温度略低，法国旧桶陈酿的比例更高。这些工艺赋予东花园混酿优雅果香、柔顺单宁和精致酒体；既可选择当下品尝，也可将酒存放至美好的未来时光。

该系列酒品获奖荣誉有2021发现中国·中国葡萄酒发展峰会金奖（2015年份）；2021第二十八届布鲁塞尔国际葡萄酒烈酒大赛（CMB）

银奖（2015年份）；2020品醇客（*Decanter*）世界葡萄酒大赛银奖（2014年份）。

2. 庄园马瑟兰

作为中法的合作项目，庄园从法国引进了最先进酿酒葡萄品种或品系，其中，马瑟兰（Marselan）是中国首次引进。它是由赤霞珠（Cabernet Sauvignon）和歌海娜（Grenache）杂交产生的葡萄品种。经过多年的示范和推广，马瑟兰逐渐发展成为中国葡萄酒的明星品种。

2001年，中法庄园从法国引进马瑟兰品种苗木后，结合怀来风土特色，特别对其加强了系统研究，尤其是在负载量（疏果）和采收时间的关键管理，使马瑟兰在东花园的风土上表现出高质量的果实品质和酿酒品质，甚至比它在原产地的表现还好，成为中国许多产区引进推广的热门品种。所有酒液经法国橡木桶熟化16个月以上，酒体饱满协调，单宁紧致细密，回味悠长。多年种植和酿造经验积累，中法庄园马瑟兰展现出极佳的陈年潜力。

庄园珍藏马瑟兰干红葡萄酒。低温发酵，15天不锈钢罐控温发酵、冷浸提，橡木桶苹乳发酵，100%法国橡木桶桶储陈酿16～18个月。该酒品不同年份酒获奖荣誉有2015柏林葡萄酒大奖赛（BWT）金奖（2012年份）；2015《法国葡萄酒志》（*RVF*）中国优秀葡萄酒金奖（2012年份）；2014*RVF*中国优秀葡萄酒金奖（2011年份）；2020贝丹德梭（Bettane & Desseauve）最佳中国马瑟兰（2013年份）；2019发现中国·中国葡萄酒发展峰会年度最具潜力葡萄酒（2014年份）。

3. 庄园小芒森

小芒森（Petit Manseng），一个高酸、高糖的晚熟葡萄品种，也是由中法庄园于2001年首次从法国引进中国。每年11～12月采收，晚收使得中法庄园的小芒森出汁率在35%～40%之间，糖度可达到350克/升以上，其风味物质和酸度也会浓缩和提升。延迟采收、严格限产成就此款小芒森葡萄酒的高贵品质。金黄色的酒体，散发柑橘类水果香气和白色花香，并伴有矿物质香气。口感协调，尤其酸度使得回味清新悠长。

该酒品获奖荣誉有2022上海国际葡萄酒品评赛（SIWC）最佳甜白葡萄酒（2017年份）；2022发现中国·中国葡萄酒发展峰会大金奖（2017年份）；2021亚洲侍酒师葡萄酒大赏（AWSA）双金奖（2016年份）；2020品醇客世界葡萄酒大赛金奖（2015年份）；2015柏林葡萄酒大奖赛（BWT）金奖（2012年份）；2014 *RVF*中国优秀葡萄酒金奖（2011年份）；2020《葡萄酒倡导者》（*Robert Parker Wine Advocate*）世界葡萄酒百大精选（2014年份）。

四、现任首席酿酒师与企业未来发展

1. 现任首席酿酒师赵德升

赵德升2001年加入中法庄园，2002年受农业部指派至波尔多农业工程师学院（ENITA de Bordeaux）学习葡萄和葡萄酒工程专业，回国后任酿酒师。2009年获得中国农业大学酿酒学硕士。赵德升在中法庄园从事酿酒工作20余年，对本地风土和葡萄品种的适应性上有着深入的了解。有为与无为、现代与传统和谐共处，正是赵德升总结的具东方哲学的酿酒之道。凭借精湛技艺和卓越品质的佳酿，赵德升曾数度荣获《法国葡萄酒评论》、贝丹德梭葡萄酒评机构颁发的"中国年度酿酒师"荣

赵德升总酿酒师（左）

誉称号。

近年来，在赵德升的带领下，庄园多次荣获《法国葡萄酒志》"中国最佳酒庄"等奖项，在2021年贝丹德梭葡萄酒行业榜单上，再度获得"最佳中国马瑟兰"奖项，得到专业肯定。

赵德升说："每年的天气不同，每个品种采收和酿造工艺也都会有所差别，具体的调配比例也会不同。酿酒这个工作，听起来每年都一样。实则不然，每年都有新的挑战，每年都有新的变化，每年都有新的惊喜。唯一不变的，是中法庄园对完美品质的追求。"

2. 未来庄园发展

21世纪初，中国葡萄酒各产区都处在起步发展阶段，"酒庄酒"作为小产量、精耕细作、精品酒的代名词，在中国刚刚被提出，除了几家历史悠久的大酒厂外，一些小规模酒庄也开始了精品酒庄模式的探索。中法庄园早期因中法两国的合作和支持，借鉴了法国在葡萄栽培和酿酒方面的技术和先进管理经验，与常驻法国专家充分交流探讨，通过中法种植团队和酿酒师的紧密合作，因地制宜地制定最佳种植方案，葡萄园和酒品酿造进步快速，并引领着中国酒庄葡萄园管理和酒庄酒酿酒的发展方向。

自2001年建园起，中法庄园对葡萄的风土适宜性试验从未间断。作为示范农场，初期共引进16个品种21个品系的葡萄苗木，经多年种植和酿造实践，探索出更适应怀来产区风土的品种、品系和相应的种植及管理方式。目前中法庄园仅保留适应性最佳的6个品种：赤霞珠（Cabernet Sauvignon）、美乐（Merlot）、品丽珠（Cabernet Franc）、小味儿多（Petit Verdot）4个作为混酿的葡萄品种，和马瑟兰（Marselan）、小芒森（Petit Manseng）2个特色品种。只在最佳年份限量出品的庄主珍藏，更是在低调中彰显卓越。

中法庄园在深耕中国精品产地酒和酒庄酒的同时，以葡萄园示范和酒庄的精细管理带动了整个产区内葡萄种植和酿酒发展，更注重生态环境保护，促进旅游、文化产业发展。与此同时，促进就业，提高农民收入，实现和谐发展。

3.5 拉菲真正的中国创造：
山东蓬莱瓏岱酒庄

瓏岱酒庄

一、拉菲在中国

1. 从法国到中国

21世纪10年代，"波尔多""Château""左岸""右岸""一八五五""红酒交易所""期酒""精品酒""列级庄""波混""进口酒"……这些词语已高频出现在中国葡萄酒圈里。无论是否涉足酒圈，一定对"拉菲"二字有所耳闻——拉菲葡萄酒在中国的知名度和影响力显而易见。西装革履的商人们熬夜焦急地等待着期酒发售，克服小半天的时差与法国酒商争取配额；聚焦高档餐厅里的觥筹交错，模糊的背景里，酒桌上站着一瓶"拉菲古堡"。那时，国产葡萄酒里尚未出现"精品酒庄"的概念。

向西跨越，镜头切换——梦幻般的欧式城堡巍峨矗立，或倚坡，或傍溪。近观，发现有的墙壁竟有一臂展之厚。从城堡的露台俯瞰四周，一块块整齐的葡萄园形状各异却错落有致。若仔细观察，这些树藤长势粗壮，从树干分出的两臂离地很近，一束束藤蔓有序地直立生长，这是经典的垂直分布树形。抬头便是阳光明媚的蓝天，周围不见一人。这便是法国波尔多的某个古城堡。这里有数以千计的葡萄酒庄园，多个家族而立，历史动辄逾百年。在这块"神仙打架"的葡萄酒圣地上，拉菲罗斯柴尔德家族拥有不可撼动的地位。彼时，8000千米之外的中国市场对拉菲罗斯柴尔德男爵集团而言举足轻重。

作为一个生产传统精品酒的贵族，拉菲罗斯柴尔德集团不仅没有故步自封，还将葡萄酒眼光投向全球。20世纪80年代，集团首次跨出法国收购了智利巴斯克酒庄（Los Vascos）；随后在千禧年前，集团与阿根廷著名酿酒家族卡氏（Catena）联手创立凯洛酒庄（Bodegas CARO），实现阿根廷马贝克（Malbec）与波尔多卡本妮（Cabernet）的精彩碰撞。2005年，拥有先锋精神的集团第一次将眼光落在了中国。与旗下其他收购的酒庄不同的是，集团打算在中国一砖一瓦、一苗一木亲手创建"中国制造的拉菲"——一切从零平地起，韬光养晦，接受时间的打磨，一滴滴凝聚出中国精品葡萄酒。拉菲罗斯柴尔德集团董事长萨斯奇雅·德·罗斯柴尔德（Saskia de Rothschild）说："150年来，罗斯柴尔德家族竭诚酿制拉菲庄园葡萄酒，将极致的耐心品质融入血液。无惧时间倾心缔造，确保推出的每一款酒都令我们引以为荣。""毫无疑问，拉菲将在中国开启一段丰富悠长的旅程，而珑岱年份酒正翩然开启第一章。"

"在中国生产精品酒"，这个想法让他们成为了早年间中国葡萄酒产区的开拓者之一。土壤学家奥利维·泰果（Olivier Tregoat）远行中国烟台蓬莱探索适合种植葡萄的土地。600余昼夜、400多个土坑的挖掘与分析，泰果将烟台蓬莱丘山这片土地"掘地三尺"，将土壤按结构类型、土壤深浅、土壤特性等因素分级并作详细报告。走过中国各大产区综合考察之后，终于在2008年正式在蓬莱丘山谷扎根，

与中信集团合资建庄并命名为"罗斯柴尔德男爵中信酒业（山东）"，后重新起名为珑岱酒庄（中信于2018年初正式撤资，自此珑岱酒庄为拉菲罗斯柴尔德家族独资企业）。当时已声名远扬、扎根中国12年的法国酿酒师热拉尔·高林（Gérard Colin）担任总经理，并作为拉菲罗斯柴尔德集团中国推广大使，开启了建立酒庄的旅程。

"珑岱"二字承载着罗斯柴尔德家族的希冀，借以传达此款葡萄酒实为平衡于自然风土与悉心耕耘的完美产物。山东泰山作为华夏文明的代表，以"岱"为名是对齐鲁大地光辉历史的致敬，生动诠释了此座圣山所蕴藏的理想观念。珑岱由自然孕育而诞，后经人工的精制雕琢而生。这一名称摹写着拉菲罗斯柴尔德家族的酿酒理念：借由大自然的朴质馈赠缔造矜贵珍品。

2. 扎根蓬莱——是偶然也是必然

高林在2012年接受集团专访时提道："几年前，因为气候和地质的条件优势选中了蓬莱半岛。这一选择是从长期研究中得到的结论。"蓬莱地处中纬度，气候适宜，冬春季干燥，夏季受季风影响雨热同期，年平均日最高气温28.8℃，年平均日最低气温-2.3℃，平均年降水量664毫米，年平均日照量2826小时，无霜期平均206天，相对湿度65%。山东蓬莱是中国为数不多冬季无须埋土的葡萄酒产区。来自法国波尔多的技术团队对于不用埋土的葡萄园拥有不可替代的丰富种植经验，选址于此，稳中取胜。

珑岱酒庄及其酒窖

千禧年初，蓬莱开始统一规划境内葡萄种植用地，因地制宜开辟葡萄种植专业区。在酒庄建设中，蓬莱抛弃"大而全"的老路，积极引导企业以市场需求为导向，以凸显酒庄独特风格为着力点，不求规模大，但求打造别具一格的"小精品"。而烟台自百余年前张裕公司建立，成为中国历史上第一家工业化生产葡萄酒的企业，到现在享有"国际葡萄·葡萄酒城"之名，葡萄酒产业基础雄厚，已经拥有从种植，到生产，再到包装相对完整的产业链。无论是政策倾向，还是成熟的产业环境，在烟台蓬莱建酒庄，水到渠成。

3. 150年小目标

拉菲罗斯柴尔德集团联名主席艾里克德罗斯柴尔德表示："罗斯柴尔德家族入主拉菲庄园已经超过150年，还在继续。瓏岱也要坚持150年，而前100年最艰难！"奥利维·泰果也说道："我们深知，葡萄藤的栽种时间越是悠久，酿出的葡萄酒越是醇美，因此，我们期待与时间为伴，在未来几年间日益熟悉这片独具特色的土地。"瓏岱酒庄以生产精品酒为目标，将表达风土做到极致，以匠心精神坚持在丘山山谷种植酿酒，一步一脚印，从2009年项目成立到2019年正式开庄，走过了最艰难的前10年。如今随着品牌、产品步入正轨，众人可见，酒庄的发展蒸蒸日上。150年的憧憬，就在抬头可见的星空里。

二、梯田间的风土人情

1. 因地制宜

瓏岱酒庄位于蓬莱丘山山谷腹地，距离黄海仅20千米，气候温暖，属暖温带季风大陆性气候。这里冬春季干燥，夏季炎热。酒庄所处地平均年降雨约600毫米，受季风影响，7~8月降水集中，9月至葡萄采收季又回归干燥的天气，年有效积温（Growing Day Degree，GDD）为2200~2500℃。冬季无需埋土。整体气候适宜种植酿酒葡萄。酒庄现任技术总监丹尼斯·科森帝诺（Denise Cosentino）表示："这里的降雨量与波尔多相似，尽管时间点不同；温度却像南法一样

温暖。"然而近年来，受全球气候变化影响，春天也开始变得多雨。有时多变的天气难以预料，这令酒庄技术团队备受压力。例如，2022年9月台风"梅花"登陆我国，瓏岱酒庄仅在台风登陆期间降雨量直逼300毫米。但是，与酒庄毗邻的丘山和艾山能够一定程度地阻挡强降雨，有时20千米以外的蓬莱区大雨倾盆，酒庄却只是些许阴天。

瓏岱酒庄的葡萄藤种在500多个沿等高线开垦的梯田之上，这里前身是果园，多为樱桃树、桃树、苹果树，团队整地后自2011年起陆续种植葡萄。目前总种植面积33公顷，其中挂果28公顷，5公顷为2021和2022年种植新苗，葡萄园仍然在扩种。这里以花岗岩和片岩为主，土壤偏酸性。梯田地形能够一定程度减缓水土流失，即便如此，山坡高处的梯田肥力与保水性均不胜低处。由于土壤结构差异，33公顷的葡萄园被划分为60多个地块，各地块管理方式因品种表现而异。

葡萄园以7900株/公顷高密度种植，尽可能最大化利用梯田有限的种植面积，并采用波尔多经典的垂直分布树形（Vertical Shoots Positioning，VSP），结合顺沿树液流向的修剪方式，优点是保证树液流动畅通，并避免过多的修剪伤口，从而避免树干疾病的发生。建园早期葡萄藤高度较低，距离地面45厘米，与大部分波尔多种植方式相似，后期扩种时将主干高度提高至65厘米。葡萄枝叶远离地面，受霜害与病害的危险较小。

2. 经典"波混"与马瑟兰

作为拉菲罗斯柴尔德集团的一员，瓏岱葡萄园自然以种植具有陈年潜力的波尔多品种为主，同时马瑟兰在中国表现突出。按种植面积划分，田间有40%赤霞珠、25%马瑟兰、13%品丽珠，以及少量小味儿多、西拉、美乐和染色品种紫贝塞。苗木全部从法国进口，品系纯正，嫁接口完好，完全脱毒且成活率高。奥利维·泰果将400多个土样由沙质到黏土分为8个等级，这里的土壤深度为80~120厘米。低处梯田土壤黏性高，土壤较深，氮元素含量较高，因此葡萄长势更旺。团队根据土壤结构和品种抗病性精心选择各

瓏岱酒庄葡萄园风土

地块适宜砧木，长势由低至高地块分别采用RGM、101-14、3309C和Gravesac。经过十几年的经验总结，团队根据品种表现做出调整，马瑟兰种植面积逐年增加，适当增加小味儿多并减少美乐和西拉等易感病品种的种植面积。

目前，赤霞珠、品丽珠与马瑟兰表现最好，酒庄正牌酒"瓏岱"也由这3个品种调配而成，每年团队根据品种表现与风格，适当调整各品种比例，成就代表年份特点的"大酒"。

3. 人与自然

可持续种植理念贯穿着瓏岱酒庄的所有田间操作，团队以更严格的欧洲标准选药打药。

酒庄致力于管好每一株葡萄，由于存在土壤差异性，即使在同一梯田（地块），葡萄长势也有所不同，其表现随各年份的降雨量不同而不同。因此，团队以长势为首要因素，精心制作"长势地图"，并逐年完善分区。以此地图作为指导，从而制定相应的田间操作计划，包括但不限于冬季施肥、夏季疏果、秋季采收等。此外，酒庄于2020年在酒庄修建水库，收集雨水，并在田间安装滴灌装置，此套灌溉设施于2022年投入使用。

瓏岱酒庄扎根中国，虽然是法国公司，但其一砖一瓦的建造，一苗一木的种植离不开当地木兰沟的村民们。酒庄雇有10多个永久员工，均来自木兰沟村。这里的村民大多拥有自己的果园，不仅熟练耕作，还了解当地水土，对于葡萄园的田间工作自然相对容易上手熟练掌握。所谓"一方水土养一方人"，珑岱酒庄与木兰沟村民相互成就。

遵循天然梯田地形种植，保护土壤结构的同时也意味着需要投入更多人力物力，甚至需要改良机器适应高密度的种植环境。由于人员和时间有限，如何根据天气和植物表现精准制定田间操作计划，从而种出高质量葡萄成为了酒庄团队一直需要解决的问题。在2022年的中国葡萄酒发展峰会（CWS）中，珑岱获得"年度最佳葡萄园管理团队"称号。寻找人与自然的平衡之处，是每一个酒庄种植团队所努力的方向。

三、酒庄设计

珑岱酒庄由建筑师皮埃尔·伊夫·格拉费（Pierre-Yves Graffe）设计完成，整个项目历经十年。这里没有奢华的欧式城堡，只有简约而不简单的中式建筑。酒庄以青砖灰色调为主，与本土文化完美地相融合，低调而有内涵，这完全符合"生产充分表达当地风土和中国文化的中国葡萄酒"这一理念。建筑师在清华大学的经历加深了他对中国文化的了解，例如酒窖内的红色柱子、接待晚宴"大殿"屋顶的榫卯结构、俯瞰葡萄园的凉亭等。大殿内的装潢，如字画、八仙椅等也体现出中国古代元素。同时结合国际化的设计理念，这使酒庄充满现代感。

珑岱酒庄建筑风格

1. 酿造车间

葡萄从汁变成酒，每一步都经团队精心管理。其中决定采收时间是最关键的一步。酿酒车间配备功能齐全的实验室，除了糖、酸、pH等基本理化指标，还可以完成对果实酚类物质的追踪，这为葡萄成熟度监测提供了强大的数据库。采收之时，团队通过品尝葡萄果实对地块进行分组，同一品种几个成熟度相近的地块很有可能会同时采收入罐；有时一个地块葡萄长势不同，果实成熟时间不同，需要分批次进行采收。

瓏岱酒庄葡萄园沿梯田而种，酒庄同样借以山坡高低错落的地势而建，从入料到贴标，每一道生产工序所在的位置自上而下一气呵成。葡萄收料和分选位于顶层，葡萄经过串选和粒选两道分选工序，经破碎后从发酵罐顶入罐。主发酵车间内几根粗壮的中国红柱子支撑起整个内部空间，在大气的水泥灰色调里格外醒目而与之相得益彰。车间内分布着4排连有温控系统的不锈钢发酵罐。这些发酵罐大部分由上下两层相叠而成，容积为1500～9000升不等。上层发酵罐主要用于发酵，有时也作储酒罐，下层发酵罐在发酵期间协助上层发酵罐完成发酵工艺处理，平时也可用于储酒。车间地面微微倾斜，得以使水受重力作用自行流入排水管道。

葡萄入罐后无需经过冷浸渍，采用平行接种酵母菌和乳酸菌的方式使酒精、苹果酸 - 乳酸发酵同时进行。团队每日品尝1～2次各个酒罐中的发酵醪，严格追踪发酵进度从而决定循环体积。酒精发酵结束后继续浸皮一段时间，技术团队通过每日品尝的方式决定酒与皮渣的分离时间。分离时上层发酵罐中的自流汁沿重力直接流到下层储酒罐，无需连泵。出罐的皮渣用进口筐式压榨机压榨，酿酒师一边调整压力一边品尝酒的质量，不追求出汁率，而是要保证果皮和籽里的劣质单宁不被过度浸渍出来。压榨汁和自流汁分开存放。

发酵车间外的楼道是游览区域，阳光透过天窗打在水泥色的地上、墙上，沿着楼梯向下而行，可以观赏到照片里拉菲庄园葡萄园春、夏、秋、冬四季的美丽景色。

2. 陈酿车间

葡萄酒发酵结束后，经过团队与集团合力调配以后，混酿出两款酒：正牌"瓏岱"和以果香为主，易饮亲民的副牌"琥岳"。"瓏岱"约50%在不锈钢罐中储存，其他在橡木桶熟化15～18个月，其中新橡木桶占比20%～25%，其余用一次和二次桶；"琥岳"约60%在不锈钢罐中存储，其他通过橡木桶陈年12个月左右，新桶比例仅占15%左右（每年比例不同），其余在一次桶和二次桶中陈酿。酒庄所用橡木桶全部来自于拉菲罗斯柴尔德集团制桶厂，位于拉菲庄园附近，其生产的橡木桶仅供集团内酒庄使用。

沿着发酵车间外的楼梯继续向下走，是全年恒温恒湿的橡木桶间，保障优质葡萄酒陈酿。此酒窖位于发酵间下一层，以便发酵罐中的酒通过重力作用流入橡木桶中。陈酿间的设计酷似拉菲庄园的橡木桶间，8根红色的柱子将整个空间勾勒成八边形，橡木桶也沿此形状整齐地码放，里外总共3圈，十分壮观。四周白墙映着酒窖内黄色的灯光，十分明净。走出橡木桶间进入到另一个展厅，这里陈列着橡木桶制作的工具模型，为参观者展示橡木桶的制作过程。

3. 灌装贴标间与酒瓶包装

再往下一层是不对外开放的灌装贴标间和仓库。"琥岳"出桶后，通常在每年4月灌装，"瓏岱"则在7月。灌装前仅经过粗过滤，尽可能地保留葡萄酒果香与结构的复杂性。酒庄最初使用的瓶子和包材均从法国进口，近两年开始从当地购买重量不超过600克的轻型玻璃瓶，一方面减少生产玻璃时产生的污染，同时降低物流运输成本，大幅度减少了碳排放量；另一方面也能为当地葡萄酒供应链产业做出积极贡献。

两款葡萄酒均带有防伪技术。酒帽上的胶牢牢黏住瓶口，开瓶时须用酒刀划开，而酒帽内隐藏着被泽林科（Selinko）系统激活的芯片，这样一来，手机通过NFC功能扫描酒帽，即可探测这瓶酒是否被打开过。这项技术目前仅支持Selinko手机应用内操作，且手机需带有NFC功能。除了检验真伪，软件还能

瓏岱酒庄酿造和陈酿车间

扫描出当前酒款的信息与酒庄和年份介绍，这有助于消费者了解酒庄故事和技术信息。在装箱前，团队需逐个检查瓶子防伪芯片是否激活完成，确保发出去的每一瓶酒都受到保护。此外，瓶上酒标无法整张撕下，让想要"二次贴标"的不法之徒无路可走。

4. 综合配套设施

除办公区和生产区域外，酒庄为参观者精心设计了游览路线，其中包括但不限于三面落地窗的游客接待中心、可以俯瞰橡木桶酒窖的VIP品酒室、举行宴会的"大殿"……游览线路的每一处都有内容可以观赏。此外还有不对外开放的罗斯柴尔德家族博物馆般的私宅。

四、营销策略

1. "龙腾虎跃"

酒庄有两款葡萄酒——正牌"瓏岱"和副

瓏岱酒庄的"龙腾虎跃"

牌"琥岳"。正牌以酒庄名字命名，葡萄园和酒庄建筑也体现于酒标之上，这是波尔多列级庄葡萄酒标的经典设计理念。瓏岱颇有"大酒"之风，由赤霞珠、品丽珠和马瑟兰混酿而成，前两者是经典的波尔多混酿品种，为酒提供了结构和陈年潜力；马瑟兰在中国表现突出，不仅产量高、抗病性好，在当地所酿有紫罗兰、龙眼的气息，与前两者调配结合，为香气提供了复杂性。副牌"琥岳"在品种选择上更加灵活，根据年份表现调配一定比例的美乐、西拉品种，果香丰富而活泼，入口清爽，与严肃的"瓏岱"形成鲜明对比，当然这并不代表它没有陈年潜力。"瓏岱"二字的寓意上文已解释，而"琥岳"的灵感则源于想表达对天地间各元素、大自然轮回的尊重。"琥"有玉石之意，为古代农民在祈祷丰收时所用的一种礼器；"岳"为山，与酒庄的"岱"字相呼应。此外，"瓏岱"和"琥岳"借"龙腾虎跃"的谐音，象征着对酒庄蒸蒸日上的美好愿景。

"瓏岱"葡萄酒平均每年仅生产2万~2.5万瓶；"琥岳"1.5万~2万瓶。低产量、高品质是精品葡萄酒的代名词。两款酒皆由保乐力加集团独家代理销售，酒庄负责现场零售。每年夏天的"琥岳"发布会和冬天的"瓏岱"发布会都能在酒圈掀起热潮，有拉菲罗斯柴尔德集团背书，瓏岱葡萄酒的销售向来供不应求。

2. 开放的酒庄

瓏岱酒庄是集团首个对外开放的酒庄，2019年秋天酒庄开庄以后，这里便成为了葡萄酒爱好者的打卡圣地。比起远在大西洋边的拉菲庄园，毗邻黄海的瓏岱酒庄是最接近国人的中国拉菲。此时，酒庄旅游也成为了全国许多精品酒庄一项不可或缺的产业。酒庄采取预约制，不仅有专业人员讲解酒庄故事、介绍葡萄酒生产过程，在参观最后的品鉴环节还有专业的侍酒师详细讲解。游客接待中心内的分酒器还提供集团其他酒庄葡萄酒的品尝，客人以充值的形式插入卡片自选分酒器内的不同酒款，这样不出国，也能享用到世界各个角落的"拉菲"。游客接待中心还设有小商店，结束参观的游客几乎不会空手而归。

对于愿意深入了解瓏岱葡萄酒的爱好者，酒庄还设有VIP参观项目。报名VIP参观的客人由技术团队接待，从葡萄园到酒窖，再到品鉴，总共历时90分钟倾情讲解，这对葡萄酒爱好者而言无疑是学习的绝佳机会。

所有参观活动可在线上预约，除了参观，酒庄还有不同规格的午宴、晚宴选项。秉承着"当地菜配当地酒"的理念，厨师团队精心制作出时令菜单，以鲁菜为主，并不断研发新菜品，为客人提供新鲜的极致餐酒搭配体验。

为了充分发挥场地优势，承办商业活动也是酒庄打响知名度的利刃之一。2021年9月举办的法拉利试驾活动为酒庄吸引了一众跑车爱好者，每天试驾结束后，在大殿享用定制菜肴美酒，突破了葡萄酒与赛车的圈层。

3. 时间的洗礼

酒庄致力于生产能够极致表达当地风土的精品中国葡萄酒。这一目标已经基本实现。和其他中国精品酒庄一样，努力坚持做好酒，是永不止步的动力。作为一砖一瓦建起来的全新酒庄，与集团其他酒庄相比还很年轻。150年的目标，目前仅走过10余年。技术团队依然在探索不同天气下的葡萄表现。在复杂的地形中，扩种后必将带来更多劳作，努力实现机械化是大势所趋。葡萄藤需要年龄的积淀，葡萄酒也需要时间的洗礼，这些无法绕开的、考验耐心的过程，是造就一瓶"大酒"的必经之路。

开放的珑岱酒庄

3.6 车库酒庄精神的缔造者：法国瓦兰朵酒庄

瓦兰朵酒庄

在波尔多右岸小镇圣·艾米隆（Saint-Émilion），一个有着悠久葡萄酒历史的世界文化遗产小镇，迅速崛起了一个只有30年历史的著名小酒庄，这就是瓦兰朵酒庄（Château Valandraud），早期，它的名字就是"车库"酒庄，一个小得不能再小的车库酒庄。但是，现在，它却是众多葡萄酒收藏家和爱好者极其喜爱的圣·艾米隆列级名庄一级B酒庄，"车库酒"精神的非凡引领者。

在葡萄酒之都波尔多，知名酒庄基本上都是葡萄酒世家的传承。对于需要一定的空间和场地，需要许多装备和人力的酒庄来说，很难想象会在车库中建立。可是，在30多年前的圣·艾米隆小镇，在一个非葡萄酒专业人士身上，却发生了始于车库的创业故事。

一、车库酒庄的创建

1. 当酒农

20世纪80年代，进入而立之年的让·吕克开了圣·艾米隆镇的第一家葡萄酒餐吧——Le Tertre。在短短几周内，这家供应美酒并搭配以简单而美味菜肴的餐厅便已声名在外，可见，让·吕克经营美食美酒的天赋极佳。他的妻子穆里埃尔在工作之余也帮助让·吕克打理生意，逐渐地，夫妇俩开始痴迷于葡萄酒。随着业务蒸蒸日上，他们又在圣·艾米隆开了几家葡萄酒商店，并于1988年正式成为葡萄酒经销商。

"我们已经卖了很长时间的葡萄酒了，现在我们想自己酿酒！既可以供给自己的商店和餐厅，又可以享受其中的纯粹乐趣。"

"葡萄酒似乎有点神秘，甚至带有宗教般的深奥一面，驱使着我们把梦想变成现实。"在自己的酒庄30周年庆典时，让·吕克说。

其实，酒庄创业这条路充满了艰辛和波折。

1990年，让·吕克夫妇倾尽所有的积蓄，加上银行贷款，在靠近帕维玛昆酒庄（Château Pavie Macquin）的方嘉宝（Fongaban）山谷购买了0.6公顷葡萄园。虽然位于著名葡萄酒小镇，也种植着一片年龄30年生的酿酒葡萄，但是，这却是一片被当地葡农认为几乎没有酿酒葡萄种植潜力的黏土地。

由于没有发酵车间和酒窖，他们不得不将第一年的葡萄收成卖给酒农合作社。次年，他们在圣叙尔皮克德法莱朗（Saint-Sulpice de Faleyrens）又购买了近1公顷的酿酒葡萄园。然而，几周之后，他们便遭遇了一场被载入史册的毁灭性霜冻。在损失了75%的收成之后，让·吕克仍然在自己的车库里，购买了一个橡木桶，努力地酿造了1280瓶酒，1991年份的葡萄酒，也是酒庄第一个年份的葡萄酒，开始在葡萄种植和葡萄酒酿造领域留下了自己的印记，也开始了他们自己的车库酒庄的创建生涯。

已经酿酒了，似乎自己有简陋"酒庄"了。让·吕克夫妇将自己的酒庄取名为：Valandraud，前半部分以庄园的地形命名，即"val"或"vallon"，意思是"山谷"，而后半部分则冠以妻子穆里埃尔的姓氏"Andraud"。

2. 车库酒的诞生

尽管面临着巨大的困难，让·吕克夫妇仍然决心酿造出优质的葡萄酒。身边一些好朋友，尤其是著名酒庄奥松酒庄（Château Ausone）的阿伦·沃蒂耶（Alain Vauthier）先生，也在激励着他们继续在葡萄酒领域探险。

产地和技术设备的缺乏促使他们投入大量

只有一个橡木桶发酵罐的车库酒庄、作者与庄主让·吕克·图内文和穆里埃尔·安德洛夫妇

精力去运用自己的常识和想象力。没有产地，就以车库为中心，利用一切可能空间；没有机械，就用传统的手工方式对葡萄进行挑选、去梗和破碎。没有发酵罐，他们就在陈酿用的小型新橡木桶中发酵葡萄酒，并用人力进行压酒帽、淋皮等繁重的工作。就这样，一个像模像样的"车库酒庄"就诞生了。

这一系列操作看起来颇为粗朴，但这些古老又细致的酿酒方式却让瓦兰朵酒庄的葡萄酒与众不同，并立刻引起了其他酒庄和记者的关注。

贝萨克雷奥良产区（Pessac-Léognan）的著名酒庄史密斯拉菲特酒庄（Château Smith Haut Lafitte）的Florence Cathiard女士最先创造了"车库酒"一词来形容瓦兰朵，并宣称这种酿酒方式代表着葡萄酒的未来。于是，一个带有传统农业文明传承和手工韵味的名字便诞生了，随后被著名葡萄酒记者米歇尔·贝丹（Michel Bettane）采用并在国际上推广。

二、努力把瓦兰朵酒庄做成世界名庄

一个又一个年份，让·吕克夫妇对葡萄园的辛勤耕耘和回归传统农业文明的技术不断酿出极品且具有独特风格的葡萄酒，并赢得了酒评家们的青睐。著名的美国葡萄酒评论家罗伯特·帕克（Robert Parker）访问了酒庄，品鉴了不同年份的酒品，看到了酒庄的潜力，于是，从1992年份开始给酒庄的酒品评分。一年又一年的高分，使瓦兰朵酒庄的葡萄酒越来越受到葡萄酒收藏家和爱好者的喜爱并持续收藏。由于品质优异，风格独特，加上稀少，瓦兰朵酒庄的酒品价格不断提升，而且经销商和收藏者不断回头来购买，二、三级市场更是不断受到追捧。

一个更加大胆的探险计划在让·吕克夫妇心中诞生了：让瓦兰朵酒庄成为世界名庄。

1. 让瓦兰朵风土葡萄园成为独特的不可复制的葡萄园

1995年，穆里埃尔辞去工作，全心投入酒庄，开始悉心打理瓦兰朵葡萄园。她将她的人文主义哲学应用到了风土之上。她认为"葡

萄树就像孩子，需要得到滋养"，为此，她精心地照料着葡萄园的每一棵葡萄树，确保每一棵葡萄树都得到适合的修剪方式和适宜的土壤管理。她要让这块以前不被当地葡农认可的葡萄园成为世界上独一无二的优质风土葡萄园。资金不足，她就自己带着葡农一起采用传统农业理念管理葡萄园，不用机械，不用农药，时时人工维护着葡萄园清洁干净的微环境。为了不断提升葡萄质量，她根据葡萄园的风土和逆境条件，压缩产量，延迟采收，精准把控葡萄的成熟度。在她的精心照料下，葡萄园有机品质不断提升，这片山谷坡地葡萄园就像碰到知心朋友一样开心地焕发出它的光芒。

在获得了一定成功之后，让·吕克夫妇仍然十分的大胆和"创新"，有时对圣·艾米隆镇的葡萄酒管理制度而言，甚至是破坏性的和不可原谅的，例如，他们尝试给一个地块上的葡萄树遮上防水油布，以提高葡萄的成熟度。结果，这片园子出产的葡萄酒遭到圣·艾米隆镇监管机构的处罚，只能降级为VdF葡萄酒。让·吕克夫妇干脆将这款酒命名为"瓦兰朵的禁果"，其中传达出的神秘感在市场买家中引起了轰动。

罗伯特·帕克在谈到瓦兰朵酒庄的这个做法时说道："瓦兰朵的象征意义是展示了在波尔多我们如何能将葡萄酒的质量推到极限。"他还因让·吕克大胆的精神而亲切地称他为"Bad Boy"，这个具有反叛儿意味的称呼，让·吕克夫妇直接把它制成酒标，专门酿造了一款酒，深受市场的欢迎。

2. 将车库酒工艺做到极致

葡萄园和果实的品质不断提升，酿酒条件也跟着提升。酿酒车间虽然不大，但是，酿酒环境、装备和工艺却不能落后，让·吕克夫妇购置了新的橡木桶发酵罐，每年都购置尽可能丰富多样的陈酿优质橡木桶，并保持着车库车间干净清洁的酿酒环境。他们夫妇都不是专业酿酒师，那就交给上帝，让自己葡萄园和果实上生存的酿酒酵母和非酿酒酵母在自己的家里孵化陈酿；而且，他们还不断试验和创新，根据多年的葡萄酒经销和餐饮经历，通过丰富的经验延长和把控冷浸渍的时间，用全新橡木桶

延长陈酿的时间。功夫不负有心人，瓦兰朵的酒品在优良的葡萄园、优良的车库，以及让·吕克夫妇照料下成长和成熟，孕育成极品的独一无二的葡萄美酒。

一年又一年的努力，瓦兰朵酒庄葡萄酒深受市场欢迎和追捧。在酒庄创建20年后，瓦兰多酒庄在2012年度的圣·艾米隆产区列级酒庄分级中被授予一级庄（Premier Grand Cru Classé）的称号，虽然不是最高等级的一级A，但是，在一个尤其需要时间和经验来证明自己的酒庄行业中，特别是世界葡萄酒著名小产区的列级名庄分级中，瓦兰多酒庄只花了20年，就出人意料地迅速获得了认可，这其中让·吕克夫妇的付出和艰辛可想而知。

这一非凡的荣誉表明，在当下，新兴的葡萄酒酒庄，甚至是投入不多的车库酒庄，也可以与百年名庄一起，跻身顶级葡萄酒酒庄行列。当然，这需要付出巨大的努力，更要在一个鲜为人知的地方发现一块被忽视的极品风土，而且要让这片极品风土维持和不断提升。离开极品的葡萄园风土，葡萄酒就不会如此复杂而迷人，更无法保持其出色的陈酿潜力。

成功之余，让·吕克和穆里埃尔仍然活跃在圣·艾米隆产区以及其他产区中。让·吕克成为了葡萄酒顾问，还在圣·艾米隆、波美侯、拉朗德波美侯、玛歌和鲁西隆产区购买了克洛斯巴登（Clos Badon）、贝尔艾尔（Château Bel-Air-Ouÿ）等7个酒庄。而瓦兰朵酒庄也进行了扩建，一个豪华的现代化酒窖坐落在了圣特天德里斯镇（Saint-Etienne de Lisse）的山坡之上。

3. 发扬车库酒庄精神，做车库酒庄的非凡引领者

"让·吕克和穆里埃尔的成功鼓舞了其他人。"紧随其后，更多的"车库酒"出现了，尤其是格拉西亚酒庄（Châteaux Gracia）、克罗斯酒庄（Croix de Labrie）和多姆酒庄（The Dôme）。车库运动的先驱者们将这些葡萄酒标记为"vins de Garage canal historique"（老牌车库酒），因为它们使用的设备很少。

然而，即使是最富有的投资者也开始采用这种方法，因为他们相信这将酿出全新风格的优质葡萄酒，例如玛歌产区的玛若嘉（Marojallia）酒庄或波美侯的维奥莱（La Violette）酒庄。

让·吕克夫妇严谨的努力激发了整个圣·艾米隆产区和所有的列级名庄，几乎所有人都采用了由"车库主义者"开创的酿酒基础原则。

三、瓦兰朵的未来：一个新时代的开始

2021年，瓦兰多酒庄启用了全新的"生物气候酒窖"，标志着一个新时代的开始。这座建筑俯瞰着葡萄园，就像一艘与周边环境完美融合的旗舰。发酵车间（只有两个小橡木桶发酵罐、一个水泥发酵罐和四个不锈钢发酵罐）和酒窖（也配置了与产量匹配的精致橡木桶）还是车库酒庄的规模，瓦兰朵对于葡萄园、发酵装备和酒窖那一丝不苟的"车库"精神和不断探索的科学精神依然在酒庄中鸣响。

瓦兰朵新酒庄

第四章

葡萄酒酒庄
发展商业策划

能够生存并健康成长的葡萄酒酒庄赢利模式清晰，能够不断满足和服务目标顾客需求，愿意学习、善于学习，愿意改变自己并不断进步。它们也遵守法律，诚信，勇于担当，能够与政府建立良好关系，与农民进行良好合作，不断推广葡萄酒文化，提倡葡萄酒健康生活方式。

第一节　葡萄酒市场和环境分析

一、市场分析

通常情况下，最先选择并利用优质产区和有利产地以及外界环境提供的机会来开发葡萄酒新产品或市场的葡萄酒酒庄，比那些后进入的酒庄，具有培育品牌、增加市场份额和提高赢利能力上的优势。

通过酒庄投资人率先在葡萄酒酿造的优势区域进行投资和市场运作并取得成功，可以形成一定权威性，引领产业和市场的发展。

与其他产业一样，从了解葡萄酒市场和分析市场做起，是葡萄酒酒庄成功的经验。市场分析包括市场成长速度和成长因素、成功关键因素、销售分析、成本分析（表4-1）。这些因素对葡萄酒酒庄在市场上的竞争力有重要影响。

表 4-1　产品或市场评估清单

评估项目	分级		
产业市场成长性	低	中	高
目标客户	增加	减少	不变
酒庄装备及酿酒师水平	低	中	高
产地评价（风土和风水条件）	一般	好	稀缺
庄主和品牌影响力	小	中	大
进入的难易性	小	中	大
建立标准的可能性	小	中	大
需要的资金数量	多	中	少
获得原材料或资源	困难	正常	容易

在市场分析中，重要的组成部分之一是确定酒庄成功关键因素（Key Successful Factor，KSF），即决定酒庄能够在市场竞争中获得成功的技术和资源，赢利模式中的关键点。葡萄酒市场的成功关键因素如下。

（1）能够在葡萄酒酿造的优势区域拥有产地或可以稳定地获得优质的葡萄原料供应，特别是那些面向高端葡萄酒市场的生产者；

（2）与地方政府有良好的关系，与农民有良好的合作关系；

（3）不但具有管理葡萄园的技术，而且有管理酿酒厂的技术和能力，能够有效控制成本；

（4）具有一定或足够的规模，有足够的赢利点来建立酒庄品牌；

（5）名字动听和易记——具有传统的韵味或"地方"味，或是时尚、文化且通俗，通常都会有效；

（6）建立直销店或与经销商和VIP客户建立紧密联系；

（7）获得在这一资本密集型行业竞争所必需的资金资源和文化资源。

酒庄的经营目标在同一市场销售同一产品或服务，会面对国内外强劲的竞争对手。今后很长一段时间内，新葡萄酒酒庄进入中国葡萄酒市场的可能性总是存在的，新葡萄酒，尤其是国外葡萄酒进入市场的障碍较小。除非不断推出新品种，不断稳定和提高品质，否则酒庄会一直面临新企业、新品牌的威胁。

即使拥有面目一新的新品种，但是获得成功后，规模更大、实力更强的企业以及一些中小企业就会跟进，仿效生产并很快占领区域市场，也可利用国外同类葡萄酒产品进入同一目标市场。

替代产品的威胁也不容忽视。农产品加工产品的功能常常有许多替代品，如黄酒、其他果酒，与葡萄酒很多功能是相同的。

当前，随着生活水平的提高，人们在购买产品时也在购买便利和服务，酒庄应该提供这些便利和服务，而且要超越消费者的期望。

二、消费者分析

重视消费者分析是酒庄生死攸关的大事。目前，我国葡萄酒产品市场虽然处于初级阶段，但是媒体的多样性，特别是自媒体的发展，使了解葡萄酒较少的消费者喜好广泛而且重视产品的规格、质量、价格等；葡萄酒品种和文化的多样性消费更是决定了要为消费者提供更温馨的服务。

作为一个葡萄酒酒庄，要求产品独具特色，目标市场明确，赢利模式清晰。

通过细分市场分析，葡萄酒市场同样适用"80/20原理"，即20%的产品、顾客或销售区域决定了80%的业务。虽然实际中具体的百分比会有所不同，但是，其核心客户的作用是非同寻常的。

对市场进行细分有助于了解市场的构成，解释和显示统计信息，对准最有可能买葡萄酒产品的目标顾客。通常，葡萄酒市场可以依据年龄、职业、家庭状况等标准来划分，同时使用几种标准可以得出与目标市场关系更密切的证据。

例如，生产高端酒庄葡萄酒的酒庄，只有达到一定收入水平的消费者，而且是爱好者才会购买和收藏，因此，这些酒庄需要面对中高档消费市场，做好VIP客户俱乐部和品鉴会，更细心地为他们服务，大力推广酒庄的葡萄酒文化和产区文化。

三、竞争能力分析

对于我国的葡萄酒企业而言，长期以来，一直缺乏对自己竞争能力的分析（表4-2）。

表4-2　竞争优势来源

来源	优势点
竞争方式	产品设计、定位战略、营销战略以及定价战略都可能成为竞争中取胜的潜在的优势来源
竞争基础	在优势产区拥有基地与高品质的葡萄品种和原料，资金和技术的有效结合，提供比竞争对手质量更高的葡萄酒产品以及更好的日常服务和送货等服务，也是一项竞争优势
竞争市场	跟踪调查市场，仔细选择市场，突出特色酒品，使自身的产品与产品市场的关键成功因素相匹配，从而优于对手
竞争对手	如果酒庄解决了相同产品市场上其他竞争对手不能克服的难题，那么就处于优势地位

　　获得竞争优势重要的是做到与葡萄酒酒庄客户建立密切、令人满意的长期关系,使竞争对手对自己的客户根本没有吸引力,或者说使客户根本没有兴趣去考虑购买其他酒庄的产品。但是,对于多样性消费的葡萄酒来说是很困难的。需要的是他们对本酒庄产品更多的重复购买次数。以下以合硕特酒庄葡萄酒为例,分析酒庄的竞争层次。

1. 预期竞争

需求:健康、刺激、文化、解渴。

同类产品:烈酒、茶、啤酒、水、葡萄酒、矿泉水、牛奶、果汁饮料、咖啡等。

2. 普通竞争者

饮料酒。

产品:中国白酒、白兰地、威士忌、黄酒、果酒。

3. 同类竞争者

同类葡萄酒企业。

产品:张裕葡萄酒、长城葡萄酒、王朝葡萄酒等。

4. 典型竞争者

产品:同市场葡萄酒品牌、同品种葡萄酒、同产地葡萄酒、酒庄葡萄酒,例如同地区酒庄。

5. 品牌竞争者

规模品牌:长城、张裕、王朝等。

酒庄酒品牌:天塞、国菲、波龙堡等。

四、葡萄酒酒庄资源评价

　　要让酒庄的各种客户关系了解产品和酒庄文化,做好葡萄酒酒庄的优势资源评价特别重要(表4-3)。消费者购买葡萄酒,选的是葡萄酒品牌,最终信任的是葡萄酒质量。

　　与消费者的交流是关键,有时让消费者对酒庄的了解越多,产品越好卖,附加值越大。

表 4-3　酒庄资源评价矩阵

	评级		
生产资源		资金资源	
生产能力		固定资产需求	
成本结构		运营资产需求	
酿酒师和技术		投资收益	
劳工技能		合计	
合计			
营销资源		管理资源	
营销技巧		数量	
配送设施		制度	
分销渠道		经验	
直销或专营渠道		合计	
合计		总分	

注:评级为很好(5),较好(4),一般(3),较差(2),很差(1)。

第二节 建立酒庄良好关系网

葡萄酒产业是一个产业链长的综合性产业，整个产业链就是一个价值增值链，也是一个文化链和经营链。经营好这条产业链，首先需要有一个很好的关系网。葡萄酒酒庄的社会关系和市场关系如下。

1. 政府和农民

葡萄酒产业涉及葡萄种植、加工、文化创意、市场营销和消费者消费服务、收藏增值等，其中的葡萄种植对政府和农民的依存度非常高。

在中国，政府的正确引导与有效的支持和辅导，是涉农产业健康发展的基础和保障。因此，与政府保持良好的合作，以企业的良好经营能力，放大各级政府的正确决策，取得良好的社会和经济效益，促进区域经济的发展是葡萄酒酒庄必须把握的基本原则。

由于历史发展的原因，中国的农民尚不是以农业为职业，并利用尽可能多的选择获得尽可能多报酬的职业化群体，而更多的是一群以土地为生存基础自给自足的自然群体。

在中国，葡萄酒酒庄获得葡萄酒产业资源的方式主要有："公司＋农户""公司＋农民合作组织＋农户""公司＋基地＋农户"和购买土地等。与农户合作的方式主要有：签订原料购买合同；租赁土地、制定标准倒包农户；转包土地经营权，聘用农民，用管理企业工人的方式管理农民。在这些过程中，涉及土地的经营流转、职业化新农民的培育等，甚至涉及功能性农村的建设。

成功的葡萄酒酒庄真心地将农民视为合作伙伴，并选择适宜从事葡萄种植与管理的农户进行合作。因此，对于酒庄来讲，要根据市场规律和社会需求来选择合作的农民群体。首先要对可合作的农民进行分类和选择。一般来讲，首先选择那些对葡萄种植热心，愿意学习，有一定的农业技能，敬业的农民，可作葡萄园带头人或示范户；其次，选择那些对葡萄种植的态度一般，但勤劳肯干的农民。

与农民的合作，是互动式的，对于那些对葡萄园工作不积极的农民，没有必要选择合作；对于那些善于交往，技术较差的农民，要严格引导监管，防止他们走偏。

选好合作的农民，友善而有效的管理才会赢得农民之心。要按照人性化的规律，来认识农民，发现农民，按照农民乐于接受的方式来帮助农民和管理农民，葡萄酒酒庄才会和农民一起，逐步筑起葡萄酒的事业宝塔。

2. 目标消费者和市场关系

实际上，酒庄开始做市场时就是做关系。

每一个人都以三种形式与他人相联系：朋友关系、同事关系和亲戚关系。经营企业和市场成功的人往往不是最聪明或主意最好的人，而通常是有最好关系网的人。

不要冷落朋友或朋友的朋友。大多数人有各种各样的朋友、亲戚和熟人，这些人又有自己的社交圈子。在当今这样一个比较紧密和开放的社会关系网络中，无意之中就可以找到能够帮忙的人，有时世界很大，有时世界又很小。

最难的只是初次建立关系。葡萄酒是一种健康的饮料酒，可以从朋友和亲戚做起，为他们做好服务，建立健康的生活方式，健康的饮酒方式。从微笑做起，从客户的角度思考如何为他们服务。

葡萄酒酒庄的所有员工都要想方设法与一批关键人物经常保持联系，交换信息。另外也要定期地与主要服务对象，潜在服务关系人保持联系。

交流是关键，让别人知道自己在做什么，需要什么信息，会得到更好的帮助。

要想得到信息和帮助，也应该向别人提供，养成主动向别人传播消息和帮助别人的习惯，自己也会收获信息与帮助。

利用葡萄酒酒庄的所有关系，建立VIP俱乐部，给他们提供优质的服务和产品，让核心客户、信任客户不断宣传葡萄酒酒庄的产品和文化，这是葡萄酒酒庄进入市场初级阶段比较好的策略，也有利于葡萄酒酒庄的长远发展。

3. 资本和投资人

培育良好的酒庄文化，营造良好的工作环境，吸引必要的人力、物力和财力资源，才能实施自己的战略。

葡萄酒产业和酒庄发展更是如此。中小型的葡萄酒酒庄要尽可能地得到风险资本的支持。酒庄不应只靠借债，而应靠寻找足够的股权进入来发展。

在一定规模上，适当多的投资人有利于市场的培育和发展。

第三节　酒庄发展商业策划

葡萄酒酒庄的成功，需要具备几种能力：优质资源的调控能力、优质产品的生产能力、市场营销能力、文化和品牌的推广能力、产品的流通能力等。而这些能力的实现，关键是做好酒庄发展的商业策划和设计。

目前，我国的葡萄酒市场尚处于初级发展阶段，困难、挑战和机遇并存。一方面，由于葡萄酒文化推广的滞后，消费者对葡萄酒的了解不多，葡萄酒市场发展不成熟，推广葡萄酒困难重重；但是，它的不成熟与快速发展，也带来了葡萄酒酒庄巨大的发展空间和机遇。

那么，如何策划和设计好酒庄发展的商业运行呢？

1. 占阵地、抓机遇、图发展

高速发展又相对不成熟的葡萄酒市场是一个难得的机遇，首先帮助消费者建立了规范和标准的酒庄和产区概念，就能大有作为。

形成产区和酒庄发展优势的方法很多，但是，很难替代或不可替代的特色资源优势却是必须牢牢把握的，包括小气候资源、风土资源等。

如表4-4所示，表中的许多要素都是所有酒庄比较易于获得的，就看谁做得更好，几乎没有一个酒庄说它可以全部做到5分，而且永远面临竞争压力。葡萄酒产业由于它的特殊性，如果占有了特色资源，特别是特色的小产地风土、小气候的资源，就很容易达到5分，只要其他方面达到及格的3分，酒庄就是安全的。

表4-4　企业的发展能力分析表

序号	企业的发展能力	调研分析结果（5分最好，1分最差）
1	葡萄酒市场、需求大小	5　4　3　2　1
2	政策、技术、人才利用能力	5　4　3　2　1
3	资金以及成本控制能力	5　4　3　2　1
4	人力资源聚集、任用、培训能力	5　4　3　2　1
5	新酒品开发创新能力	5　4　3　2　1
6	葡萄园产地规模、葡萄果实原料获取能力	5　4　3　2　1

续表

序号	企业的发展能力	调研分析结果（5分最好，1分最差）
7	酒庄相关资源控制和获取能力	5　4　3　2　1
8	设备利用与工艺创新能力	5　4　3　2　1
9	酒庄市场占有率和持续开发能力	5　4　3　2　1
10	市场营销策划和执行能力	5　4　3　2　1
11	仓储、渠道、销售能力	5　4　3　2　1
12	葡萄酒文化推广和客户服务能力	5　4　3　2　1
13	辅料采购、供应能力	5　4　3　2　1
14	企业形象与品牌能力	5　4　3　2　1
15	与地方政府的关系	5　4　3　2　1
16	与农民的合作能力	5　4　3　2　1
17	与科技机构的关系	5　4　3　2　1

因此，发展葡萄酒产业，首先，要在优质葡萄酒产区，特别是优质的小产区（乡镇，特别是村庄）获得和培育自己的基地，并与优质产区的农户和政府建立良好的关系。

不管将来葡萄酒市场如何发展，质量都是基础，没有质量和特色，酒庄就不可能持续长久发展。而优质葡萄酒的基础就是优质葡萄原料。只有在优质的产区，特色的风土条件下才能生产出高品质的葡萄酒。

因此，在中国的葡萄酒优质产区，特别优质的小产区拥有基地，而且是拥有最有价值的基地，将是未来葡萄酒企业竞争、发展和壮大的主要阵地。在这基础上，进行产业策划和市场营销才有意义，才能持续发展。对消费者负责的酒庄，才会受到市场就会欢迎；只有认真发展优质酿酒葡萄基地，踏实酿酒，葡萄酒产业才能发展。

诚信是葡萄酒企业安全发展的核心。那些只想通过商业卖货，而没有想到要承担对消费者和市场安全的责任，甚至有的还想利用市场的不规范，通过商业渠道卖次货，卖假货，会被市场和消费者淘汰。

一般来讲，在规范成熟的产业和市场里，只有那些成名的老大、老二才能"得道"，一些中小企业想要"成仙"是很难的。

但是，葡萄酒产业是一个多样性的产业，中小企业有很大的发展空间，即葡萄酒产业是小酒庄大产业。只要务实实干、认真负责，就能做强。这就是为什么发展小酒庄，形成产业集群、小酒庄集群，就能做出大产业。

而且，那些拥有专业营销能力、企业管理能力、产业链设计和带头能力的企业，进入葡萄酒产业更能做大做强。未来的中国一定是一个葡萄酒消费大国，现在正是一个难得的机遇。

2．培育产区和酒庄品牌，推广葡萄酒文化和酒庄文化

培育葡萄酒产区和酒庄品牌，不是注册一个商标，设计一个包装，做一个广告就行的。

葡萄酒产业是一个长线投入的产业，是容易传承的健康产业和文化产业，需要不断推广产品文化、产区文化和酒庄文化，要让消费者了解、信任。

酒庄不能只关心酒庄品牌和酒庄文化的推广。酒庄与产区，特别是小产区是分不开的，尤其是优质风土的乡村社会品牌是不可复制的。酒庄必须与优质风土的村庄品牌相融合，大力打造葡萄酒名村品牌，并将酒庄品牌与村庄品牌捆绑推广，才有利于酒庄的高质量持续发展。

目前的葡萄酒市场缺乏消费者真正可信赖的品牌，包括生产商、渠道商、终端市场的品牌都非常少。

葡萄酒酒庄，要把消费者引领到酒庄、葡萄园，让他们深入了解酒庄和葡萄酒产品；葡萄酒酒庄的庄主、技术人员，要到市场去，帮助消费者了解葡萄酒的好坏，推广葡萄酒文化；产区政府要帮助和辅导，甚至提供资金和人力推进产区葡萄酒品牌的宣传，尤其是葡萄酒县域产区品牌下的村镇品牌集群的推广。

3. 酒庄的商业策划和规划

酒庄的商业策划和规划是为了实现葡萄酒产品的价值而形成的一系列创意、创新的方法与企业系统集成规范运行的方法体系。它通过产业资源、科技资源、消费市场、资本和政策等的系统分析，发掘优势资源，创建产区和酒庄的产品优势，培育产区和酒庄的竞争力，实现政府的财政收入、酒庄效益和农民收益增加的持续发展。

产品的定位和服务方式的创新设计如下。

从酒庄内部而言，葡萄酒酒庄产品的定位和服务方式的创新设计包括：

（1）尽量选择具有自主知识产权的新品种；

（2）在优势产区，选择不可替代的特色村庄小产区、特色产地、特色葡萄园；

（3）对现有市场的畅销酒种进行改进和提升，提高竞争力；

（4）工艺和设备改进推进产品质量的不断提高。

从消费市场和消费者角度进行创新设计：

（1）能够有效满足目标消费者需求的创新设计，包括个性化的酒品、酒标、包装等的设计；

（2）在确保质量的前提下，有效降低成本的创新设计；

（3）文化推广和产品售后服务的创新设计；

（4）特殊需求和特别情感需求的创新设计，如企业纪念酒、婚庆纪念酒。

4. 酒庄安全运营设计

通过策划和创意，确定规划后，葡萄酒酒庄就要做好产业的运营设计了，安全有效的运营体系是酒庄健康发展的保障。

葡萄酒酒庄涉及的产业体系和社会关系较为复杂，主要为：市场，包括目标消费市场、产区其他产品市场；渠道；科技、资本、资源、政策等软环境；政府和农民等相关利益群体；葡萄酒文化传播机构；企业自身运营体系等。

现代葡萄酒酒庄的投资者和企业家要善于使用计划和组织，而不是企业的经理和员工成为老板的听差。要建立计划与组织体系，制订各部门的合理计划，通过组织的实施落实计划。计划体系包括企业的中长期发展规划，包括新产品创新计划、企业形象和品牌发展计划、科技集约创新发展计划，人力资源发展计划、产品质量管理计划等。

企业的年度综合经营计划，包括在中长期发展规划指导下制定的市场发展计划、渠道网络发展计划、基地管理计划、农民关系发展计划、资本管理和融资计划、成本管理和财务计划、利润实现计划等。

在运营体系设计中，企业发展的安全设计特别重要。葡萄酒酒庄的发展，安全发展是第一位的。要特别重视企业运行中资金的安全运行和各种成本运行需求，确保资金的充足到位，避免由于资金的问题影响了酒庄计划的落实。

计划和资金是互动的两个体系，没有计划或计划不当，就会引起基金使用不当，进而引起基金供应不足，从而又引起计划的无法落实。

通过酒庄发展的商业策划和设计，做到：

（1）设计一个安全的酒庄发展规划和年度计划；

（2）葡萄酒产业是一个涉及第一、二、三产业的综合产业，不要以发展农业的思路来发展，也不要以发展工业的观念来经营；

（3）发展葡萄酒酒庄首先要在优势产区选择特色的农业资源；

（4）葡萄酒是多样性的，酒庄加强酒庄之间、酒庄与政府之间的合作，打造优质的葡萄酒小产区品牌，发展集群葡萄酒经济，实现小酒庄大产业；

（5）大力推广葡萄酒文化，酒庄的一个核心目标是发展多样性的葡萄酒小产区集群品牌，打破葡萄酒商业霸权，培育中小酒庄产业集群；所以，酒庄不仅要管好自己酒庄的事，也要关心、维护和推动酒庄所在地的村庄品牌的商业推广；

（6）做好市场营销和渠道管理，服务好目标消费者。

第四节　葡萄酒拍卖市场对酒品价值、酒庄发展和市场品牌的影响

葡萄酒拍卖市场是所有精品酒庄梦寐以求的终极市场。一款精品酒庄酒能够持续稳定地在国际拍卖市场进行交易，不但是极品品质的证明，更是对其酒庄品牌和历史的认可。作为公开的二级市场，拍卖市场的成交价相较于零售市场的报价和葡萄酒价值的走势更具有参考意义，不但是精品酒交易的重要场所，更是全球酒类市场的晴雨表。

一、葡萄酒拍卖市场发展简史及现状

近代拍卖行业成型和萌芽，在17、18世纪的欧洲。当今的全球拍卖业巨头佳士得在其首次举办的拍卖上就有马德拉和波尔多葡萄酒，这也是葡萄酒拍卖最早见诸于文字记载的拍卖图录。

当代葡萄酒拍卖，则是由上个时代的传奇人物葡萄酒大师麦克·布罗德本（Michael Broadbent MW）一手推动的。作为葡萄酒领域的巨擘，麦克·布罗德本在1966年游说佳士得重新成立了二战后暂停的葡萄酒拍卖部门，并且在伦敦开始频繁地举办葡萄酒拍卖。同时期，另一拍卖业巨头苏富比也开始在葡萄酒大师施慧娜（Serena Sutcliffe MW）的领导下深耕伦敦的葡萄酒拍卖市场。20世纪90年代初期，随着美国社会和经济的发展，美国市场对欧洲顶级精品酒的需求日渐增长，佳士得和苏富比开始尝试在美国进行葡萄酒拍卖。但是，美国作为一个联邦国家，各个州对于葡萄酒等酒的管制法令有独立的立法权，至今仍有州完全禁止酒类的销售。直到1994年，纽约市关于酒类拍卖的法令有所松动，行业巨头才纷纷行动，在纽约进行常规的葡萄酒拍卖。为了满足纽约市对葡萄酒拍卖需同时具备拍卖执照和酒类零售执照的要求，佳士得拍卖与纽约的本地的精品酒零售商施氏佳酿（Zachys）合伙共同成立拍卖部门，苏富比则与雪利莱曼（Sherry Lehmann）采取同样方式结盟进入市场，纽约本地的酒商阿奇（Acker）则独立申请了拍卖的执照。依托美国强大的经济和市场，纽约至此接棒伦敦，成为全球的葡萄酒拍卖中心。

2008年，在中国经济开始全面腾飞之际，全球的葡萄酒拍卖行看中了中国香港作为中国内地对外门户的特殊地位，联合向香港政府递交了废除香港葡萄酒进口税的请愿书。在时任香港财政司司长唐英年的推动下，香港最终废除了酒精度30%以下酒类产品的进口关税，至此，香港的葡萄酒拍卖呈井喷状态，并且迅速取代纽约，成为全球的葡萄酒拍卖中心。

时至今日，纽约和香港的葡萄酒拍卖市场呈现双雄争霸的状态，伦敦及巴黎等欧洲大陆的传统拍卖重镇也依旧举办常规性的葡萄酒拍卖，呈现多地"开花"之势，葡萄酒产业也呈现生机勃勃的良好发展势头。受全球新冠疫情影响，网络专场拍卖的比例也日渐增高，传统的现场拍卖也开始广泛采用网络直播的形式，便于异地举办分会场，或者方便因为出行限制而不能到现场的买家参与竞投。目前，全球第一梯队的顶级拍卖行为苏富比、佳士得、施氏佳酿、阿奇、哈特·戴维斯·哈特（Hart Davis Hart，HDH），以及专注于网络拍卖的拍酒网（WineBid）。中国内地本

土拍卖行目前主要以茅台等白酒拍卖为主，葡萄酒及威士忌等酒类的业务规模较小。

二、如何登上拍卖场

实际上，市场运作不易帮助新兴的精品酒庄登上拍卖场。拍卖场是一个非常保守且传统的市场，对于新兴的产区和酒庄始终持有批判和怀疑态度。即使像路威酩轩集团的敖云酒庄、拉菲罗斯柴尔德集团的瓏岱酒庄这种含着金汤匙出生的品牌，也并不是理所当然地就能够进入到拍卖市场，而是在国际市场上稳定交易几年，被市场认可后，才逐渐在拍卖市场崭露头角。

分析最近20年进入拍卖市场的精品酒，能够总结发现如下几点至关重要。具备了其中的几点后，精品酒自然而然就会收到拍卖俱乐部递出的门票。

1. 品质

品质是精品酒进入拍卖市场不可或缺的先决条件和基础。葡萄酒拍卖场作为客单价和单品价远超其他任何渠道的交易方式，面对的是超高净值人群。客户画像往往具备阅历丰富、见识面广的特点，甚至不少客户对于葡萄酒整体或者某个特别产区的认识，远超零售、餐饮渠道的专业酒商和侍酒师。面对这样的客户群体，没有过硬的稳定的极品品质，不可能被客户认可与购买。

2. 价格

名酒拍卖市场对于价格并没有一个明确的门槛，因为价格并不是唯一的评判标准。对于某些波尔多的列级名庄，国际市场均价只有几十美元，但是，依旧可以在拍卖市场进行交易。而智利、阿根廷等新世界的一些顶级名庄，虽然酒庄零售价已经达到几百美元，但依旧不被接纳进拍卖市场。如前所述，拍卖市场是一个非常保守的且传统的市场，因此，只有一个产品能在全球各地的市场被接纳，并且以稳定的价格进行交易，拍卖场才会考虑纳入其中。如果高昂的售价只是原产地国家内的自娱自乐，在国际市场上需要降价甚至无人问津的话，是绝对不会被拍卖

市场接纳的。这也是我国国产酒目前需要重点发力的地方，将产品推向国际市场并获得认可，包括口碑上和价格上。

但毫无疑问的是，近年来新进入拍卖场的精品酒价格在200～300美元范围内。因为拍卖行的运营成本相对较高，因此对于单品价格上存在一定要求，过低的单价可能无法盈利，自然也没有上拍的必要。

3. 著名酒评家分数等宣传和背书

罗伯特·帕克（Robert Parker）退休至今，全球葡萄酒酒评家意见领袖的位置依旧悬而未决。但毫无疑问的是，在帕克时代，著名酒评家打出的高分的确可以造就酒庄的辉煌和成败。最典型的例子是1995年西班牙平古斯（Pingus）酒庄的首个年份，发售之初即因获得了帕克96～100分的盛赞而爆火。随后又因戏剧般的沉船事故损失75箱，旋即受到市场追捧，并且火速进入了拍卖场。

传统的纸媒日渐没落，但近年来文艺和影视作品中的植入效果却相当惊人。最有力的当属现象级的漫画《神之水滴》，在亚洲甚至全球范围内掀起一股葡萄酒热。其中的"使徒"葡萄酒因为漫画的带动而身价倍增，最高涨幅逾800%，同时成为了拍卖场上受追捧的酒款。

4. 市场运作

酒香也怕窖子深，虽然单靠市场运作无法将精品酒推向市场，但是没有市场运作，精品酒同样也无法进入拍卖市场。前面提到的中国葡萄酒在全球市场渠道的曝光率，就是目前中国葡萄酒的短板。正面的例子，则来自于路威酩轩集团的"敖云"、拉菲罗斯柴尔德集团的"瓏岱"，依靠母公司的名望和多年以来搭建的销售体系，这两款酒刚上市就通过母公司的国际渠道在海外以同样的价格进行销售。

特别需要区分的是在某些慈善或者赞助场合带有助兴性质的拍卖环节，不属于二级市场的商业拍卖。这类拍卖因为有人情和宣传的成分在里面，因此有做市和作秀之嫌。但是，通过合理定价和运作，这一类的拍卖结果也具有一定的参考意义。例如，宁夏的西鸽酒庄在2020年10月23日的新品发布会上，采用类似伯恩济贫院拍卖的形式整桶拍卖"X"黑比

诺，最终以80万成交。这虽然不是二级市场，但是，其成交价为其新品的定价提供了重要的参考依据。

三、拍卖对于精品酒庄和精品酒的价值、品牌提升作用

拍卖市场作为公开交易的二级市场，价格由产品价值和流通程度决定，相对更加公平合理。拍卖市场不但是一级市场的补充，价格的增长更是品牌价值和美誉度增长的直接表现，也是精品葡萄酒走向金融和投资属性的重要步骤。

1. 展示品牌形象，提升酒品和酒庄品牌价值

名庄为了展示品牌形象或者纪念特殊事件，也会选择与拍卖行合作，推出酒庄直出窖藏的拍卖。另一方面，在假货日渐泛滥的当下，消费者对于来源和保存的关注日渐凸显，拍卖行也乐于与酒庄合作，推出来源和品质双重保证的顶级佳酿。

拉菲酒庄作为波尔多列级名庄的领头羊，向来是波尔多葡萄酒在拍卖市场的晴雨表，也多次与拍卖行合作，推出酒庄直出的窖藏系列。2010年10月29日，苏富比香港推出"拉菲酒庄直出窖藏"，总成交额达6550万港元，创下若干项成交记录，欧洲的酒商科尼伯乐（Corney & Barrow）随即调整了其零售价。2019年3月30日，施氏佳酿纽约推出"拉菲古堡150周年"庆典拍卖，总成交额达786万美元，其中罗斯柴尔德家族收购拉菲酒庄后的1868年份更以123500美元成交，再次巩固了拉菲酒庄作为波尔多王者的地位。

2. 保持、提升酒庄的知名度和酒庄酒品的投资价值

拍卖场虽然保守，但是，依然对提升葡萄酒酒庄品牌的知名度和酒庄酒品的价值具有重要作用。葡萄酒酒庄产业是传统农业文明传承下来的与葡萄园风土和村庄文明密切相关的产业，因此，全世界的葡萄酒酒庄品牌数量极其庞大，除了拉菲、罗曼尼康帝等产区的标志性酒庄外，二线品牌的酒庄知名度仍有待提升和

推广。因此，许多酒庄会借助酒庄直出窖藏拍卖，向全球的葡萄酒收藏家群体宣传酒庄的历史、酒品的极致品质以及不可替代的特色风格，进而提升酒庄的知名度和酒庄酒品的投资价值。

法国以葡萄园风土特色和分级为核心的著名葡萄酒产区勃艮第产区，其许多著名酒庄如傅里叶酒庄（Domaine Fourrier），就多次与施氏佳酿合作推出酒庄直出系列窖藏，完整展示了酒庄出产的不同葡萄园的完整产品线，使品牌形象更加丰富和立体。2020年11月14日，施氏佳酿欧洲更是将一整桶傅里叶酒庄的"森地园（Les Sentiers）"上拍，最终以136400英镑成交。成交结果在全球的葡萄酒、奢侈生活方式和拍卖媒体上刷屏，极大地提升了酒庄的知名度和酒庄酒品的市场销售价格和投资价值。

3. 持续保持和提升知名酒庄品牌价值，带动小产区（村庄）葡萄酒产业的发展

许多知名酒庄主要通过一级市场的市场配额对价格体系进行把控，但是，如果通过拍卖市场（二级市场）的拍卖则可以持续对酒品价格和酒庄品牌价值进行持续提升，还可以带动同一小产区（村庄）或小产地（如同一特级园葡萄酒）的价值提升、品牌推广和产业发展。

2016年6月，苏富比香港推出波尔多三级庄宝玛（Palmer）酒庄直出窖藏，最终揽入15120791港元。其中一整桶2015年宝玛以3062500港元天价成交，折合每瓶逾万元港币。此后，宝玛酒庄的价格稳定上涨，至今整体平均涨幅约50%，涨幅远超同级别甚至高一级的列级名庄。当然，宝玛酒庄价格攀升的根本原因在于其品质的不断提升，"打铁还需自身硬"永远是二级市场颠扑不破的真理。宝玛酒庄品牌和酒品价值的提升，也带动了玛歌村葡萄酒品牌价值的提升。

4. 为葡萄酒定价提供参考和依据

酒庄在销售定价时，可能会因为缺少买家和市场的信息而难以定价，特别是发售量少的限定版或历史库存。拍卖市场作为公开交易的市场，价格反映了买家对于产品价值的预期。特别是缺乏陈年潜力的老年份或者品质被高估

的年份，流通性相对较低，拍卖市场的价格也会相应降低。酒庄可以参考拍卖价格，对自己的产品进行合理定价，避免因索取超高溢价而影响酒庄的形象。

四、拍卖场里的中国葡萄酒

2015年4月6日，保利香港举行的名酒拍卖会上，山西怡园酒庄出产的"庄主珍藏"和"深蓝"两款酒登上拍卖场，并且悉数成交。然而保利是一家主要面对中国内地藏家的拍卖行，而且怡园酒庄葡萄酒在拍卖场也只是昙花一现，随后并未在其他国际拍卖市场出现。因此，这一拍卖并不真正被认为是中国葡萄酒在国际拍卖市场的首次亮相。

中国葡萄酒真正登上国际拍卖市场还是在中国香港。2017年6月9日，施氏佳酿香港的名酒拍卖会上，6瓶"敖云"的首个年份

（2013年）以18375港元成交。"敖云"随后出现在佳士得、苏富比等顶级拍卖行的图录中，虽然交易量不大，但是已经被市场接受，并且以稳定价格进行交易。

2022年10月21日、22日，施氏佳酿在广州的竞投酒会上，推出了"中国桌China Table"这一推广活动。在向参与拍卖的竞投者供应玛歌、宝尚父子的"骑士蒙哈榭"等拍卖级别佳酿的同时，向来宾提供"敖云""珑岱""迦南""嘉地""西鸽"等23款中国酒，以精准地向拍卖客户推介中国本土葡萄酒。现场的中国葡萄酒，虽然并未作为拍品上拍，但是进入了拍卖客户的视野，扩大了在这一葡萄酒精品群体中的知名度，为下一步的市场运作奠定了良好的基础。而且，这也是中国本土葡萄酒进入国际高端葡萄酒市场的开端，对未来中国本土葡萄酒的发展方向和市场品牌建设具有重要的作用。

北京房山雾岚山波龙堡酒庄

波龙堡酒庄地形地貌

一、庄主和酒庄建立

北京房山的波龙堡酒庄，坐落于北京市房山区八十亩地村雾岚山脚下，酒庄70公顷葡萄园全部处于雾岚山的"山前暖区"。土壤是由大石河上游冲积下来的各类砾石堆积而成的河滩阶地。岩层基础为石灰岩，良好的土壤通透性和多样性的矿物质更利于葡萄根系向土壤深处延展，这里的土壤非常适合种植酿酒葡萄。

波龙堡酒庄是北京市改革开放以来最早建设的酒庄。建筑占地面积约5000平方米，有前处理车间、酿造车间、灌装车间、地下酒窖、品酒室等。酒庄采用世界先进的全套自控和发酵设备，葡萄酒陈酿于法国橡木桶内，储存在古朴而典雅的地下酒窖中。

酒庄由唐卫星先生主导，于1999年由中法的合伙人合资兴建。为找准酒庄发展的定位和建立品牌文化，酒庄规划设计历经6次修改，最终建设成一个具有北京元素的法式庄园。唐先生曾前往法国巴黎第五大学留学，之后便频繁往返于中法之间，为中法经济、文化、政治交流做出了重大的贡献。由于对葡萄酒的喜爱，在与法国一些著名酒庄庄主和酒庄

波龙堡酒庄庄主唐卫星

投资人的接触和探讨过程中，唐先生发现，在20世纪90年代，国际市场上几乎很难见到能与国外中高端葡萄酒相媲美的中国优质葡萄酒，因此，他暗下决心，要在中国投资创建一家能让外国葡萄酒爱好者都交口称赞的中华民族葡萄酒品牌。

从1998年起，酒庄创始团队以遵循自然健康生活为目标，开始在全国范围内以有机标准进行葡萄园选址的考察工作。直到1999年末，当法国专家和酒庄创始团队来到波龙堡酒庄目前所处的这块荒山坡地时，看到这里依山傍水、空气清新、风土逆境明显、条件优越，大家一致认为这里才是有机酿酒葡萄生长的乐园。因此，最终选址在北京房山区八十亩地村建立中国第一家有机葡萄酒酒庄。随后，唐先生多次组织国内的团队到法国参访葡萄酒酒庄，同时，也邀请法国的葡萄园管理和酒庄规划设计专家到北京考察指导工作，使得早期的酒庄规划和运营得以顺利开展。

此外，他还特别邀请他的舅舅邹福林先生一起参与酒庄的创建和管理工作。邹福林先生是资深的农业科研人员，他退休后仍然从事优质抗寒抗旱葡萄的选育种工作，并关注和研究有机农业。共同的爱好，相同的理念，促使两人各自分工，由唐先生投资并协调社会资源，邹先生负责酒庄各项工作的落地执行，双方各自发挥优势，共同探索中国有机酒庄的发展之路，目标就是建设"中国顶级的有机葡萄酒庄"。

二、酒庄设计理念和发展思路

波龙堡酒庄借鉴法国勃艮第酒庄的建筑风格，将生产与工作重心放在生产和酿造优质葡萄酒上，因此酒庄的设计并非华丽的酒堡，而是独具特色，内敛而沉稳。

远远地就可以看见坐落酒庄大门口的法式主楼，别致的庄徽嵌在其中，十分夺目。庄徽

波龙堡酒庄建筑风格

设计者对其含义的解释是，"标志分四部分，皇冠一顶，代表了酿造中国顶级葡萄酒的目标；两条中国龙，代表中国，也表明了波龙堡人想要在中国的土地上做出反映中国产地风土的佳酿；盾牌和祥云，盾牌中蓝白色相间的横纹代表蓝天白云，黄绿色相间的斜纹代表葡萄园。在设计中特意加了盾牌，这是古代一种防身的武器，寓意是波龙堡人不会在自然灾害面前被吓倒，更重要的是时刻警惕，内心不要浮躁，不要利欲熏心，而是踏踏实实做人，坚守诚信，象征着波龙堡守卫品质与道德的决心"。庄主唐先生还邀请中国当代书画巨匠、文学家、诗人范曾先生题写酒庄"波龙堡"三字；而"波龙堡珍藏"和"波龙堡马瑟兰"系列有机葡萄酒的酒标，则由中国政策科学研究会文化政策委员会常务副会长、当代著名画家、中国重彩油画奠基人周昌新先生的代表名作演绎而来。

"吃得自然，活得健康"是21世纪人类的理想追求。酒庄致力于把干净的环境和安全的食品奉献给社会，为全社会消费者带来有机健康的生活方式。

酒庄地处偏僻且相对独立，从周围环境来看，酒庄的位置是坐北朝南，西面是南北向绵延的雾岚山，葡萄园依着雾岚山由北向南延伸，东临大石河。由于地势原因，河道的位置形成一个天然风道，葡萄园一年四季空气流通好，葡萄不易染病，且酒庄与附近的村子和农田都有一段距离，可谓是种植有机葡萄和酿造有机葡萄酒的风水宝地。

由于是山前暖区，这里昼夜温差大、升温快、阳光照射充足，同时成土母质多样，矿物质含量丰富，以地表砂质黏土，地下河鹅卵石为主，岩层基础为石灰岩，土质复杂，土壤通透性良好。千年以前，这里曾是一条古河道，附近火山的岩浆在喷发的瞬间变成了一块块巨大的石头随着河流冲到这里，同时带来的还有那些富含矿物质的河沙。其次，过去这块园地以不毛之地著称，所以多年以来，这里一直没有种过庄稼，因此土壤未受到过任何污染。

经过葡萄种植专家对土壤进行分析后，发现园地可利用的土壤层较深，这些都是沉积上千年，没有一点污染且富含钾元素的土壤。波龙堡酒庄内放置了5个地块的土壤剖面样本，可以很直观地看到波龙堡土壤的多样性。其中，表层一般为壤土，但是壤土之下有的为非常大块的鹅卵石，再下层为颗粒较大的沙土，有冲积层较为深厚的壤土，壤土下层是细碎的鹅卵石和沙土，还有质地较为松软的沙壤土，沙壤土之下是厚厚的细沙层，再下层则是卵石土壤等不同结构土层。

有了这块风土宝地，波龙堡酒庄自建立之初便实施着严格的有机管理，坚持有机种植，利用房山雾岚山脚下八十亩地村山前暖区的独特风土条件，倡导我国传统农业文明传承的农业技术集成，秉承"因其自然而推之，秉其要归之趣"的中国传统思想，独创依照二十四节气而形成的大田种植管理方式，按照节气控制葡萄种植的所有葡萄园关键管理节点，先后于2005年1月获得国家认证认可监督管理委员会批准的有机生产者/加工者转换证书、有机生产者认证证书和有机产品认证证书，于2009年7月获得欧盟有机产品（食品）有机认证证书和美国国家有机项目（NOP）有机产品（食品）有机认证证书，成为中国第一家同时获得国内外三方权威有机认证机构认证的有机葡萄酒生产企业。

酒庄种植的品种，都是从法国引进的世界酿酒葡萄名种，红葡萄品种为赤霞珠、美乐、马瑟兰等，于1999年和2000年种植，白葡萄品种为霞多丽、小芒森、胡珊、维欧尼等，于2006年种植。

科学技术是第一生产力。波龙堡酒庄除了尊重自然、尊重风土，坚持有机种植，也尊重科学，庄主聘请法国专家菲利普·加涅（Philippe Garnier）作为顾问，由留法葡萄酒工程硕士，获得法国国家认证酿酒师薛飞主持葡萄酒的生产，并汇集发酵工程、作物遗传育种、葡萄与葡萄工程、食品科学与工程、植物保护等专业人才，与时俱进地学习和引进先进的发酵和灌装装备，利用科学技术管理地下酒窖，为波龙堡酒庄的健康发展打下了坚实的基础。

波龙堡酒庄葡萄园

波龙堡酒庄葡萄园
风土

三、酒庄商业规划

　　尽管中国有很长的葡萄酒历史和文化，但是，由于各种原因，中国的葡萄酒产业和文化断代很久，近代葡萄酒产业的历史不长，也就100多年，而且也间断过。新中国成立后，首先是以粮食生产为主，逐渐发展为以粮食酒生产为主。葡萄酒文化和饮酒生活相对滞后。作为北京最早的葡萄酒酒庄，推广葡萄酒和葡萄酒文化，并与中国美食和北京美食相融合，难度是很大的。

　　对波龙堡酒庄的安全健康发展而言，酒庄首先就要明确市场的定位和确定酒庄的商业运作思路，设计酒庄的商业发展模式，稳妥有序推进酒庄和产品在北京乃至国内外市场的宣传和推广。

1. 发展理念和发展原则

　　庄主及管理团队一直都坚持的理念就是：酒庄的商业运作，首先，就是做好自己和特色优质的酒品。因而，他们确定了酒庄的发展理念和原则并不忘初心。

　　理念：做中国顶级红酒，建立中国有机精品葡萄酒庄园的形象。

　　原则：研究建立完整的有机葡萄酒生产体系；确保葡萄果实的顶级品质，根据酒庄葡萄园的风土条件，严格控制与风土适宜的葡萄单产量和采摘期，坚持保护环境和生产纯天然有机产品。

2. 有机生产制度和体系

　　通过多年的研究和实践，庄主和酒庄管理团队建立了酒庄的管理体系，概括起来就是：两个坚持，三个控制，五个不准，和三增一减。

　　两个坚持：采收前坚持做到清果，坚持人工采收；

　　三个控制：严格控制葡萄的水分，严格控制葡萄的产量，严格控制葡萄结果部分离地面70厘米；

　　五个不准：不准使用化肥，不准使用合成农药，不准使用除草剂，不准使用调节剂，不准采用基因工程获得的生物及其产物；

　　三增：增加豆科植物的种植，增加有机肥的使用，增加无害化处理的腐熟农家肥的使用；

　　一减：种花生的地都覆盖薄膜以减少土壤养分的散失。

　　酒庄坚持有机管理，认为有机种植是一整套复杂、严谨的管理体系。通过有机种植从土

波龙堡酒庄有机栽培体系

地、大自然获得了很多东西，同时也要对它们负责，让酒庄这块有机风土可持续地发展下去。他们认为：有机管理就是让酒庄与环境和谐并共同可持续发展。

土地有机管理的目标是纯净和可持续。所有的葡萄园管理制度和措施的目标都是维护好葡萄园和可持续发展。

病虫害防治原则：预防为主，治理为辅。物理防治包括避雨栽培，透气网格保护果实；药物预防包括关键控制节点喷施石硫合剂、波尔多液预防和压低病害基数。

产品溯源：建立标准体系，要求对于一切使用到葡萄园的东西，都要符合有机种植标准体系，而且可溯源。

坚持生态循环，安全生产：酒庄专门建立了一个发酵堆肥的场地，面积大约0.8公顷。他们使用自己田里的土和每年修剪下来的枝条、园间种植的草、花生秧来生产无害化处理的有机肥。

3．坚持生产酒庄酒和产地酒

酒庄建立伊始，酒庄就坚持酒庄酒的生产，建立酒庄自己的葡萄园。那时的中国正在推广"公司＋农户"的发展模式。但是，庄主认为，酒庄酒要求的第一个条件就是在适合种植葡萄的地域，拥有独立的葡萄种植园，以保障葡萄从种植到酿造，能在统一的质量要求标准下进行。所以，经由八十亩地村集体决议，把村民认为没有用的不适宜种植粮食的荒山荒坡流转过来，并把农民长期聘用成为酒庄的准员工（依据农民的习惯随时到酒庄工作）。不仅给村里提供了机动的就业岗位，还培训他们成为合格的葡萄园员工，使酒庄出品的产品有高标准、高质量的保证。

为了生产出高质量的酒庄葡萄酒，酒庄设计和装备了从酿造、灌装全过程的各种先进葡萄酒生产设备，所有的工艺均在自己的酒庄内完成。功夫不负有心人。酒庄从酿造的第一款酒款至今，葡萄酒产品都受到北京市场和国际市场的欢迎，也受到世界葡萄酒大师和国际酒评家青睐。

2003年，试酿第一批波龙堡有机干红葡萄酒，2005年限量上市，已经成为北京的葡萄酒收藏者的重要藏品。2008年，出产的第一瓶波龙堡白葡萄酒上市。2005年12月，波龙堡有机葡萄酒出口到法国巴黎，进入香榭丽舍大道11家高级酒店及餐馆，这是中国葡萄

坚持手工采摘和精选果实

酒首次打入法国高端市场，并深受部分法国葡萄酒消费者的喜爱，且销量稳定。

波龙堡的年产量只有200多吨，受产量所限，酒庄的酒品没有进入一般渠道，大部分酒都是直接从酒庄出售。没有经销渠道，没有进行广告宣传，酒庄是如何树立自己的品牌的呢？由于传播中法文化和商贸，庄主另辟蹊径，2004年12月，通过竞标，波龙堡葡萄酒被当时荷兰库拉索外交供应有限公司收录在采购产品名单里，成为全球国际航线的机上免税商品。自2005年至今，获得中国国际航空机上免税品公司的长期订单，成为中国国际航空公司、中国南方航空公司、中国东方航空公司、海南航空股份有限公司、厦门航空有限公司5家中国航空公司国际航线免税品专供。这不仅扩大了产品的销量，更重要的是乘客喝到波龙堡的酒，会把信息带到世界各地，这对波龙堡酒庄早期的品牌推广起着非常关键的作用。此外，酒庄大力宣传自己有机葡萄酒的身份，利用"产地葡萄酒""有机食品"的双重身份，使品牌形象乘上了"健康食品"这辆时尚快车。在国内，主要通过"乐活城"有机食品超市与名特酒专营店在北京、上海、深圳和香港等城市销售。2015年，波龙堡有机葡萄酒获得欧盟酒水进口VI-1许可证，可以直接出口法国。

说起波龙堡酒庄产品打进法国市场，还有个动人的故事。有个法国葡萄酒酒商来到中国推销法国葡萄酒，在机场免税区，却看到一款中国葡萄酒，即波龙堡酒庄酒，好奇心驱使下，他品尝了这瓶产自中国酒庄的酒，好奇变成了惊奇。2005年，这位酒商三次来到波龙堡酒庄进行考察，并最后决定经销波龙堡酒庄的酒，多年来持续不断地把它介绍给挑剔的法国葡萄酒收藏者和消费者。一个热爱法国葡萄酒并大力推动法国葡萄酒进入中国市场的法国商人，也爱上了波龙堡酒庄酒，并同时推动它进入法国市场，成为又一个中法葡萄酒文化交流的使者。

2014年12月底，波龙堡举办了首届"北京房山波龙堡葡萄酒文化节"；2015年9月，提出了"从房山出发，与世界同行"的口号，

波龙堡的发酵车间和地下酒窖

并举办了"中国房山产区第二届波龙堡葡萄酒文化节"，推动酒庄品牌和产品的市场推广。2016年，房山区政府开始主导举办每年一届的北京房山葡萄酒文化节，房山区的其他葡萄酒酒庄也积极响应并加入到葡萄酒文化和酒庄旅游的推广。一直到2022年，又回归到波龙堡酒庄主场，举办"畅游房山酒庄，体验美好生活"为主题的2022北京房山葡萄酒文化节。

至今，酒庄获得了很多项荣誉，除了建立酒庄后早期获得的中国检验认证集团（CCIC）颁发的环境管理体系认证证书（2007）、中国质量认证中心颁发的质量管理体系认证证书

（2007）、中国CCIC颁发的HACCP体系认证证书（2007）外；2010年12月，还获批国家标准化管理委员会第七批全国农业标准化示范区（酿酒葡萄栽培标准化示范区）；2013年荣获了北京市工商行政管理局颁发的"北京市著名商标"。可见，酒庄的有机管理体系深受中国政府相关管理机构的认可。2016年首届RVF国际葡萄酒品质峰会在法国举行，酒庄代表作为特邀嘉宾，参与峰会并发言。在这次高规格的国际会议上，波龙堡酒庄获得"绿色榜样"荣誉称号，以此来表扬波龙堡酒庄18年来辛勤秉持有机理念的匠人精神。2017年贝丹德梭葡萄酒年鉴颁奖典礼在阳光星期八葡萄酒文化交流中心举行。波龙堡酒庄也荣获"中国年度十佳酒庄"。2018年波龙堡酒庄被国际知名酒评家团队贝丹德梭评为三星酒庄。

酒庄尊重北京房山八十亩村的村庄级风土，出品的带有独特地域口感的优质有机葡萄酒，从2012年开始，也获得了多项国际和国内奖项，包括帕耳国际有机葡萄酒大奖赛（PAR Organic Wine Award International）

的金奖和银奖；2017《品醇客》世界葡萄酒大赛（DWWA）在英国伦敦对来自全世界的17200款葡萄酒进行逐一品鉴，全球名庄无差别比赛，波龙堡酒庄双喜临门，波龙堡2014珍藏有机干红葡萄酒评分为90分，获得大赛银奖；波龙堡2015有机干白葡萄酒评分为90分，获得大赛银奖。

如今，北京房山产区作为全球唯一一个在首都建立起来，并带有典型京西特色的酒庄葡萄酒集群的产区，虽然规模不大，但是，近几年发展态势强劲，呈现勃勃生机，而且，从葡萄酒市场来看，该产区处于国际化大都市北京，拥有近3000万人口，区位优势明显。未来，波龙堡酒庄将在房山区委政府的支持下，联合中法葡萄酒产业的资源，倾力打造集文化、旅游、贸易、科技创新为一体的综合性国际葡萄酒小镇，其中，和波尔多产区的葡萄酒博物馆合作的北京葡萄酒博物馆已经在建中。相信未来波龙堡酒庄坚持有机葡萄酒生产，一定能引领中国精品有机葡萄酒庄酒产业的发展。

4.2 贺兰山东麓产区的旗帜酒庄：
宁夏西夏区贺兰山贺兰晴雪酒庄

始建于2005年的贺兰晴雪酒庄，是我国目前最大的葡萄酒产区宁夏贺兰山东麓产区的首个示范酒庄。酒庄坐落于宁夏的西夏区葡萄产业科技示范园内，由宁夏贺兰山东麓产区的早期创业人容健、王奉玉和张静三人共同创建。

一、酒庄创建：崇高情怀与远大发展
目标

贺兰晴雪酒庄，可能不同于企业家或金融资本投资建立的酒庄，它是由一组没有那么多资金，却有着浓厚贺兰山东麓葡萄酒情怀的宁夏葡萄酒行业协会的管理者投资创建的，是一个投资不多，规模很小的酒庄，酒庄创建初始，也就比法国的车库酒庄大一些而已。

2004年，经过多年实践，宁夏回族自治区政府召开专题会议，研究宁夏葡萄酒产业发展方向，提出了八项加快葡萄产业发展的具体措施。当时担任宁夏葡萄产业协会会长的容健、秘书长王奉玉和副秘书长张静三人，为宁

贺兰晴雪酒庄景观和建筑风格

贺兰晴雪酒庄庄主
容健和合伙人

夏葡萄产业发展服务多年，做了大量工作。此时，容健会长，王奉玉秘书长已经临近退休，本应该安享退休生活的他们，却怀着把贺兰山东麓建设成世界知名优质产区的梦想，义不容辞地接受考验与挑战，三个人一拍即合，在宁夏回族自治区科技厅的支持下，申请了科技部星火计划项目，各自筹集了一部分基金，开始了酒庄创业之路。

在葡萄酒协会从事葡萄酒产业服务工作多年的他们，走上酒庄创业之路不是心血来潮，而是长期的产业服务工作使他们坚信贺兰山东麓具有发展葡萄产业的得天独厚的资源优势。早在1994年，在全国第四次葡萄科学研讨会上，宁夏贺兰山东麓地区就以其日照长，昼夜温差大，病害极轻，可控水（黄河水），无污染等优势，成为国内外葡萄酒专家一直推崇的"中国生产优质葡萄酒最具潜力的地区"。葡萄酒老一辈的专家贺普超、罗国光和费开伟等提出了"中国葡萄酒的希望在西部"的观点，深深地鼓舞着宁夏的葡萄酒人。以后国内许多葡萄酒专家多次来到宁夏考察，都一致认为宁夏贺兰山东麓是优质的葡萄酒产区，值得大力推动产业的发展。一直与国内外专家接触、合作和工作的三人，心里早就有一个崇高的梦想和远大的发展目标，就是建立一个世界级品质的酒庄。

贺兰山东麓产区，目前已经是中国发展最

快、规模最大的葡萄酒产区了。但是，贺兰晴雪酒庄建立之初，贺兰山东麓产区却是一个正在探索中发展的新兴产区。虽然，在贺兰山东麓已经发展了一些酿酒葡萄园和酒企，但是，还在起步发展阶段。还没有什么被市场和消费者关注的葡萄酒产品和品牌。而且，冬季寒潮来得早和晚春霜害等极端气候一直困扰着葡萄酒的早期创业者。

对于三位酒庄的创建者来说，在资本不是很多，甚至可以说缺乏的状况下，投资酒庄产业较为困难。但是，他们都有一个共同的情怀，酿制出贺兰山东麓最优质的酒庄葡萄酒，并走向世界。

他们把有限的资金都投入到葡萄园的建设和酿酒装备中去，先酿出好酒再说。淳朴的情怀和朴实的发展思路，使他们在创业初期把所有精力都花在寻找优质的酿酒葡萄风土和适宜的酿酒葡萄品种，葡萄园的精细管理，以及用尽可能多的资金购买优质的酿酒装备上。

凭着两位本土老专家的经验、多年的调研以及年轻酿酒师的敏感，三位创建者最后在西夏区城郊连接处的西夏广场外200米的地方选址建立了酒庄，刚建立的酒庄可以说是一个很简陋的酒庄。所有的资金都花在了必须购置的装备和葡萄园的建园及管理上。

建立之初的贺兰晴雪酒庄，聘请了北京农学院副教授、知名酿酒师李德美为酿酒顾问，

策划和规划了酒庄的发展方向、品种引进和种植方案以及酿酒工艺。他们从引进的法国16个品系中不断试验和改进工艺，最后选择了国际名种霞多丽、美乐、赤霞珠、马瑟兰、马尔贝克等多个葡萄品种作为主栽品种。在贺兰山脚下，在海拔1138米的荒山荒坡地选择了2.6公顷土地建立葡萄园，以后又选择了一些地块发展到种植面积10公顷的酿酒葡萄园。开垦荒地，建设葡萄园，创业早期十分艰苦。由于开发难度大，土质盐碱度很高，第一年种下去的葡萄苗成活率很低。第二年他们请来了宁夏大学的专家指导，采取增施有机肥、改良盐碱地等综合措施，使当年葡萄种植的成活率达到了80%以上。以后的几年中，酒庄不断地完善葡萄园的种植管理技术体系，葡萄园渐渐呈现勃勃生机。也就是从这个时候开始，世界级的优质葡萄酒在宁夏贺兰晴雪酒庄慢慢"萌芽"。

二、强化个性和特色，酿造贺兰山东麓小产区风土特色的极品葡萄酒

　　资金不多，酒庄创建者认为他们的优势就是在贺兰山东麓产区他们拥有的科技资源和人力资源。从2005年开始，酒庄的管理团队首先把资源和精力都放在了种好葡萄上来，他们坚信优质的葡萄酒是种出来的。他们坚信自己

选择的葡萄园风土是优良的，与他们选择的酿酒品种是绝对搭配的。于是，他们细心地管理着酒庄的葡萄园，不断地发现和维护葡萄园风土的精华，把品种和风土的特性融合强化，生产不可替代的个性化突出的优良葡萄原料。

　　在酿酒工艺设计和酿造上，在李德美专家的指导下，酿酒团队精心研究、试验和挑选适宜的酿酒酵母和工艺，精致、专业和专注地酿造个性突出、品质优异的酒品，然后用优质的法国橡木桶细心地陈酿。

　　多年来，酒庄依托西夏区贺兰山下得天独厚的小产地资源，秉承尊重土壤，维护风土，专心做好酒的理念，不奢华，不张扬，安安静

贺兰晴雪酒庄团队

精心挑选果实

静地酿制具有小产地风土、不可复制的产地葡萄酒。

酒庄精心生产的加贝兰葡萄酒分别在不同的国际国内葡萄酒大赛中荣获金奖。尤其是在2011年《品醇客》世界葡萄酒大赛中，"加贝兰"葡萄酒（2009）荣获大赛最高奖项——国际特别大奖。同年，酒庄获得中国葡萄酒"中国魅力酒庄"荣誉称号，成为中国优质葡萄酒的杰出代表之一；以后，加贝兰葡萄酒又连续三年荣膺RVF年度大奖。至此，贺兰晴雪酒庄的加贝兰葡萄酒得到了业界和消费者的肯定和好评，葡萄酒收藏者也逐渐开始收藏他们个性突出的酒品了。

三、加大酒庄的商业策划，推动消费者爱上贺兰晴雪

贺兰晴雪酒庄是一个小酒庄，而且远离中国的葡萄酒主要消费市场，葡萄酒产品推广成本高。早期酒庄的创建者得到政府的支持，希望他们为贺兰山东麓酒庄的发展走出一条路来，给大家做个示范。尽管他们有些社会资源和专家资源，但是，资本投入少以及对市场消费者目标的不确定性，推广的道路不会一帆风顺。

1. 酒庄品牌的创立

贺兰晴雪酒庄的名字，也来自创建者对贺兰山美景的怀念和对酒庄未来美好目标的设计。贺兰晴雪是与黄沙古渡、官桥柳色等齐名的宁夏八景之一，六月仍能看到蓝天晴空下，贺兰山上的皑皑白雪，景观蔚为壮观。朱元璋的第十六个儿子庆靖王朱㮵，曾经镇守宁夏，有感于贺兰晴雪奇景，作同名律诗一首："嵯峨高耸镇西陲，势压群山培塿随。积雪日烘岩冗莹，晓云晴驻岫峰奇。乔松风偃蟠龙曲，怪石冰消卧虎危。屹若金城天设险，雄藩万载壮

酒庄"贺兰晴雪"景观

邦畿"。可惜由于全球气候的变暖，贺兰晴雪的奇景如今已有几十年没有再现。我们只能在前人的描述里去想象那种壮美景观。贺兰晴雪酒庄的三位创建人，希望"贺兰晴雪"的传奇将以葡萄酒庄园的美好追求延续下去，将位于贺兰山脚下的酒庄命名为贺兰晴雪。

作为贺兰山东麓的葡萄酒人，对贺兰山有着深深的情怀，起初，他们的葡萄酒起名贺兰，但是，商标注册不下来，他们就将贺字分开，起名"加贝兰"，希望贺兰山葡萄酒和品牌惊艳国内外。

2. 脚踏实地种好葡萄，中国酿造惊艳英格兰

创业之初，三人虽然都坚定酒庄能够酿出好酒，但是，如何让市场认可呢？酒香还怕巷子深。在李德美的指导下，他们坚信他们酿的酒是优质的，是具有世界水平的。通过多次的研讨和酒品的不断品鉴，三人决定把他们的酒品首先推到世界舞台上去与世界葡萄酒同台竞技。2006年，贺兰晴雪酒庄诞生了第一个年份酒，源于对原料和加工的严格把控，酒庄的"加贝兰"葡萄酒一经问世便得到业内专家的称赞。2007年，"加贝兰"干红葡萄酒第一次参加国内葡萄酒大赛，摘得首届烟台国际葡萄酒质量大赛金奖。随后几年，"加贝兰"在国内各种葡萄酒评比中，均获得优异成绩。

最为激动人心是，"加贝兰"干红葡萄酒（2009）在《品醇客》2011年世界葡萄酒大赛（DWWA）中，历经国际权威评委多次品鉴，与来自世界各地知名的上万款葡萄酒竞赛，最终脱颖而出，一举拿下赛事最高奖——"国际大奖"。同时，"加贝兰"干红葡萄酒（2008）也获得了银奖。大赛评委会主席史蒂文·斯普瑞尔（Steven Spurrier）说："在一个经历了巴黎盲品中把加州和波尔多放在一起从而掀起一场波澜的人看来，这个结果也令1976年的品鉴黯然失色。在当今的葡萄酒世界，不要囿于成见。"颁奖第二天，英国《每日电讯》报以"为中国举杯"的文章，报道了"加贝兰"获国际大奖的消息。

"那是我最幸福的时刻"，在伦敦皇家歌剧院颁奖的现场，贺兰晴雪酒庄"加贝兰"葡萄酒获得了全场喝彩和祝贺的一幕，庄主容健至今记忆犹新，心潮澎湃。"那不仅是因为我们在这片土地上的付出得到了肯定，更重要的还是加贝兰为宁夏，为中国葡萄酒争光，吸引了世界的目光。""加贝兰"问鼎世界顶级大奖，彻底打破了不少人对中国葡萄酒的偏见。获奖后，法国《巴黎人报》文章中写道：这是葡萄酒世界的革命，最好的波尔多式葡萄酒不都是来自法国，至少伦敦《品醇客》大赛的评审这么认为。中国开始进入了世界优质葡萄酒生产国的行列。

这次葡萄酒大赛的结果，不仅进一步坚定了三人做好酒庄的信心，也坚定了许多国内葡萄酒消费者和经营者的信心，前来酒庄洽谈酒庄葡萄酒酒品经营权的酒商也多了起来，喝"加贝兰"的消费者也多了起来，酒庄进入了良性发展阶段。

3. 创新实干，酒庄发展再上新台阶

在许多人眼里，贺兰晴雪"加贝兰"葡萄酒享誉国际，品牌影响力大幅提升，高品质产品得到公认，理应扩大规模强抓效益。但是，坚守匠心的酒庄人十分清楚，贺兰山东麓是上苍赐予宁夏人的"宝地"，但是种植葡萄依然有挑战和难度，不仅会受到冬季冻害、土壤瘠薄盐碱化、水资源受限等自然条件困扰，而且人工成本投入较大，这种情况下想要保证优质葡萄酒的生产，必须优先在建设葡萄园上进一步下大功夫。

贺兰晴雪酒庄在国际舞台上取得的优异成绩，对贺兰山东麓产区起到了示范和引领作用。坚定了自治区政府加大发展葡萄酒产业的信心和决心，政府相继制定了《贺兰山东麓百万亩葡萄文化长廊》规划，确定了宁夏葡萄酒产业的发展战略、总体规划和政策措施，使宁夏葡萄与葡萄酒产业真正进入了健康发展的快车道。

贺兰晴雪酒庄没有在荣誉面前停下发展的步伐，而是不断加强酒庄的基础设施建设，进行技术革新和设备升级改造，完善提高各项功能。在顾问李德美的指导下，继续稳定和提高产品质量，酒庄建设上了新台阶。2012年，经过细致考察和慎重选择，贺兰晴雪酒庄又在距酒庄10千米的镇北堡镇，合作开发了1片11.3公顷的优质葡萄基地，使酒庄的葡萄园面积增加到了21.3公顷。同时，酒庄又扩建了1000多平方米的地下酒窖和集葡萄酒展示、品酒中心、旅游接待配套设备等功能的贺兰山东麓葡萄酒服务中心。酒庄的规模有所扩大，年产优质葡萄酒6万瓶左右。可以说，酒庄走的每一步都是脚踏实地、恰到好处的，从不急功近利，贸然扩张，处处显现着一种责任感和使命感。

4. 新阶段、新梦想，一路前行

"经过30年的探索和实践，宁夏葡萄酒产业已经进入健康，快速发展的阶段，成为葡萄酒世界认可的'明星产区'、宁夏的一张国际名片。这不仅源于得天独厚的资源优势，更源于宁夏回族自治区的发展思路和政策支持。在这样有力的大环境下，贺兰晴雪酒庄和产区一起成长成熟，在酒庄管理、种植技术和酿造水平上都有了长足的进步，打下了坚实的基础。近年来，贺兰晴雪酒庄新年份产品继续在国际大赛上捧金夺银，获得专家和市场和消费者的好评。2019年被评为贺兰山东麓产区首批二级庄。

精品特色小酒庄的建成只是一个阶段性的成果，无论酒庄曾经得过多少奖，目前的市场发展如何，酒庄的管理者都清楚荣誉只是过去，对酒庄来说，这些就是一个逐步成长的过程。酒庄的目标和梦想不改，就是一路继续前行，高标准打造中国的精品世界名庄。他们将更加坚定信念，倾注更多的激情，挥洒更多的汗水，不断促进酒庄发展到新的高度。

4.3

海峡两岸共筑的葡萄酒精品酒庄：
河北怀来迦南酒庄

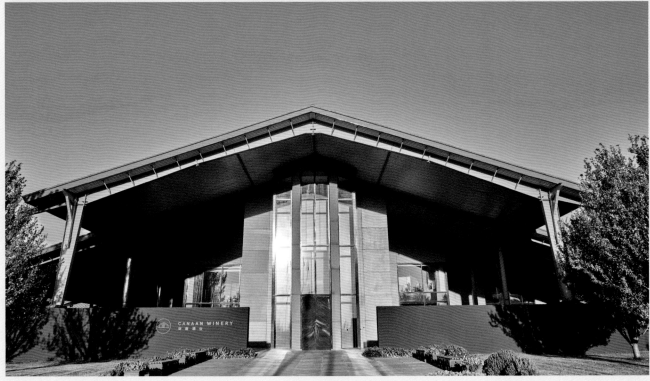

迦南酒庄葡萄园和酒庄

一、酒庄选址与创建

2006年，迦南投资经过多年的市场调研，决定在大陆内投资葡萄酒产业。迦南投资聘请了国际专家组成的专业团队，历时24个月，分析研究中国百年来的气象数据，跨越1.7万千米，考察中国11省9大葡萄种植产区，采集400多份土壤样本科学化验，最终选址我国重要葡萄酒产区河北怀来县东花园。

二、酿酒葡萄园规划和设计

迦南投资一开始就确定了迦南酒业的发展战略和发展目标，就是以真实呈现当代中国葡萄酒精品制造为发展战略，对土地、葡萄和工艺精细管理，追求卓越品质，坚持可持续发展，成就诗百篇品牌，共创怀来产区和中国葡萄酒的美好未来。

1. 葡萄园规划

河北怀来产区位于北方农牧交错带的东南缘，北京的上风口，属于典型的温带半干旱大陆性季风气候，而迦南酒业的葡萄园分布在官厅湖南北两岸，总面积达290平方千米的官厅水库，均衡了产区的气候，避免夏季极热天气造成葡萄加速成熟。葡萄园北依燕山，南靠太行余脉，形成独特的"两山夹一湖"地势，使得怀来成为一个风口地带，为葡萄园提供了天然屏障，一年不断的强劲季风令河谷中的空气保持干燥，极大程度上降低了葡萄感染病虫害的可能性。

迦南酒业的三处葡萄园分别为：北山16号葡萄园、南山17号葡萄园和酒庄所在地133号葡萄园，分布在官厅湖北岸山区和南岸坡地上，海拔从498米至1050米，落差超过近600米，覆盖冷凉山区和温和河谷气候；由于土壤、坡度和朝向的差异性，不同地块葡萄园差异极大。迦南酒业没有破坏现有的地块的走向和分布，而是通过仔细研究，把葡萄园按风土的特色划分为300多个地块，利用自主繁育的健康苗木共种植278公顷葡萄，包含10余个白葡萄品种，和超过15个红葡萄品种。

历经3年的整地、养地，迦南酒业在2009年种下第一棵苗木，至2022年种植规模达278公顷，年产优质葡萄酒逾50万瓶。

2. 酒厂规划设计

迦南酒业的目标就是规模化建设一座现代化的葡萄酒厂，要求以高标准和严要求，进行现代化酒厂设施的建设；酒厂卫生要求在建设伊始就要得到满足。这样的建设品质要求在中国工业建设领域，特别是酒厂建设中尤为突出。

车间配备精准的温控发酵罐，针对不同地块选用不同大小的温控发酵罐，防氧化措施按世界一流水平设计，从远端可实时掌控每一个酒罐的温度变化。24小时不间断实时自动进行二氧化碳监测和排放，保障生产安全。德国专利技术排水管采用弧形断面设计和精准加工工艺，没有任何微生物滋生的死角。酒庄采用多种节能减排环保技术，全面采用LED照明，利用风能和太阳能补充能源需求，天窗在夏季夜间可自动开启通风，减少空调使用。酒厂于2009年建造，2012年完工投产，占地面积15000平方米。

三、葡萄园精细化管理

自2009年建园初始，迦南酒业对于怀来产区的土壤和种植研究从未间断；葡萄园根据就业多年研究的复杂参数体系划分成不同地

迦南酒庄选址时细致的勘探和决策

迦南酒庄车间及其精细化管理团队

块。经多年种植、酿造实践，迦南酒业探索出更适应当地气候的品种、品系，以及相应的种植与精细化管理方式。

自有一体化育苗技术确保迦南酒业的苗木的一致性和健康性。迦南投资收购中法庄园，进一步决定中法庄园的定位后，保留了最佳的6个品种，其他的16个品种21个品系全部转移至迦南酒业自有苗圃进行研究和繁育，通过先进的一体化育苗技术，确保迦南酒业葡萄园苗木的纯度与健康。

不断研究，不断优化每块葡萄园风土和品种的绝佳搭配。迦南酒业尊重科学，尊重风土，以精细农业理念为指导，通过土壤分析，科学定植，并应用生长管技术调控葡萄生长的微气候，确保苗木和土壤环境的适应和成长。

以智慧农业为方向，加大科技投入，确保葡萄园管理的科学和环保。迦南酒业建立了气象站，实时监测阳光、降雨、空气、土壤等环境数据；利用滴灌系统，科学利用水资源，精准调节供给葡萄的水分和养分。

以可持续发展为目标，实施生态农业发展战略。葡萄园通过套种不同作物，如花生，采取果园生草法，通过安全无害化处理后进行葡萄藤粉碎还田，割草覆盖等生物循环发展措施，保护生态环境和葡萄园风土特色。

四、迦南酒业商业策划和规划

迦南酒业的创始初衷和理念，源自对葡萄酒的热情，和中国出品优质佳酿的潜力与信心。

10余年深耕与积淀，探究凸显迦南酒业东花园300多块葡萄园风土的特质和品种的适

迦南酒庄葡萄品种和架式的选择以及生长状况

应性，生产出复杂度突出，平衡细腻的"诗百篇（Chapter and Verse）"葡萄酒。将"诗百篇"的纯净、优雅和深厚，将中国葡萄酒的魅力展现给全世界的爱酒之人。

1. 品牌故事

"诗百篇"，出自于唐代诗圣杜甫作品《饮中八仙歌》。迦南酒业以诗喻酒，细说品牌融合西方与东方之斐成，历史工法，纯熟技术，浑然成色，为世纪佳作。以百篇喻层次，可豪迈万里、可恬适温雅，依气候、品种、土壤交错共织，酝酿时序酒品。细说从土地到人生，将一篇篇美丽故事，娓娓道来。

2. 多酒品战略进军世界市场

经过多年埋头苦干和科学化精细管理，迦南酒业迅速地得到葡萄酒市场的认可。2016 *RVF*中国优秀葡萄酒年度大奖赛，迦南酒业获"最佳葡萄园管理"和"年度最佳酿酒师"奖项；2020获贝丹德梭的"最佳中国葡萄酒庄"；2021发现中国·中国葡萄酒发展峰会（CWS）获得"年度最佳酿酒师"。可见，迦南酒业一开始就夯实了酒庄基础。

多品种酒品战略也得到市场的认可。诗百篇珍藏赤霞珠干红（2015），获得2021 CWS发现中国·中国葡萄酒发展峰会金奖；诗百篇珍藏赤霞珠干红（2012）获得2016 *RVF*中国优秀葡萄酒年度大奖赛金奖。诗百篇珍藏美乐干红（2017）获得2022 CWS发现中国·中国葡萄酒发展峰会金奖；诗百篇珍藏美乐干红（2016）获得2022 IWC 国际葡萄酒品评赛银奖。诗百篇珍藏西拉干红（2015）获得 2020贝丹德梭最佳中国西拉，诗百篇珍藏西拉干红（2014）获得2018 *RVF*中国优秀葡萄酒年度大奖赛金奖。诗百篇珍藏霞多丽干白（2019）获得2022 CWS发现中国·中国葡萄酒发展峰会金奖，诗百篇珍藏霞多丽干白（2016）获得2020《品醇客》世界葡萄酒大赛银奖。诗百篇特选赤霞珠干红（2017）获得2022 CWS发现中国·中国葡萄酒发展峰会大金奖，诗百篇特选赤霞珠干红（2015）获得2021第十三届金樽奖（Golden Bottle）评选赛银奖。诗百篇特选美乐干红（2015）获得 2020贝丹德梭最佳中国美乐，诗百篇特选美乐干红（2017）获得2020《品醇客》世界葡萄酒大赛铜奖。诗百篇特选丹魄干红（2014）获得2021第十届葡萄酒大赛黑金奖——中国最佳葡萄酒。诗百篇特选黑比诺干红（2017）2020贝丹德梭最佳中国黑比诺。诗百篇特选西拉干红（2018）获得2022 CWS发现中国·中国葡萄酒发展峰会金奖。诗百篇特选霞多丽干白（2018）获得2022 CWS发现中国·中国葡萄酒发展峰会大金奖。酒品获奖呈现百花齐放的局面，显示了迦南酒业的勃勃生机。

迦南酒庄葡萄园风土

4.4 西班牙普里奥拉的先锋山地酒庄：
马尔科·阿贝拉酒庄

马尔科·阿贝拉酒庄

一、历史

马尔科·阿贝拉酒庄（Marco Abella）位于西班牙普里奥拉产区的波雷拉（Porrera）村，是这座村庄最大的酒庄，也被誉为现代普里奥拉葡萄酒的先锋酒庄。从酒庄远眺，天地

庄主大卫夫妇

分明，连山起伏。若想近观，则需要绕过道道盘山路，穿过40°~50°的山坡地，开车至无路可行，弃车徒步艰行，行至山顶，方可来到马尔科·阿贝拉的山地葡萄园。

在Porrera村，马尔科家族是个大家族，家族从事葡萄酒业的历史要追溯到15世纪。然而，19世纪末期，葡萄根瘤蚜几乎摧毁了法国和西班牙所有的葡萄园。马尔科一家决定移居到巴塞罗那，但他们保留了在Porrera的房子和葡萄园。

19世纪末期，家族事业传到拉蒙·马尔科·阿贝拉（Ramon Marco Abella）手中，这位性格坚强的企业家，决定全心投入到这个地区最好的葡萄园中。他的儿子华金（Joaquin）与妻子同样将身心投入到Porrera的葡萄园中，并将对这片土地的爱与热情转给了他们的孩子，一代又一代传递着他们的梦想。现代马尔科·阿贝拉酒业成立于2001年，初期是为了给普里奥拉产区的葡萄酒庄提供葡萄。而到了2005年，拉蒙的孙子、现任庄主大卫（David）和他的妻子奥利维亚（Olivia）

正式接手酿造事业。他们还重新种植、购买了30多公顷的葡萄园，并恢复了5公顷在1910—1934年种植的老藤葡萄园。如今酒庄共有41公顷葡萄园，分布在Porrera村的7座海拔500～750米的山峰中。

二、打造独特山地葡萄园风土和自然有机发酵体系

1. 独一无二的山地葡萄园

"More than a Priorat, a privilege"（不仅是普里奥拉，更是自然恩典）是马尔科·阿贝拉酒庄的标语，意为相较于其他普里奥拉葡萄酒，马尔科·阿贝拉的酒更加能体现出自然带来的美妙。庄主大卫的7个山地葡萄园，都选在山顶之上，葡萄的根可深入50～70米吸取水源，而山中蕴富含几亿年的岩石积累。有几百或者上千年种植历史，其中代表性的山地葡萄园包括佩雷尔（El Perer）山地葡萄园、马咯拉（La Mallola）山地葡萄园与玛索斯·德因·菲兰（Masos d'en Ferran）山地葡萄园。

El Perer山地葡萄园从15世纪开始就归马尔科家族所有，现在的葡萄树是在1936—2001年重新种植的。葡萄园海拔在450～550米，面积有8公顷，种植5公顷佳利酿（Carignan）、1.5公顷歌海娜（Grenache）和1.5公顷赤霞珠（Cabernet Sauvignon）。石炭纪板岩的土质为葡萄提供了矿物质风味，以及深色浆果、樱桃香气。葡萄种植朝向以西方为主，也有西北和

马尔科·阿贝拉酒庄的山地葡萄园

马尔科·阿贝拉酒庄葡萄园风土

马尔科·阿贝拉酒庄的有机种植

西南等方向。

La Mallola山地葡萄园种植于1998年，海拔530～700米。以种植歌海娜为主，有4.5公顷；其次是佳利酿葡萄园，种植面积为3公顷。该葡萄园的海拔高于El Perer葡萄园，在海拔高（650～700米）的地带会有地中海风留下晨露。该葡萄园的土壤也与El Perer葡萄园不同，由有4亿年历史的板岩形成。大卫在La Mallola山地葡萄园中还搭建了品酒赏景亭，三两好友，置身葡萄园，栖木而坐，观风品酒。

Masos d'en Ferran山地葡萄园是庄主大卫及夫人奥利维亚亲自开辟的第一座葡萄园，2007年才开始种植葡萄。葡萄园海拔500～650米，朝北向，种植面积6公顷。较高处种植的是红葡萄园品种，包括2.5公顷的佳丽酿和1.5公顷的歌海娜。较低处种植白葡萄品种，包括白歌海娜（Grenache blanc）、维欧尼（Viognier）、马卡贝奥（Macabeu）、佩德罗-希梅内斯（Pedro Ximenez）等共2公顷。这里葡萄园的土质为有4亿年历史的泥盆纪板岩，富含有大量氧化铁，使其外观呈红色或淡黄色。

Solanes山地葡萄园海拔500～650米，属于老藤葡萄园，种植于1934年，面积为2公顷，约3000棵葡萄树，均为佳利酿葡萄，但产量较低，种植朝向为南方。土质与El Perer相同，为石炭纪板岩，是由质地非常细腻的变质岩组成的，容易破碎成块。

La Creu山地葡萄园现在种植面积为3.5公顷，约15000棵葡萄树，包括1公顷的歌海娜和2.5公顷的佳利酿。葡萄园为东南朝向，海拔450～550米，山顶部分种植于1996年。海拔较低部分是2002—2017年新种植的。相较于其他山地葡萄园，这个葡萄园的坡度更大、风更强劲，换言之，其葡萄的生长逆境更为严峻。因此，其葡萄的风味物质更为丰富、酒体更为厚重。

La Mina山地葡萄园最早种植于1936年，而后在1998年重新种植。种植面积为3公顷，均为佳利酿葡萄。该葡萄园的海拔为450～500米，种植朝向分别为西、西南和西北。19世纪时这里是一个小型废弃铁矿场，因此该地土壤富含氧化的石炭纪板岩。这片葡萄园的葡萄具有红色和黑色水果的香气，以及非常特殊的矿物风味。

Terracuques山地葡萄园是2017年底大卫买下的葡萄园，种植佳利酿和歌海娜，面积有11公顷，也是7座山地葡萄园中最大的。这里的葡萄最早种植于1900年，是普里奥拉地区现存最老的葡萄园之一。还有一部分种植于1998年和2022年。葡萄园海拔500～650米，朝向为东南、北和东北方，与El Perer葡萄园遥相呼应。目前都用于种植佳利酿。

2. 构建山地产地葡萄酒自然有机发酵体系

大卫夫妇在临近Porrera村的佩雷尔（El Perer）山坡入口处建造了现代酒庄。发酵车间面积有1500平方米，包括2层7米高的地下酒窖。酒庄采取自然重力法，在水泥、不锈钢、以及橡木桶等多种发酵罐中进行发酵，构建多样和有机的发酵体系。酒庄的不同葡萄园、不同品种的葡萄都分别由专用的发酵罐发酵，并通过自然条件来调节葡萄酒陈酿、陈年过程中所需温度和湿度。由于马尔科·阿贝拉的山地葡萄园各具特点，因此不同葡萄园

采摘的葡萄用于酿造不同的产地品牌酒，以El Perer山地葡萄园与La Mallola山地葡萄园为例，都采取"一山两酒"的单独发酵方式，使得葡萄酒可以表达出马尔科·阿贝拉不同葡萄园的特定风土的风味。

El Perer山地葡萄园中朝北向的山顶的葡萄（海拔550米）用于酿造与葡萄园同名的El Perer葡萄酒，其他的佳利酿、歌海娜和赤霞珠用于酿造酒庄的Clos Abella酒。El Perer酒是由100%佳利酿葡萄酿造而成。来自地中海的海风给山顶的葡萄带来朝露，使其慢慢成熟，到10月底采收。采摘后的葡萄，经过破碎后在2个封闭的225升法国橡木桶中进行发酵，并每天进行人工转桶2次，使得皮渣更好地浸渍在葡萄汁中。最终每个年份的El Perer酒产量不超过500瓶。当地的微气候条件为El Perer葡萄酒带来的矿物质风味、樱桃与黑色浆果的香气，使其散发着独一无二的复杂性、层次感与新鲜度，入口细腻、优雅，唇齿余香悠长。Clos Abella酒同样出自El Perer葡萄园，主要混合了约70%佳利酿和约30%歌海娜葡萄这2个普里奥拉最具代表性的红葡萄品种，并根据不同年份的表现状况加入同葡萄园的赤霞珠进行调节。Clos Abella葡萄酒在法国橡木桶中陈酿18～20个月，并瓶储至少2年才可饮用。其层次丰富、优雅平衡、新鲜细腻、余味悠长。

La Mallola山地葡萄园与El Perer山地葡萄园相似，La Mallola山地葡萄园也用于2款品牌酒的酿造，山顶部分的歌海娜葡萄酿造Roca Roja酒，其他葡萄酿造Mas Mallola酒。Roca Roja酒由100%的歌海娜酿造，与El Perer山顶葡萄一样，地中海海风为其带来了朝露，也是在10月底成熟、采摘。这些葡萄在500升的封闭法国橡木桶中发酵，之后在橡木桶和一些陶罐中陈酿18个月。由于只选取山顶处3排的歌海娜，因此产量也很低，每个年份有1000～1500瓶。富含矿物质的土壤为Roca Roja酒带来美妙风味、新鲜度与复杂性，酒体平衡、细腻优雅。Mas Mallola酒混合了La Mallola山地葡萄园的歌海娜（约70%）、佳利酿（约30%），并由赤霞珠进行调味。该

马尔科·阿贝拉酒庄发酵车间和酒窖

款酒在橡木桶中陈酿16个月，当地的微气候条件使其具有典型普里奥拉特色。

三、酒庄发展战略和发展方向

1. 简约与高效的团队

酒庄的7个山地葡萄园，都选在山顶之上，陡峭的地势更给葡萄的人工修整、采摘、运输带来极大的难度。即便如此，大卫的种植、酿造团队也只有5个人，最忙的采摘季节也不超过15个人，都是酒庄熟练、高效的员工，每个人都发挥着最大的力量。对大卫而言，穿梭于山峦之间，踩着碎石山地，看着葡萄成熟、葡叶变黄，是件平常辛苦而又幸福的事情。

2. 通过国际主流评审打造高品质酒庄酒形象

马尔科·阿贝拉酒庄积极参与世界各大葡萄酒赛事以及各国主流葡萄酒杂志的评审并获得高分，以此提高酒庄形象。Clos Abella 酒（2009年份）在2015年由《中国葡萄酒》杂志主办的百大葡萄酒大赛中以97分（百分制）的高分获得第一，并在《葡萄酒爱好者》（Wine Enthusiast，95分，2010年份）、《品醇客》（97分）中获得高分。而另一款2019年份的Mas Mallola在2022《品醇客》世界葡萄酒大赛中以95分的高分获得金奖。同年世界葡萄酒大师Sarah Jane Evans将2018年份的 Roca Roja 和 Roca Grisa 打出95分高分。此外，马尔科·阿贝拉酒庄的酒还在美国的《葡萄酒观察家》（Spectator）和《葡萄酒志》（Vinous）、法国的《法国葡萄酒评论家》（Bettane & Desseauve）、西班牙的Vinari和《佩宁指南》（Guía Peñín）等世界主流葡萄酒杂志中获得高分。由于受到世界各大赛事以及主流媒体的青睐，马尔科·阿贝拉酒庄具有较高的价值与价格认可度。根据报告，马尔科·阿贝拉酒品的平均价格是优质原产地命名（DOC）普里奥拉葡萄酒均价的2倍左右。

3. 本地与海外市场两手抓

马尔科·阿贝拉是普里奥拉营业额最高的十大酒庄之一。在西班牙加泰罗尼亚地区拥

马尔科·阿贝拉酒标

有500多家客户，并于2020年开始在马德里、加利西亚、纳瓦拉、瓦伦西亚、马略卡和阿斯图里亚斯铺设市场。在开拓国内市场的同时，大卫夫妇看到了自己酒庄独特又高品质的葡萄酒在海外开发的极大可能性，因此，他们积极拓展海外市场。至今马尔科·阿贝拉酒庄中65%的酒出口到超过20个国家，其中以中国、瑞士、英国、法国和德国为主要出口市场，并与当地的合作伙伴签署了长期合作的协定。此外，马尔科·阿贝拉酒庄开始开拓美国市场，并在加利福尼亚设立存储仓库。

4. 独具风格的酒标设计

马尔科·阿贝拉酒庄拥有独具风格、一眼难忘的酒标。这一系列酒标由以不定形、抽象表现主义作品而闻名的西班牙画家Josep Guinovart设计完成。画家以普里奥拉葡萄园兼而有之的反思和当代精神为灵感，绘制的酒标风格强烈而富有感染力，充满色彩、光与自发性。

4.5

意大利最大的生物动力法葡萄园：
爱唯侬堡酒庄

爱唯侬堡酒庄

一、酒庄概况

爱唯侬（Avignonesi）堡位于意大利托斯卡纳东南部，在蒙帕恰诺（Montepulciano）小镇和科多娜（Cortona）小镇之间。酒庄拥有百年历史的著名葡萄酒圣酒（Vin Santo），酿造圣酒所用酵母来自贵族Avignonesi，酒庄也因此得名。酒庄现在接待部、圣酒窖和餐厅所在地卡佩奇尼农场（Fattoria Le Capezzine）一直以来和当地的农业学校有着紧密的联系。这一传统直到今天也还在传扬，每年爱唯侬堡都会接受世界各地的实习生前来学习。

爱唯侬家族是蒙帕恰诺地区一个历史悠久的酿酒世家，而爱唯侬堡也在1974年应运而生，自20世纪70年代起逐步登上世界葡萄酒舞台。庄主埃托雷·法尔沃（Ettore Falvo）

通过重新种植和嫁接技术改造葡萄园，使用法国小橡木桶酿造和陈酿葡萄酒等手段，帮助酒庄走上了意大利葡萄酒名庄的道路。爱唯侬堡是20世纪80年代蒙帕恰诺贵族酒（Vino Nobile di Montepulciano）成功登顶意大利最高等级保证法定产区葡萄酒（DOCG）的背后重要助力之一。

现任女庄主维吉尼·萨维尔（Virginie Saverys）一直喜欢有机产品，坚信有机农业和生物动力法农业是可持续发展农业的必经之路。因此，她收购酒庄后，就在葡萄园实行生物动力法的管理制度，她的梦想就是生产独特、不可复制的优质有机产地葡萄酒，可以表达蒙帕恰诺独特风土的产地葡萄酒，同时，她希望维护这片风土的可持续性，让消费者喝到独特且更健康的葡萄酒。

酒庄目前占地169公顷，共有9个葡萄

园，分别位于蒙帕恰诺和科多娜产区。2009年维吉尼女士买下爱唯侬堡后，先对25%的葡萄园试验使用生物动力法管理葡萄园，效果极其显著。因此，在次年，爱唯侬堡的全部葡萄园都开始使用生物动力法。2010年以后，爱唯侬堡因此成为目前意大利最大的生物动力法酒庄。

酒庄拥有年轻而国际化的酿酒团队，庄主收购酒庄后，添置先进的酿酒设备，例如光学分拣机，建立了现代化酿酒车间，通过传统和科技的融合，生产最优质和最能代表葡萄园风土的葡萄酒。

庄主维吉尼·萨维尔

二、传统农业文明与现代科技融合，本地市场与国际化结合推动酒庄的可持续发展

庄主萨维尔在2009年接手酒庄的时候，爱唯侬堡已经通过当地品种桑娇维塞（Sangiovese）与国际品种美乐的混酿（各

50%）酒款和风干型甜葡萄酒圣酒（Vin Santo）在国际上取得了一定声誉。但蒙帕恰诺这个小镇独特的风土最适合栽培的依然是意大利特色品种桑娇维塞，而当地以桑娇维塞为主要品种的蒙德布奇安诺圣酒（Vino Nobile di Montepulciano）是意大利最早的红葡萄酒DOCG之一。爱唯侬堡酒庄致力于钻研最能表达当地风土的桑娇维塞的栽培方式，葡萄园里一直进行着多种栽培试验和实践，在传承传统农业技术集成的基础上，也利用现代科技开展

酒庄发酵车间与酒窖

酿造圣酒的风干葡萄

土壤研究，在种植密度、田间植物管理、植株架势、优株选择和克隆上精益求精，以求达到葡萄园风土和本地品种最完美的表达。在桑娇维塞的风格表达上追求的一直是该品种的细腻优雅，果香自然；搭配先进的酿酒设备和技术，做到传统与现代的结合，天地人的完美贡献。

　　酒庄庄主一直相信，"民族的才是世界

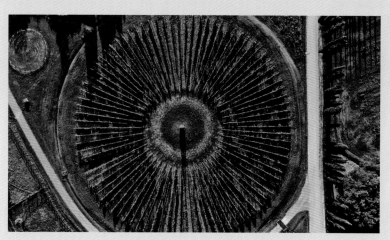

酒庄的圆形试验葡萄园

的"，极致的桑娇维塞优秀品系一样可以在国际市场上取得成功，尽管圣酒这个DOCG的声誉一直被邻居小镇经典吉安帝（Chianti Classical）和蒙塔希诺-布鲁奈罗（Brunello di Montalcino）掩盖，但市场推广的基础是葡萄酒的品质和特色。所以酒庄坚持品质第一的原则，强化酒庄筛选的优株品系和葡萄园风土的融合，酿造纯粹的极品桑娇维塞，即使DOCG的法规要求圣酒的葡萄品种中桑娇维塞的比例不需要达到100%，是可以混合其他当地品种的，但是酒庄依然坚持全部使用桑娇维塞酿造。酒庄门前一直留着的圆形葡萄园（La Tonda）就是一块试验田，为了探索桑娇维塞在当地最适合的种植密度和栽培制度。

　　酒庄的科学精神从未停下脚步，在核心产品创新和升级上面一直不断进行新的尝试，也一直在观察着葡萄酒市场上的潮流趋势，在坚持传统文明传承的同时也没有忘了与现代潮流的接轨。2018年酒庄引入陶土发酵罐，制作陶土罐的材质采用的也是托斯卡纳当地的

爱唯侬堡酒庄的陶土发酵罐和"大地"酒标

红土，在陶土罐中进行100%桑娇维塞的缓慢发酵，使传统发酵传承得到升华；同时，在这款酒的取名和酒标设计上也尽量做到新颖、年轻化。"大地"酒款应运而生，一经推入市场，就备受欢迎，供不应求。成为固有核心产品线的有力补充，同时兼顾到了国际化的年轻葡萄酒消费者群体。

对本地优良品种桑娇维塞的探索一直在继续，爱唯侬堡酒庄在坚持了5年的生物动力法耕种后，发现葡萄园里有一些特殊的地块，葡萄的生长和特性都会跟其他相邻地块不一样，为了追求极致品质和特色，酒庄从2016年开始试验推出4块单一葡萄园（Single Vineyard）100%桑娇维塞的小产地圣酒酒品，受到很多酒评家的好评，也让很多专业人士看到桑娇维塞品种对葡萄园风土和逆境的敏感度，足以媲美黑比诺。单一葡萄园小产地酒款由于产量还不稳定，所以并没有完全面对市场推广，主要是和一些葡萄酒教育机构合作，在世界各地的葡萄酒大师们准备大师班的时候，作为意大利产地风土葡萄酒的代表而出现。这些小产地酒也代表了爱唯侬堡酒庄在葡萄园风土、小产地和品质极致特色上的钻研精神。

三、打造小产区知名品牌，与产区同发展、共进步

虽然托斯卡纳葡萄酒产区具有较高的知名度，但是，蒙帕恰诺面积很小，且国际上知名度低，其临近的北部还有两个知名的小产区经典基安蒂（Chianti Classical）和布鲁内洛蒙达奇诺（Brunello di Montalcino）。怎样在国际市场上推广一直是爱唯侬堡酒庄的探索课题。酒庄的知名度跟产区的知名度有着密切的关联，酒庄推广的前提是产区推广，小产区品牌是永久的品牌，产区知名了，酒庄才能更有发展空间，酒庄也要承担推广所在小产区的责任。爱唯侬堡的庄主说服产区内其他五家生产圣酒的酒庄组成联盟，每家选出自己最出色的一款100%桑娇维塞的圣酒作为Alliance Vinum联盟酒款，在酒标上印制联盟的独特徽标，一起在国际市场上作为产区产品推广，推动酒庄和村庄共发展。并且在美国等重要的意大利葡萄酒市场一起聘用公关公司，为圣酒的产区复兴进行系列的市场推广活动。

酒庄和产区持续健康发展的重中之重是人

小产地单一园试验酒品

才。爱唯侬堡虽然位于托斯卡纳的乡间，但是非常注重工作团队的国际化和年轻化组成，员工平均年龄在30～40岁，同时每年会接收很多来自世界各地的实习生，实习生参与酒庄的栽培、酿造和市场推广环节，不停为团队输入年轻和国际化的血液。

四、建立生态友好型的发展理念，促进酒庄的可持续发展

从2009年萨维尔买下酒庄开始，就坚定不移坚持着有机和生物动力法种植的理念。所有人类活动都会对环境造成影响，完全意义上的零影响是不存在的。然而，保护自然需要最起码的一致性，不能为了拯救昆虫而剥削员工。可持续性是必然的，也与行动密不可分。爱唯侬堡充分意识到这一悖论，依然做着以下的坚持。这些原则里很多都是以牺牲经济利益和市场一时的偏好为代价的，但是对于一个想要持续发展且有社会责任感的葡萄酒酒庄来说，是必须坚持的原则。

1. 葡萄园和酒庄管理制度

（1）农耕方式　致力于保护生物多样性，增强土壤的生命力。

（2）用水情况　严谨监测用水状况，并不断优化节约用水方案。

（3）葡萄酒原料　只包括葡萄、自制的

原生酵母和最少量的二氧化硫。

（4）农药使用　致力于减少葡萄园管理所需的硫与铜的用量，并禁止有毒农药产品的使用。

（5）所有的葡萄酒都是在酒庄酿造和装瓶。100%的葡萄来自于酒庄的自有葡萄园。

（6）包装材料　包装所用纸板箱由100%回收纸制作，方便回收。

2. 人力资源和安全生产

（1）员工培训　定期会举行员工培训。让员工熟悉酒庄的"安全第一"的规章和设备操作规范、从而保障其健康与安全。

（2）招聘政策　采用包容性的招聘政策，员工是国际化的和多民族的。

（3）雇佣条件　所有的雇佣合同达到或超过法律要求的最低标准。

（4）社区福利　为社区里5岁到18岁的孩子们提供由母语为英语的老师教授的英语课。

（5）工作内容　直属员工完成了葡萄园90%以上的工作。当必须外包时，精心挑选，只与严格遵守雇佣和安全协议的公司合作。

3. 气候和碳中和

（1）酒瓶材料　改用更轻的酒瓶，在2021年总计节省15吨玻璃。

（2）酒帽材料　正在改用可再生原料制成的可生物降解的酒帽，并在一些酒款中停止使用酒帽。

（3）绿化　尽可能多植树，并保护土地上的森林区域。

（4）供应商选用　支持本地供应商。一方面有助于促进社区的经济发展，另一方面可以减少长途运输对环境的影响。

（5）电力　酒庄用太阳能发电。购买的电力只来自可再生资源。

与此同时，酒庄继续探索多样化和可持续生态农业的多种可能性，La Stella多样化葡萄园试验也在2023年陆续开启。

受工业革命的影响和对生产力的盲目追求，单一种植文化在20世纪的西方得到了显著发展。但它是优质葡萄酒生产的对立面，在优质葡萄酒生产中，质量永远先于产量。

La Stella葡萄园（4公顷）是Avignonesi

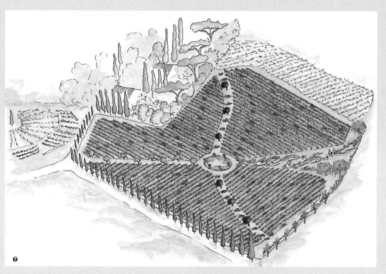

La Stella多样化葡萄种植试验园

最具标志性的葡萄园之一，于20世纪90年代种植，用于种植高密度高产的桑乔维塞。这个由灌木整枝法培育的葡萄园很快开始显示出它的局限性。高密度，过度修剪，土壤被笨重的机械压缩，严重影响了植物的活力。在那个年代，产量是第一位的，因为葡萄酒界很少关注环境和社会影响。

庄主强调，酒庄要和环境友好，要和葡萄园友好。新的La Stella的目标将不仅是生产主流市场认知的一流葡萄酒。其目的是将葡萄藤从禁闭中释放出来，并将它们置于一种利于充分发挥官能的友好环境中。从环境和社会经济的角度来看，La Stella是生态友好型葡萄栽培的典范。酒庄不应该设计一种大多数葡萄种植者负担不起的节俭的耕种方式，而应该设计一种易于复制或适应的鼓舞人心的模式。

这个只有4公顷的葡萄园充满了希望，因为葡萄藤将伴随着各种各样的农艺元素。葡萄藤将不会作为单一的生物生长，葡萄园会增加生物的多样性，动物植物之间做到和谐共生，葡萄园中引入的每一个元素都必须有助于平衡环境，提高葡萄藤的恢复力。为了实现这个计划，葡萄园里原有的植物都已经被拔除，土壤休耕3年，将在2024年的冬季重新开始种植。

庄主的愿景就是"One step backwards, two steps forward."（退一步，进两步），保持葡萄园的活力和潜力是酒庄的第一要务。

酒庄葡萄酒生活方式的推广

五、利用产区优势，配套增值服务

意大利的托斯卡纳大区是世界上有名的旅游胜地，尤其是夏季，托斯卡纳的阳光和悠久的历史文化气息吸引了络绎不绝的来自世界各地的游客。利用产区的优质旅游业资源，配套葡萄酒主题游览服务，是当地很多酒庄都会做的选择。但是，爱唯侬堡还是更加强调了合作和融合。在酒庄的网站上游客们可以轻松的预约体验各种项目，除了传统的参观品鉴之外，酒庄还加入了热气球游览、乡间法拉利驾驶体验、意大利传统美食小课堂等项目。让游客可以沉浸式体验多样又个性的托斯卡纳式浪漫。游客络绎不绝，旅游接待中心的营业额可以占到酒庄整体营业额的30%。

爱唯侬堡也开设餐厅，提供午餐服务，让消费者体验到爱唯侬堡作为一个有机农场拥有葡萄酒以外的产品，包括有机蔬菜、橄榄油、意大利香醋、蜂蜜等。通过健康的美食美酒体验，让消费者的脑海中根植入有机、环保、健康、可持续发展的概念，让品牌形象更深入人心。

爱唯侬堡酒庄作为一个坐落在知名大产区中不知名子产区的传统与现代结合的酒庄，致力于葡萄种植、风土表达和生态可持续发展。在庄主萨维尔的带领下，把酒庄的愿景融入到管理的每个细节上。对于不知名子产区的国际推广上也一直在探索各种新颖的合作方式，试图做到传统与现代的平衡，并能还给后代一片健康的土地。

第五章

葡萄酒酒庄
文化发展战略

第一节 葡萄酒文化与产区文化

社会经济的发展，离不开先进文化的推动。一般来讲，广义的文化是指人类创造的一切物质产品和精神产品的总和。精神文化，主要指哲学和其他具体科学、宗教、艺术、伦理道德以及价值观念等，其中尤以价值观念最为重要，是精神文化的核心。价值观念是一个社会的成员评价行为和事物以及从各种可能的目标中选择合意目标的标准。这个标准存在于人的内心，并通过态度和行为表现出来，它决定人们赞赏什么，追求什么，选择什么样的生活目标和生活方式。同时价值观念还体现在人类创造的一切物质和非物质产品之中。产品的种类、用途和式样，无不反映着创造者的价值观念。物质文化，经过人类改造的自然环境和由人创造出来的一切物品，如工具、器皿、服饰、建筑物、水坝、公园等，凝聚着人的观念、需求和能力，都是文化的有形部分。

文化是由人类进化过程中衍生出来或创造出来的。文化具有时代性、地区性、民族性和阶级性。由于人们生活的环境和社会不同，所处的物质生活条件不同，民族不同，社会地位不同，因而他们的价值观、信仰、习惯和生活方式也不同，出现了明显的文化差异。

世界上大多数国家都生产葡萄酒，葡萄酒产业还是一个具有深厚文化底蕴的产业，也是最具文化创意的产业之一。

葡萄与葡萄酒原本是大自然的神奇赋予，但是，经过人类以其创造精神予以不断改进和完善，融入了文化内涵。与其他文化的属性一样，葡萄酒文化也是有层次的。

首先是它的表层文化，即物质文化。不同的葡萄品种酿制不同的葡萄酒，不同的产地产生不同风土特色的葡萄酒，不同的酿酒师和酒庄酿制不同风格的葡萄酒等；酿酒葡萄品种，是人类对自然变异和科技创新不断进行筛选的结果，人类的不断推广和传播，使酿酒葡萄品种在世界葡萄酒产区生根发芽，尤其是世界名种。葡萄酒是多样性的，一些产区也实施地方品种的保护，使不同国家与产区呈现多样化和个性化的发展。但是，对于葡萄酒的新产区，往往受到传统品种和世界名种的巨大影响，发展初期，同质化现象明显。不同的产区，尤其小产区、单一园，往往呈现不同风土的影响，特别是一些受风土影响明显的品种，使葡萄园风土的影响更具市场竞争力。酿酒师的个性化，也使名酿酒师酿制的葡萄酒产生不同的市场号召力。

国家不同，地区不同，民族的风俗、礼仪、制度、法律、艺术和创意也不同，这就孕育出不同产区的葡萄酒文化，也就是葡萄酒产业的中层文化。这一层的文化包括：产区文化、饮食文化、休闲文化、社会品牌文化等。

不同国家、不同民族的风土人情、种植葡萄和酿制葡萄酒的过程和历史中产生的感人经历、甜酸苦辣的故事，给予了消费者丰富多彩的文化大餐和精神享受。葡萄酒产业主要是以村庄文明传承的产业，所以，世界葡萄酒传统世界国家的各个产区出现了许多著名的葡萄酒名村，而且市场影响力越来越大。在一些葡萄酒产业发展的先进国家，许多葡萄酒名村的市场竞争力至今不可替代。法国勃艮第大区的伯恩小镇，其伯恩济贫院葡萄酒慈善拍卖和葡萄酒节，至今仍是世界的葡萄酒重要节日。

葡萄酒的核心文化，即内层文化、哲学文化，体现了不同国家、民族和利益群体的伦理观、人生观、审美观和价值观，进而影响着葡萄酒物质文化的发展。

1976年，英国著名酒评家史蒂芬·斯普瑞尔（Steven Spurrier）邀请了法国葡萄酒界9位资深专家和管理者以及1位《时代》杂志记者，在巴黎进行盲品会，对法国和美国的一些酒庄和产地葡萄酒进行了盲品和打分，后来葡萄酒界将这次盲品会称为"巴黎之评"。这本来是法国（葡萄酒传统世界国家）和美国（葡萄酒新世界国家）葡萄酒文化的交流。但是，"巴黎之评"结果的公布，却引起了法国文化和美国文化的激烈冲撞。

"巴黎之评"至今已经40年了，当年的美国，是葡萄酒默默无闻的国家，现在也已经是世界葡萄酒的先进国家了。"巴黎之评"的深层次文化内涵令人深思。

长期以来，美国、智利、阿根廷等葡萄酒新世界国家，产区新产品开发、产品质量的提升、社会品牌的培育和成长、葡萄酒文化的发展的过程，反映了他们学习吸取了欧洲葡萄酒的物质文化，更重要的是反映了他们认真学习、踏实酿酒、不断创新的精神。

葡萄酒文化的不同层次也是密切联系和相关的，表层文化和中层文化反映了核心文化的内涵，也影响并渗透到内层文化，而核心文化则决定了表层文化和中层文化的发展。

酿酒以人为本。酒的品质，首先是人品，然后才是酒的质量。

葡萄酒产品质量的变化、包装的创新创意、产区文化等也都会逐渐影响人们对葡萄酒产品的选择、喜好的改变，甚至审美、生活方式的改变。

我国葡萄酒产业还处于初级发展阶段，自主创新酿酒品种还不多，葡萄酒产区的发展还在前期发展之中，葡萄酒产区、企业或酒庄、品牌还缺乏特色，中华文化更没有融入葡萄酒文化和产区培育之中。

因此，我国的葡萄酒产业迫切需要葡萄酒人和消费者的努力，认真向葡萄酒产业发展的先进国家学习，扎实酿酒，努力酿出具有中国地区特色、酒庄特色的优质葡萄酒，努力培育和发展独具特色的中国葡萄酒产品文化、产区文化和健康的饮酒生活方式。否则我国消费者即使有着浓厚的中国情结、民族情结，也不会购买和收藏国产葡萄酒，更别说发展壮大我国的葡萄酒产业了。

葡萄酒文化的丰富多彩，是葡萄酒产区文化，尤其是葡萄酒村庄文化发展所必需的。葡萄酒文化是一种健康的生活方式，而且是个性化、多样化的生活方式，它的包容性、多样性使葡萄酒文化有竞争、有相容、有和谐，正因为如此，它将大大推动葡萄酒产业的持续、稳定和健康发展。

葡萄酒产业是以村庄风土和文明为基础传承发展的，葡萄酒村庄文明的多样性和葡萄酒消费的世界性，使它需要吸收和消化异质文化。基于不同的地理、历史和生活方式、民俗、宗教等因素而产生的葡萄酒文化的异质性，更强化了葡萄酒文化的多样性。

而且，这种异质文化的差异有程度的不同，也会相互转变。

葡萄酒物质文化的差异较小，而赋予葡萄酒的产区文化（特别是小产区如村庄、乡镇文化等）、饮食文化和民族文化等中层文化就可能有"质的不同"。许多葡萄酒传统世界国家葡萄酒人认为新世界国家葡萄酒和传统世界国家葡萄酒没有可比性，不在一个层次，可能更多的是他们的审美、风俗、人生观的根本差异，这需要在接受、融合与有序竞争中共同发展。

第二节　葡萄酒酒庄特色文化打造

葡萄酒之所以消费者价值认同范围宽，是因为其文化底蕴。葡萄酒产业自传统农业文明以来一直经久不衰，而且与现代文明和现代科技相融合，很重要的原因就是它强调产区文化和文明，强调多样化和个性化的发展思路。葡萄酒市场既有高端高品质、身份证明晰的产地葡萄酒，也有物美价廉的大众酒品。千万不要小看了大众产品、个性化的产品，他们的推广有利于葡萄酒健康文化、产品文化、产业文化和葡萄酒饮酒方式的推广。

葡萄酒和葡萄酒文化是多样化和特色化的，它时尚却不张扬，高贵却亲民。它需要生产者和消费者用心培育和精心呵护。葡萄酒产区文化的多样化和特色化，具有更大的吸引力，使消费者能够享受丰富多彩的葡萄酒带来的物质和精神满足。

葡萄酒产业和产区是开放的，也是变化的，葡萄酒文化和产区文化的变化、成长的速度是产业和企业活力的表现；当然，它也是传统的，甚至是保守的，至今强调村庄风土和文化，并仍然具有极强竞争力。它强调传统农业文明的农业技术体系，如手工采摘、牛马耕地、有机管理，甚至自然葡萄酒也依旧盛行。

目前，我国葡萄酒产区文化和酒庄文化发展较慢，反映了产业的活力和发展后劲不足，企业的竞争力不高。

但是，产业文化发展的速度过快也是危险的，如果企业家过于浮躁、忽视产品质量和特色，盲目增产、盲目扩建，甚至掺假、造假，那么，将来其丢失的不仅是物质文化，更是人和企业的道德和精神。

葡萄酒人要用对社会的责任和爱心，打造我国的葡萄酒产业，推广健康的葡萄酒生活方式。

以下将用不同的案例来叙述葡萄酒酒庄特色文化的打造及其重要作用。

波尔多右岸葡萄酒最著名的两个村庄级小产区，一个为圣·艾米隆小镇（Saint-Émilion），一个为波美侯村（Pomerol）。白马酒庄（Château Cheval Blanc）就坐落于圣·艾米隆镇法定产区，属于首批最高级一级酒庄A级（Premiers Grands Crus Classes A）中最好的两个酒庄之一，其经典酒款仍是该产区其他酒庄无法企及的。白马酒庄虽然位于圣·艾米隆，但它也毗邻波美侯村，波美侯村的酒庄大多为名庄，名庄乐王吉尔酒庄（Ch. L'Evangile）等的葡萄园与白马酒庄葡萄园的边界就只隔一条小道路。所以长久以来，白马酒庄也被视为拥有波美侯村的风土，是波美侯村的名庄。

白马酒庄葡萄酒最大的优点就是年轻年份的酒品与年老年份的酒品都很迷人，年轻时会有一股甜润吸引人的韵味，酒体丝滑。但经过

若干年后，白马酒庄酒又可以散发出强劲、多层次、既柔又厚的个性。1947年份的白马酒庄酒曾获得波尔多地区"20世纪最完美作品"的赞誉，可能也是20世纪世界最完美的葡萄酒作品。

一、历史

白马酒庄名字的由来，在波尔多流传有两个版本。一说以前酒庄的园地有一间别致的客栈，喜欢骑着白色爱驹驰骋的国王亨利经常在此客栈休息，因此客栈取名"白马客栈"，后来酒庄也因此改名为"白马酒庄"。二说白马酒庄如今的园地以前曾是飞卓酒庄的一部分，用作飞卓酒庄养马的地方，后来这块地被出售，开始大面积种植葡萄，逐渐形成酒庄，因而正式取名时就起名"白马酒庄"。

白马酒庄全景

白马酒庄庄园

白马酒庄是圣·埃米隆镇同一家族拥有时间最长的酒庄。18世纪，白马酒庄所处的大块土地就已经建有葡萄园。1832年，菲丽西·卡莱－塔杰特伯爵夫人（Felicite de Carle-Trajet）将飞卓酒庄的15公顷葡萄园卖给了葡萄园大地主杜卡斯（Ducasse）先生，这是白马酒庄最初的组成部分。1837年，杜卡斯先生又购得附近的15公顷葡萄。1852年，海丽特·杜卡斯小姐（Henriette Ducasse）与让·劳萨克－福卡德（Jean Laussac-Fourcaud）结婚，其中5公顷的葡萄园作为嫁妆转到了福卡德（Fourcaud）家族名下，从此，白马酒庄在福卡德家族中世代相传。

1853年，酒庄正式命名为白马酒庄，那时的白马酒庄并不是很出名。福卡德家族接管酒庄后，花费了不少心血，对白马酒庄进行了革新，最著名的就是在葡萄园安装了一个有效的葡萄园排水系统，彻底解决困扰葡萄园的洪涝灾害，提升了酒庄的葡萄酒质量。另外，还在庄园内的土地上全部种上葡萄，精心管理，在1862年伦敦世界博览会和1878巴黎世界博览会中，白马酒庄葡萄酒获得了金奖，酒庄随之名声大噪，现今酒标上左右两个圆形图就是

白马酒庄管理者皮埃尔·卢尔顿

当年所获的金奖奖牌。福卡德先生还对白马酒庄进行了扩张，到1871年，酒庄面积达41公顷，形成了如今的规模。

1893年阿尔伯特（Albert）福卡德成为新庄主。白马酒庄最辉煌的19世纪末年份酒以及20世纪初年份酒，尤其是1899年和1900年的优质酒以及1921年的超级酒，就是在阿尔伯特执掌酒庄时期诞生的。1970—1989年期间，酒庄的董事长转为福卡德家族的女婿杰克·赫布劳德（Jacques Hebraud）。杰克的祖父曾是波尔多的大酒商，他本人是农科教授和波尔多大学校长。他的家庭背景和崇高的学术及社会地位将白马酒庄的声望再次推向高峰。

白马酒庄现任的两个庄主伯纳德·阿诺特（Bernard Arnault，LVMH集团的股东）和阿尔伯特·弗雷男爵（Baron Albert Frere）是多年的老友。1998年，他们就通力合作，一起收购了希维勒（Civil）公司在白马酒庄的股份，成为白马酒庄的股东，保留了酒庄原来的工作团队。酒庄现任总经理为卢尔顿家族的皮埃尔·卢尔顿（Pierre Lurton）以及安德烈（Andre）和吕西安（Lucien）的侄子范·莱文（Kees Van Leeuwen）。卢尔顿家族是波尔多的葡萄酒世家，在波尔多拥有并管理着本家族20多个酒庄。但皮埃尔·卢尔顿却选择了去管理经营白马酒庄，这对于自1832年从未雇过外人管理庄园的白马庄来说实属罕见。

1991年起，时年34岁的皮埃尔·卢尔顿成为白马酒庄的总经理。在卢尔顿先生的经营下，白马酒庄的品质持续稳定和提升，一直保有顶级葡萄酒的头衔，是国际买家和收藏家的挚爱。此外，皮埃尔·卢尔顿也是波尔多历史上第一位同时统理两大顶级名庄——白马酒庄和伊甘酒庄（Château d'Yquem）的管理者。因此，他应该是目前波尔多最成功的酿酒师和酒庄管理者之一。

二、传统和科技的融合推动白马酒庄 不断走向辉煌

1992年，卢尔顿先生慧眼识英雄，聘请

刚完成圣·艾米隆整个产区土壤研究的范陆文教授（Kees Van Leeuwen）到白马酒庄担任葡萄园总管，负责酒庄的葡萄园风土和品种研究。自此，两人逐步将白马酒庄引领到新的高度，不断创造出极品葡萄酒作品的奇迹。

1. 传统优良品种的选优和创新应用

白马酒庄种植的葡萄，与大多数名庄不同，一般名庄葡萄园多以赤霞珠（Cabernet Sauvignon）或美乐（Merlot）为主，而白马酒庄却是以品丽珠（Cabernet Franc）主导。这个酿酒品种在许多地方常表现为颜色较淡、浅、早熟、单宁少、较香，一般作为辅助品种。

目前，白马酒庄葡萄园内种植有54%品丽珠（Cabernet Franc），42%美乐（Merlot），3%赤霞珠（Cabernet Sauvignon）及1%马尔贝克（Malbec），平均树龄40年以上，种植密度为6000株/公顷。

白马酒庄正牌酒庄酒每年约生产6000箱，需在根据52块田园地块大小匹配的自制的水泥发酵罐（过去为不锈钢罐）中发酵和冷浸渍4周，发酵后的葡萄酒要在100%全新法国优质橡木桶中陈酿18～24个月。酒庄的副牌"小白马"（Le Petit Cheval）每年约生产2500箱。

白马酒庄紧挨波美侯法定产区，所产酒的风格虽然有波美侯的优雅，但是又很不一样，它带有典型香料和非常成熟的黑浆果类香味，表现出丰富的个性和完美的柔滑，以细腻、优雅、回味悠长著称，特别是老年份酒，散发出迷人的优雅柔滑又强劲悠长。最佳年份有1942年，1947年，1953年，1893年，1899年，1900年，1998年，2000年，2005年，2009年，2010年，2015年，2016年，2018年，2019年等。

在波尔多这个总体来说传统至上、作风保守的产区，白马酒庄却散发着一种不断创新、自我完善的年轻活力。不断优选现有品种的品系是他们的目标，在陆文教授主持下，品丽珠优株品系的选育（Clonal Selection）和砧木的匹配研究都在不断进行。在白马葡萄园砾石为主的土壤上，赤霞珠品种成熟充分，表现甚佳，为了判断赤霞珠能否在此大显身手，赤霞珠的试验性种植已占总葡萄园的3%，并已经在2016年起用于混酿当中。他们的研究表明，随着全球气候变暖与白马酒庄先天的土壤条件，未来赤霞珠有望占到正牌酒的5%，这可能是波尔多右岸葡萄酒名庄中唯一选用赤霞珠的名庄了。如此白马酒庄的风格和风味的广度和厚度必定有所增加，但是在波尔多右岸这个由品丽珠和美乐主宰的保守产区内，白马的变化会受欢迎吗？葡萄酒投资人、收藏家和爱好者只有静候那一刻的到来。

2. 多样风土的精致细分和极致的品种匹配融合

白马酒庄占地41公顷，其葡萄园的土壤比较多样，有碎石、砂石和黏土，下层土为坚硬的沉积岩。由于它与波美侯毗邻，所以兼有两个葡萄酒村镇特有的风土风水条件，而且，土壤类型多样，酿出的美酒就更加丰富、复杂、多层次。但是，白马的管理者们仍然不断将传统和科技融合，推动白马酒庄的酒品不断上升到新的高度。

白马酒庄的土壤多样，但是总体上分为三种，一是近似帕图斯酒庄（Château La Fleur-Pétrus）的含铁黏土，二是与左岸相似的砾石土壤，其余则是较普通的沙质土。为了使这些土壤在酿酒品种上完美体现，团队精细研究了三种不同土壤上美乐（Merlot）、品丽珠（Cabernet Franc）和赤霞珠（Cabernet Sauvignon）的综合表现，特别是酿酒品质中精细成分的差异。

研究和实践发现，虽然在帕图斯等一些波美侯名庄，蓝色的含铁黏土与美乐配合极佳，但品丽珠的表现也同等出色，因此在白马酒庄，为了展现更丰富的香气，黏土与砾石这两种对多余水分有调节作用的土壤上，分别种植各一半的美乐和品丽珠，产量构成正牌的80%。研究还发现，沙质土虽然适合美乐的成熟，但年份影响大，这些地块的葡萄改用于酿造副牌酒。最终，根据葡萄品种、土壤、微气候的组合排列，白马41公顷的葡萄园被划分为52块葡萄田，不同的地块匹配最适宜该风土地块的品种或品系，以充分展现不同品种和风土地块极致融合后的优良特性。另外，增设仅供内部消化的三款酒，以保证副牌酒"小

白马酒庄葡萄园风土

白马"（La Petit Cheval）每年稳定的高品质。

白马酒庄葡萄园品种和地块风土的精细匹配，构筑了52块不同特色的极致风土类型，形成了白马酒庄不可复制的复杂丰富极致酒品。而且，正牌酒和副牌酒分别拥有不同风土和特色的葡萄园原料供酿酒师酿制精美的酒品。

3. 丰富多样，不可复制的微生物风土

每年波尔多葡萄酒期酒品鉴期间，葡萄酒的经销商、收藏家和爱好者来到白马酒庄，一定会被白马酒庄不同大小的精致水泥发酵罐所吸引，增加收藏家和爱好者对酒庄精细的工匠精神的尊重，和对其酒品的喜爱。

自从作者这些年研究产地野生微生物风土对葡萄酒品质和风格的影响后，作者顿时豁然开朗，原来，52块葡萄园，不仅构筑了52块葡萄园风土，也构筑了52种微生物的风土，由于52块葡萄园葡萄果实对应的是固定的52个不同大小的发酵罐，更是构筑了52类不同葡萄品种—葡萄园风土—微生物风土融合后的酒品特色和风格。52块葡萄园构筑的野生酿酒酵母、非酿酒酵母和有益微生物长期构筑的微生物群落，形成了白马极品葡萄酒的复杂、饱满、优雅和不可复制性，以及不可替代性。

4. 完美的发酵车间和酒窖

酿酒葡萄的质量是优质葡萄酒的基础，没有好的葡萄原料，就不可能有好的葡萄酒。但是，如果没有好的葡萄酒发酵条件和工艺，葡萄美酒可能也很难实现。白马酒庄对此也深信不疑。虽然他们遵循的是酒窖内不干预（Non-intervenetionist）原则，但是，他们也相信，葡萄酒的酿造工艺、装备和环境将使白马酒品更上一层楼。于是，他们不仅将发酵车间和地下酒窖建设成为葡萄酒发酵、陈酿和陈年的最佳之地，而且更是设计建成了一座艺术品。

2011年新建好的酿酒车间和酒窖，设计理念就是保证空气和环境清新，干净优美的发酵车间，有艺术气息的精细水泥发酵罐，不论是葡萄酒专业人士还是葡萄酒消费者，都会在此留影纪念。发酵车间内，水泥发酵罐是按照52块葡萄田的产量设计的，葡萄发酵的罐内条件稳定、温和，每个环节都能保证酿酒果实的原汁原味。地下酒窖每时每刻保持微风匀速

与每块葡萄园对应细分的发酵车间发酵罐

白马酒庄发酵车间精细化管理

地吹拂，保证酒窖的清洁环境；地下酒窖的橡木桶来自多个优质橡木桶企业，以确保橡木多元化使葡萄酒中的来自橡木的风格多样复杂平衡，防止某些元素过于突出，好凸现果实的本质和风格特色。

白马酒庄酒窖精准管理

5.2 尊重葡萄园风土和家族传统工艺，极致追求葡萄酒品质的典范：
波尔多右岸奥松酒庄

站在奥松酒庄（Château Ausone）院子的围栏前，往脚下和远处的葡萄园看，很难不被那如诗如画的葡萄园所感动，微风带着清新的果香、砾土的矿物香扑面而来，还未品酒就已让人陶醉其中。

奥松酒庄，坐落在法国著名产区波尔多右岸圣·艾米隆（Saint Émilion）南部的一个风水风土条件极佳的小山上，是波尔多右岸的著名酒庄。由于位于山顶，酒庄的葡萄园还有一道天然屏障，这道屏障可以阻挡从大西洋侵入的冰雹和霜冻，减少葡萄园的降雨量，雨后还会起风，吹掉果实上的水分。在1996年 Saint Émilion 酒庄分级排名中，它与白马酒庄

同列为是一级酒庄A级（Premier Grand Cru Classé A）的酒庄。尽管2012年和2022年同等级又增加了帕维酒庄、金钟酒庄和飞卓酒庄，但是，大多数市场消费者和葡萄酒的收藏者还是认为，首次评级的两个一级酒庄A级酒品更佳。

一、奥松酒庄简史

奥松酒庄的葡萄酒是以祖传的传统生产方式生产的，它传承了酒庄11代葡萄种植和酿造者的精神财富。在1781年，当时的园主卡特纳（Catenat）就为他的庄园取名为奥松

奥松酒庄

过去和现在的奥松庄园

庄园。相传该园是著名诗人奥松（Decimus Magnus Ausonius，310—394年）的故居，这便是奥松（Ausone）名字的由来。他以爱酒出名，不仅在他的诗歌里宣传葡萄酒，而且也开拓了不少葡萄园，曾经在波尔多及德国拥有酒庄。

奥松酒庄葡萄园面积不大，只有7公顷，在历代庄主的不断努力下，酒庄和酒品质量都在不断跃升，在19世纪中它已跻身本地区最好的酒庄之中，到了20世纪初，已稳居本地区最好的酒庄之位，成为"第一名庄"。

但是20世纪50～80年代，由于人员变动，奥松酒庄表现平平，陈酿时使用的橡木桶新桶比例太低，酒体偏薄，复杂性降低，香味和陈年潜力减弱，市场有些酒评人曾质疑奥松庄园是否该卸下本地区"第一名庄"的头衔。直到1974年，时任庄主杜宝·夏隆（Dubois Challon）去世，他的遗孀海雅接手酒庄后开始着手全面整顿酒庄。次年，她大胆地聘请了刚完成酿酒学业，年方20岁的帕斯卡·德贝克（Pascal Delbeck）（1976—1995年），负责庄园的酿酒工作，他出众的表现使酒庄复兴，保持着与白马酒庄齐名的地位。

然而，酒庄股东多年为争取酒庄的经营权，经常对簿公堂，互有输赢。直到1996年1月，法院才确定经营权由伍迪耶（Vauthier）

兄妹拥有，他们又买下海雅姨婆的股份，成为本酒庄唯一所有人，并自1995年起聘请著名的酿酒大师罗兰（M. Rolland）担任顾问。20世纪90年代开始，奥松酒庄葡萄酒的价格已经超过左岸许多一级名庄，由于每年该酒庄仅有25000瓶的产量，是波尔多许多名庄产量的1/10左右，所以更为稀有珍贵，市场的卖家和收藏家更是追捧，价格也随着快速上升。

二、酒庄葡萄园风土和对葡萄园的精心呵护

奥松酒庄葡萄园地朝东南，可以挡掉西北风。由于地处小山顶，风量和风力适宜，葡萄园干爽，特别是雨后常常清风不断，使果实清香干净；又由于坡度甚陡，近似于山地葡萄园，表层的土壤平均厚度仅30～40厘米，因此，葡萄树为了获得足够的营养，根系就向着深度和宽度穿过土壤，生长至下层的石灰岩、砾层土与冲积沙中，使葡萄处于一种适宜的逆境条件之下，葡萄次生代谢旺盛，多酚类物质丰富，吸收的矿物质也丰富，酿出的酒体丰满，果香和矿物香突出，由于果实在清新干净的环境中成长，果皮细滑，单宁丰富优雅细腻。

奥松酒庄葡萄园风土

　　奥松酒庄葡萄园的面积仅有7公顷，葡萄树平均年龄超过50年，种植葡萄品种为45%美乐、55%品丽珠。由于土壤逆境，产量稀少，每年产量为2200～4500升/公顷，可见其珍贵。

　　为了维护好这片特色的风土和独特的葡萄园品质，庄主亚伦严格控制每年的产量，防止产量的少量增加使这片风土的负担加重，采取在东侧摘叶，在葡萄成熟后进行疏剪，以促进每串葡萄之间的自然通风。通过手工采摘，确保每串葡萄都是健康、清洁和成熟的。

　　葡萄园采取有机、免耕和生物动力法管理葡萄园，使葡萄园处于良性的循环之中。石灰石-黏土的土壤以及适宜的雨水，使葡萄园全年都在自然稳定的水分控制之中，同时赋予了葡萄酒矿物质的味道和强劲的酒体特性。

　　历史和研究证明，波尔多右岸最适宜的酿酒葡萄品种是品丽珠和美乐。很长一段时间，酒庄以美乐为主，经过多年的研究和酿酒经验，酒庄决定重新种植品丽珠并提高其比例；同时，精心管理好核心品种美乐。结合美乐极适应夏秋两季越来越热的趋势，加强葡萄园管理，使美乐品种表现出历史性的新高度。

　　过去几十年来，酒庄的管理者小心谨慎地适应气候变化，特别是在控制病害发生和治理过程中，对葡萄园甚至每株葡萄枝叶上更精细和有效地使用矿物质药剂，以预防和治理隐性疾病，并采用新型喷雾器的装备和技术减少药剂的使用剂量。确保果实的清洁、干净和果皮圆润细腻。

三、精细酿造，独特家族传统工艺

　　一直以来，奥松酒庄以诗人为名，故一直有"诗人之酒"的美誉。它的酒品也让收藏者和消费者感受到诗人的独特气质：强调高傲独特的风格，尤其是它的陈年潜力极好。品尝一款陈年奥松时，单宁中庸优雅、颜色至美、香气集中又复杂的特质令品赏者惊叹不已。正如帕克先生所形容的那样："如果耐心不是您的美德，那么买一瓶奥松庄园就没什么太大的意义！"

　　奥松酒庄的发酵车间也处于山顶的半地下之中，温度恒定，通风干净。由于产量不高，采用几个2000升的百年橡木桶发酵罐发酵，采用自家葡萄园的酵母种群，以传统的家族传承的酿造工艺用心呵护着葡萄果实，使它们的发酵有序进行并保持着极致的独特品质。

　　奥松酒庄的酒窖也极具特色，它处于天然的石灰岩洞之中，自然通风，清新、清爽。

奥松酒庄的发酵车间
和精细酿造

处于天然石灰岩洞中
的奥松酒窖

作者的奥松酒庄经历与体会

自从创办中国农业大学的葡萄与葡萄酒工程专业以来，偶尔能品到奥松葡萄酒，总是被它的清新干净，复杂的果香，柔润的口感，丰满的酒体和持久的回味所迷倒，但是，由于它的难得，所以，多在心里感慨。2010年开始到波尔多品鉴期酒以后，每年都能品奥松了，而且与庄主也接触多了，更加地尊重它的葡萄园和它的主人。

作者曾经多次访问奥松酒庄，每次访问，都深深地被庄主那份发自内心地对葡萄园的热爱和尊重，对葡萄酒品质的极致追求而感动。有两次酿酒季，作者恰好也访问酒庄，庄主及家人都在亲力亲为地酿酒，那种专注和细心，至今仍历历在目。几次在酒庄品赏奥松酒品，更是印象深刻。

2012年，作者与DIVA波尔多总经理如松（Jean-Pierre Rousseau）先生访问奥松酒庄，在品鉴还在木桶中的2011年期酒的同时，庄主亚伦先生还亲自开了一瓶1995年奥松酒庄老年份酒，使人至今难忘。酒色深黑红且发紫蓝光，香气开放浓厚，复杂，入口润滑丰满，单宁密集优雅，口感醇厚，回味十分持久，是一支还可保存很多年的极品。2013年10月，作者又到访酒庄，受到了庄主亚伦先生的热情接待。2013年是波尔多葡萄酒产业的困难之年，也是右岸复杂而困难的一年，但是，奥松酒庄的良好风土风水条件充分显示了它的优势，虽然产量减少了，但是，葡萄仍然保持高品质，使庄主倍感高兴。庄主亲自讲解了当年酒庄葡萄园、气候和酿酒的情况，并请我们品鉴了2013年刚发酵15天的原酒，2012年还在木桶陈酿的期酒，2009年、2003年年份酒。不同年份、不同发育阶段的酒品，都给品鉴者震撼，清新丰厚的果香和矿物香，丰满平衡润滑的酒体，优雅的单宁和活泼怡人的酸都显示它们很好的收藏潜力。可见，庄主对葡萄园管理和酿造是多么用心。他常说，葡萄园风土和果实品质是酿造美酒的关键，必须用心呵护和培育好它们，才能酿出独特的美酒。

2015年6月，作者又一次来到奥松酒庄，亚伦庄主因为本次的到访非常开心。此时，奥松酒庄由于业务需要，收购了一些圣·艾米隆产区的列级酒庄。所以，我们首先品鉴了奥松及旗下酒庄的多款美酒。2014年的奥松正牌，虽然还是期酒，却已经没有那种新酒生涩的感觉，香气喷涌而出，花香、果香复杂丰富，李子、樱桃和淡淡的玫瑰香，使酒品充满魅力。这次，亚伦庄主特意开了两瓶老年份的奥松酒给我们品赏。1962年份酒，矿物、烘烤香气，随着开瓶酒持续散出，咖啡、浆果和果酱的香气随后紧跟，口感圆润，丝滑柔顺，单宁丰满细腻，酒体活泼有力，余味持久香甜，真想不到经历了50多年还这么复杂和有活力！更令我们惊喜的是庄主又拿出了1955年的年份酒，酒色已经成为深琥珀色，但还是鲜活靓丽，开瓶后的淡淡马厩味，稍微醒酒后很快就变为皮革、果酱、烘烤以及果香，且持续不断，口感活泼细腻，润滑优雅，似乎还比1962年的更年轻似的。我们都被奥松葡萄酒的魅力所征服。其实，1955年和1962年，是奥松酒庄很困难的时期，那时，由于家族的困难，酒庄的运营也出现了一些问题。但是，即使那样，他们对葡萄园的维护和酿造也是用心的，从没有使那片葡萄园风土出现问题。

作者访问奥松酒庄

5.3 法国波尔多葡萄酒的当代奇迹：
里鹏酒庄

里鹏酒庄（Le Pin）是法国葡萄酒界半个世纪以来最引人注目的成就，极致的酒品和特色受到酒评人认可。里鹏酒庄虽已闻名于世，但它却是一个没有大城堡的小酒庄，酒庄的面积太小，只有一间酿酒和存酒的"小屋"。

里鹏酒庄建立于1979年，位于波美侯产区，毗邻天鹏家族的另一个著名的酒庄：老色丹酒庄（Vieux-Château-Certan），著名的帕图斯酒庄也近在咫尺。20世纪80年代以前它只是一块默默无名但是葡萄品质极好的小葡萄园，面积只有1.06公顷。当年，比利时葡萄酒零售商天鹏（Thienpont）家族从洛比夫人（Madame Laubie）手里购买了这块葡萄园，并开始酿酒，迅速得到世界葡萄酒界的认可。洛比家族是在1924年拥有这块土地的，园主每年都将所产的葡萄酒以散装酒的形式出售给当地的酒商。1979年，眼光独到的

天鹏父子看中了里鹏庄园，以100万法郎的天价买下了这个小小的葡萄园。由于它仅有1.06公顷，小到法文名中没有意为"酒庄"的名词（"Château"或"Domaine"），而只叫"Le Pin"，当然，这也有庄主低调做人的风格。里鹏这个名字来自一棵靠近葡萄酒酿造小屋的杉树。

天鹏收购庄园后立下目标，誓言要将里鹏庄园建设成为与帕图斯酒庄一样著名的酒庄。当时，里鹏庄主所做的一切均以帕图斯为目标，无论是葡萄园所种酿酒葡萄品种及比例，还是种植密度、酿造方式，更重要的是品质的极致目标。所以，接管庄园后，葡萄园内所种植的葡萄品种比例被调整为90%美乐和10%品丽珠。葡萄园的管理精细到每一株都细致呵护。按照维护该葡萄园风土持续稳步提升的标准，平均每公顷葡萄园只出产葡萄酒2500升，单位面积出产酒量只有许多著名酒庄的一半。

里鹏酒庄

里鹏酒庄葡萄园

里鹏酒庄葡萄园风土

20世纪80年代，庄主又买下了旁边一小块约1公顷左右的小葡萄园，扩大了里鹏葡萄园的面积。由于庄主的高标准精细管理和该葡萄园天生的酿酒葡萄生长的优良逆境条件，天、地、人得到完美地结合，使得里鹏庄园酿造的酒一经推出就声名大噪。

如今，里鹏庄园已经成为了波美侯产区葡萄酒庄园中的传奇，世界葡萄酒痴迷者的膜拜地。1980—1990年，酒庄酒品迅速成为了当今波尔多的极致代表酒品。里鹏葡萄酒在品质和价格上也都在不断挑战帕图斯酒品在波尔多葡萄酒界的霸权主导地位，由于它的稀有性，令人难忘的名字，低调朴实的标签以及富有魅力的一流酒品，使其在短短几年内就飞上云霄成为极品。

里鹏的酒质与帕图斯酒庄相近，虽不如帕图斯的"纯正"（100%美乐品种）与浓厚，但是果香更突出，更浓郁，轻摇一下酒杯，一股丰满的有层次的香气立刻涌出，酒体强劲平衡，与帕图斯酒庄酒品极为神似，由于它不仅强调收藏性，还强调它的早期适饮性，因此，无论什么时候饮用都会给你惊喜。

里鹏酒庄每年虽只有6000～7000瓶酒品上市，但在市面上流通的只有1500瓶左右，其中3/4卖到英国，仅有少数流到美国等其他国家。它的品质和神秘使它迅速成为世界葡萄酒界的宠儿，并影响世界高端葡萄酒产业发展的思路。2013年，它进入了世界葡萄酒十大最有影响力品牌，它的酒品价格在世界最贵的50名葡萄酒中排名第16名左右。

多数酒评人都认为里鹏"青出于蓝"。德国专业葡萄酒双月刊《一切为酒》（*Alles uber Wein*）在1995年第6期报道了一则"里鹏挑战帕图斯酒庄"的消息。由10位德国著名的品酒家及一位新加坡的藏酒家所提供，对13个年份（1979—1990年份以及1992年份）的"里鹏"及"帕图斯"作盲评，结果有9个年份"里鹏"胜过"帕图斯"，其中包括1979年里鹏的第一个年份。可见，里鹏酒品不凡的品质。在1997年年初，美国《葡萄酒观察

里鹏酒庄发酵车间和酒窖

家》杂志对1994年份的"里鹏"及"帕图斯"评分95分及93分，美国葡萄酒市场价分别为400美元及375美元。

虽然价格高低不能评判一款酒，但是，有时市场的价格又能说明酒庄和酒品的价值。以2006年5月伦敦的酒市行情来作标准，一箱1996年份的"帕图斯"价格为3910英镑（约合5.4万元人民币），而"里鹏"为3563英镑（约合5万元人民币），分别居于全部波尔多酒最贵的第一、二名。拉菲庄园及拉图庄园为2500英镑，木桐庄园为1086英镑，远落在后面。而同时期美国也上市了2002年份的"里鹏"及"帕图斯"（皆为93分），价格前者为700美元，后者为600美元，两者不分伯仲。

其实，里鹏酒庄的葡萄酒并不完全是用波尔多传统方法酿制的葡萄酒，它侧重于葡萄酒的果香，希望果香丰满厚实有层次感，而且绵绵不断，酒体丰满并带有精致优雅的单宁，酸感怡人，余韵长久并含有果香。它们年轻时就已经适合饮用，但真正成为佳酿的高峰期大约要等陈酿过后的15年左右。由于这些葡萄酒非常华丽，在与美食搭配中，它酒中果香突出，跳跃，且不断带出美食的香甜口感。

希望中国也能出现里鹏这样的极品小酒庄，因为，中国也有类似的风土风水条件，适合酿酒葡萄生长的逆境条件，关键是要尊重土地、尊重葡萄和葡萄酒，精细管理葡萄园。希望有热爱葡萄酒的投资者和酿酒师早日实现梦想，相信中国也能酿出具有原产地认证、优质高端的酒庄葡萄酒和单一园产地葡萄酒。

作者的里鹏酒庄经历与体会

　　记得2012年法国波尔多期酒销售期，作者的一个好朋友买到了一箱12瓶的里鹏酒庄酒，想起当年在里鹏酒庄品期酒时它丰满优雅的果香，强劲平衡的酒体，持久的回味，我就很是羡慕朋友。据说，这是天鹏（Thienpont）庄主分给中国大陆市场的唯一一箱份额。2013年4月，我和葡萄酒大师安东尼·汉森（Anthony Hanson）先生等一起访问里鹏酒庄，庄主天鹏先生以及他的儿子热情地接待了我们，我们一起品鉴了里鹏酒庄酒的魅力，确实果香丰富，源源不断，是能感受到大自然给予的真正的天润之液，让人记忆深刻，以后每年，我们都要去里鹏酒庄和天鹏庄主一起品酒，有时庄主还会拿出一些老酒，如1995年的年份酒等和我们一起品赏，真是难以忘怀那些美好时光。可能葡萄酒酒痴们更能深切体会其中的快乐。

作者访问里鹏酒庄

5.4 葡萄酒品质和文化艺术结合的典范：
木桐酒庄

木桐酒庄

木桐酒庄原名"Château Brane-Mouton"，1853年被纳撒尼尔·德·罗斯柴尔德（Nathaniel de Rothschild）改名为"Château Mouton Rothschild"，它也是波尔多第一个开始完全由酒庄自己装瓶的酒庄。

木桐酒庄让人们尊敬，津津乐道，重要原因就是它的坚持，坚持不断地提高品质，为葡萄酒爱好者、消费者和收藏家服务。1855年法国波尔多列级酒庄官方分级是针对酒类市场所做出的分类，但唯一一个拥有市场高价位却被排拒于一级酒庄行列之外的就是木桐酒庄，当时菲利普·罗斯柴尔德（Philippe Rothschild）男爵称之为"可怕的不平等"，因为它的葡萄园当时刚被英国人买走而不再由法国人持有。然而木桐酒庄的拥有者一直没有灰心，并坚持着一级酒庄的酒品品质（市场也一直认可其一级酒庄的价位），持续不断地争取让木桐酒庄的品质和名位从二级升为一级酒庄。这是一个近乎不可能的任务，因为酒庄升等级的条件中，除了法国官方的繁复程序以外，还必须有1855年分级中53家酒庄主人的一致认可才行。然而，在木桐酒庄人的坚持和努力下，得到了全部酒庄主人的同意，由当时的农业部长希拉克确认其升级为一级酒庄。

一、木桐酒庄的艺术酒标

木桐酒庄的葡萄园在著名的葡萄酒村波亚克村（Pauillac），占地约82公顷，种植的葡萄品种包括赤霞珠（77%）、美乐（11%）、品丽珠（10%）和小味儿多（2%），另有4公顷的白葡萄。

木桐酒庄除了其品质上好的葡萄酒之外，最吸引人的一点是其独特的艺术酒标。1924年为了庆祝首次酒庄自己罐装成品酒成功，时任庄主菲利普·罗斯柴尔德男爵邀请了当时古巴著名的海报设计师让·卡吕（Jean Carlu）为这瓶酒设计了一款另类酒标，由此开创了世界葡萄酒酒标艺术设计的先河。虽然，当时这一做法并没有在次年及以后很长一段时间延续，但是，影响是深远的。自1945年起，木桐酒庄每年都会邀请一位知名艺术家设计酒标。著名的艺术大师如米罗（Miro）、毕加索（Picasso）、达利（Dali）等都在酒庄的酒标上留下了作品。在木桐酒庄的艺术酒标历史上，有几个年份是大家熟悉且特别关注的。

（1）1945年　第二次世界大战胜利，法国解放，世界和平，这恰巧也是波尔多葡萄酒的最佳年份之一。庄主委托青年画家菲利普·朱利安（Philippe Jullian）绘制一幅"V"的胜利标签，并获得市场的极大欢迎。自此以后，庄主每年邀请一位当年的知名画家，为葡萄酒设计并绘制酒标。仅有两次例外，其标签是由酒庄自己设计的。

（2）1953年　为了庆祝拥有木桐酒庄100周年，庄主的肖像被使用在酒标上。

（3）1973年　木桐酒庄重新被评定为一级酒庄，酒庄当年邀请巴勃罗·毕加索（Pablo Picasso）绘制了酒神祭作为酒标。

（4）1977年　英国女王伊丽莎白二世及其母亲伊丽莎白王太后拜访了木桐酒庄，这次的拜访也被设计在酒标上作为纪念。

（5）历史上有两次"在同一个年份中的酒上使用了两个酒标"的特殊例外。第一次是在1978年，蒙特利尔艺术家让·保罗·里奥皮勒（Jean-Paul Riopelle）提出了两个酒标，庄主因为两个都很喜欢，所以就将生产的酒分成两部分分别使用两个酒标。当然，这次也很成功，当年份的酒市场更紧俏了一些。另一次是在1993年，波兰裔的法国画家巴尔蒂斯（Balthus）在酒标上画了一个性感的裸体少女，因此被美国烟酒枪械爆炸物管理局（BATFE）禁止上市。当时有人建议酒庄庄主更换酒标，然而酒庄庄主坚持不换，因此，当年在美国上市的年份酒的酒标是和法国及国际上其他市场不同的版本，其酒标以空白取代原本裸女的位置，但此举反而引起收藏家竞相收购两个不同版本的酒品，使得1993年的酒价上升不少。这个换标签的特色导致在拍卖会上，该年份木桐酒庄的酒与大多数其他未更换标签的年份和同年份的其他四个一级酒庄的市场价格相比更为昂贵，相对于其他年份酒也更紧俏，更有收藏价值。

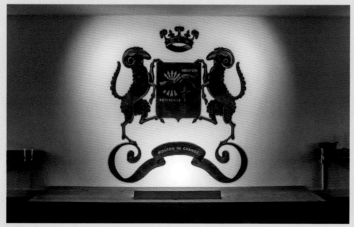

木桐酒庄的徽标和酒标

二、酒庄发展战略

1. 坚持品质和艺术相结合，强化酒庄酒品的收藏和投资价值

与波尔多其他列级一级名庄一样，木桐酒庄尊重酒庄葡萄园风土，努力将酒庄的酒品品质酿造到最佳状态，充分地凸显酒庄的风土特色。但是，与其他酒庄不同的是，木桐酒庄自从开启了酒庄酒（正牌酒）的艺术酒标风格后，就坚持将年份酒庄酒的品质与艺术酒标完美结合，不仅让酒庄的消费者享受酒庄酒给他们带来的美味、健康和快乐，而且，强化艺术酒标与当年酒品特色的结合，强化酒庄酒的金融投资价值和收藏价值，使酒庄价值提升和可持续发展。

中国是一个人口大国，也是葡萄酒潜在的巨大市场。早在1996年，为了推动酒庄酒在中国的推广和酒庄品牌在中国的影响力，酒庄就邀请了中国著名书画家古干先生创作和设计酒标。古先生是中国现代书法发起人，他在保持中国书画传统的同时，又进行了创新，将色彩赋予书法，在画面上增添了具有突出中国元素的印章，将书法作为连接中国文化与西方抽象艺术的桥梁。他的酒标突出了经典的中国书法元素，将色彩不同、笔画差异的五个汉字"心"融入画中，细腻精巧，别有寓意又富于视觉力量。完美地突出了1996年份酒清新而圆润、单宁复杂丰富而又优雅的特色。结合2008年北京奥运会的举办，酒庄又特邀请中国著名画家徐累先生设计酒标。徐先生以悠远

木桐酒庄葡萄园风土

木桐酒庄发酵车间

木桐酒庄的精准酿造
管理

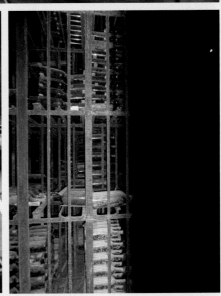

娴静的蓝色为背景，再加上通灵剔透的假山、如屏风般开启的古典园林洞门、遍布五大洲的葡萄藤蔓，突出中国文化元素，画中的公羊，是酒庄的标志，也是中国的吉祥动物；吉祥开泰，象征着中法人民美好生活的新开端。酒瓶上还设计了中文的"八"字，更是凸显中国文化。2018年，又是木桐酒庄的一个大年份，酒庄又请中国"造字"艺术家徐冰先生将木桐酒庄的英文单词"Mouton"和"Rothschild"创造了两个形似"汉字"的英文方块字。在引发了人们对东西方文字艺术的思考的同时，也引发了中国和法国等喜爱木桐酒庄的爱酒人对该款酒的特色和风格的探讨与追求。其结果，1996年，2008年和2018年年份酒都是中国葡萄酒消费者钟爱的年份酒和重要的收藏酒，酒品价格和收藏价值也逐年提升。

木桐酒庄的精准陈酿和精细的老年份酒陈年

2. 扩大木桐酒庄品牌影响力，加强与其他产区合作，推动葡萄酒产业的发展

与拉菲罗斯柴尔德集团一样，木桐酒庄的辉煌，也促进了木桐罗斯柴尔德家族葡萄酒集团（以下简称集团）的发展。1970年集团与木桐酒庄一起收购了1855年列级名庄五级庄克拉米隆酒庄（Château Clerc Milon），稍后收购了紧邻木桐酒庄和拉菲酒庄的1855年列级名庄五级酒庄达玛雅克酒庄（Château d'Armailhac）。它们都一起纳入木桐酒庄的品牌市场推广和发展。木桐副牌和这两个五级酒庄也是设计的艺术酒标，只是没有每年更换，由于酒标也非常容易在市场中货架识别和大脑记忆，加上品质优异，特色突出，高性价比，也极受市场追捧。

尽管如此，木桐酒庄酒（正牌）和副牌酒以及两个五级酒庄的产量都不能满足葡萄酒市场对木桐品牌葡萄酒日益增加的需求，为了将木桐的品牌效益做大，让更多的消费者品赏到集团生产的酒品，集团也稳步推动家族葡萄酒产业的扩张。但是，其做法与拉菲集团明显不同。为了推动葡萄酒新世界国家的产业发展，木桐酒庄和世界的一些主产区的酒庄合作，通过输出发展理念和技术，并建立新的品牌，诞生了美国纳帕产区的"作品一号"（Opus One）、智利迈坡谷产区的"活灵魂"（Almaviva）等一批世界级的葡萄酒。作品一号酒庄是木桐酒庄和美国蒙大维合资建立的酒庄，其在市场上常被消费者和经销商称为"美国酒王"，是全美顶级的葡萄酒之一；活灵魂是木桐酒庄和智利干露酒庄合资建立，其酿造的"活灵魂"也被消费者和经销商称为"智利酒王"，有力推动了合作产区乃至所在国葡萄酒产业的发展，大大地增加了木桐酒庄品牌在所在产区和所在国的影响力。

同时，木桐家族也开发了高性价比的品牌葡萄酒，如"木桐嘉棣"（Mouton Cadet）等葡萄酒，不仅秉承了木桐家族对葡萄酒品质的一贯追求，还凸显了极致的产地风土表现，深受世界葡萄酒市场的欢迎。木桐嘉棣诞生于1930年，因为1928年和1929年法国梅多克产区气候异常，当时葡萄种植技术不能应对气候不佳对酒的质量影响。为此，木桐酒庄庄主菲利普·罗斯柴尔德男爵为保持木桐酒庄酒的品质和声誉，决定1930年生产的酒不以木桐酒庄标识，而将这款酒命名为"Mouton Cadet"。虽然该品牌酒的出现是被动的，表现了庄主对木桐酒庄品牌和酒品质量的极致追求，但是也促使庄主思考，酒庄不仅需要对葡萄园风土的维护和对葡萄酒质量的极致追求，也需要一个有效的市场战略和灵活的销售策略，更需要另一个市场品牌来推动产业的发展。于是，从1931年开始，木桐嘉棣改以木桐酒庄部分葡萄、波亚克村和圣艾斯代夫村的葡萄园葡萄酿成，由此迈出了品牌酒的第一步。1932年，为保持酒品质量和产量的稳定性，庄主决定将收购葡萄和酒的范围扩大到整个波尔多地区，并制定了严格的收购标准，开创了以高档酒庄声誉带动品牌酒发展的时代，也因此推动了木桐酒庄葡萄酒产业的扩张。早期，品牌仅在法国闻名，随着品牌声誉的扩大，1950年开始进入英国市场，1960年进入美国市场，并逐步成为享誉世界的波尔多品牌酒。庄主于1972年又发展了"木桐嘉棣"白葡萄酒（Mouton Cadet Blanc），以新鲜果香和圆润柔和为特点的"木桐嘉棣"白葡萄酒立刻流行世界。由于木桐品牌的纳入和容易识别和记忆，经过几十年的精心发展，"木桐嘉棣"已经畅销欧洲、美洲和亚洲市场，俨然成为了波尔多葡萄酒的代表，成为葡萄酒市场最具竞争力的品牌。"木桐嘉棣"葡萄酒虽然质量上不如木桐酒庄，但是仍然是优质波尔多葡萄酒，质量稳定，而且家族制定了优惠的市场价格，这样就有了物美价廉的品牌葡萄酒"木桐嘉棣"。

作者的木桐酒庄经历和体会

波尔多左岸的木桐酒庄，由于每次品赏其酒品时都被它细腻优雅的品质所征服，加上酷爱它的酒标，所以，它一直就是我最爱的酒庄之一；刚进入葡萄酒学科时，我的一个梦想就是集全木桐酒庄的酒标，所以，第一次去木桐酒庄时，就购买了两套酒标。每次访问木桐酒庄，更是陶醉于它的期酒中，一般而言，很多名庄酒品总是要等到它的最适饮用期才会灿烂，但是，木桐新酒清新丰富的果香，优雅又有点强劲的单宁，清爽而平衡的酒体，留香悠长都令人惊喜。每年期酒品鉴，都让人体会到它坚持传统与创新结合，追求品质，尊重葡萄园的风土、尊重科技、尊重艺术、尊重消费者的精神。

由于喜爱木桐酒庄，加上又是葡萄酒业内人士，所以，得以在很多场合品鉴木桐酒庄酒，由于喜爱，每次都很开心，脑子里出现最多的信息还是它优雅清新的品质，从来就没有让人产生不适宜的感觉。木桐酒庄之所以长久得到市场的认可和追捧，最重要的就是木桐人对品质和风土的极致追求。2013年7月，在国际著名的葡萄酒大师安东尼·汉森（Anthony Hanson）访问北京期间，我们一起品鉴1976年的"木桐"，大师对"木桐"的尊重，对老年份酒的尊重，让人深深感动，他亲自示范开酒、倒酒、醒酒，那份认真细致至今历历在目。而且，酒品的酒色还是浅宝石红的漂亮色彩、果香还是那么清新，酒体还是那么的活泼有力，那么的圆润，使大家陶醉其中。

2010—2019年，作者几乎每年都去波尔多品期酒，每年印象最深的都有木桐酒庄。印象最深的期酒有：

（1）2013年4月　在木桐酒庄品鉴2012年期酒，似乎是被它深深折服，那天虽然下雨，心里也是热乎乎的。翻开2012年期酒品酒笔记，上面记着：

木桐罗斯柴尔德酒庄酒（Château Mouton Rothschild）：浓郁红黑色的酒色，清新迷人优雅的香气，伴有黑醋栗、黑莓等气息，清爽饱满的酒体，紧致、集中，优雅的单宁显示果实已经充分成熟，口感带有巧克力和香草的味道，迷人、平衡而强烈。新鲜、雅致的收尾带有矿物质的气息。

小木桐（Le Petit Mouton de Mouton Rothschild）：酒色呈深紫红色，光泽诱人。香气清新、丰富，带有成熟水果的诱惑，甜樱桃和黑莓的感觉。入口柔和，而后显露出饱满的酒体和辛香的味道，单宁柔顺，回味持久，略有矿物气息。

确实值得收藏，并期待着早日享受它。

（2）2014年4月　2013期酒品鉴，恰好碰上已经年长的庄主菲利屏（Philippine）男爵，从1988年开始，她就接替其父罗斯柴尔德男爵担任酒庄庄主，对木桐酒庄的发展和壮大，以及木桐酒庄葡萄酒品质的不断提升做出了突出贡献。我们聊起木桐的酒品品质，木桐酒庄在中国市场的发展，在中国葡萄酒收藏家、爱好者心目中的地位，她对木桐深深的爱让我们感动，而且她反复提及木桐酒庄的白葡萄酒，说木桐酒庄的白葡萄酒品质已经大大提升，对得起木桐酒庄的名望，应该好好推广了。从这也可以看出，木桐酒庄人对品质的极致追求。可惜的是，期酒过后的8月22日，她就离我们而去了。"逝者如斯夫，相信 Philippine 男爵一定不后悔自己曾经做过的选择，自己走过的所有路。她用自己优雅的一生来告诉人们，在追寻美好的道路上，永不止步。"

访问木桐酒庄和品鉴
木桐酒品

5.5

健康和旅游元素融合的典范：
史密斯拉菲特酒庄

史密斯拉菲特酒庄

一、历史

史密斯拉菲特酒庄（Château Smith Haut Lafitte）位于波尔多城南边，佩萨克 – 雷奥良（Pressac-Leognan）小产区中的马尔蒂亚克（Martillac）村，是波尔多左岸格拉夫（Grave）产区的列级酒庄。早在1365年，著名的勃斯高（Bosq）家族便已在这里种植葡萄。

18世纪，苏格兰航运商乔治·史密斯（George Smith）买下这个酒庄，把自己的名字加入酒庄名之中，命名为"史密斯拉菲特酒庄"。随后，他规划设计和修建了现在的酒庄建筑，并开始用自己的船只将葡萄酒出口到英国，所以在这个时期，酒庄已经扬名海外。

1842年，当时的波尔多市长杜福 – 都伯吉埃（Duffour-Dubergier）先生是一名痴迷的酿酒葡萄种植家，从母亲手中继承了史密斯拉菲特酒庄，精心地管理着酒庄的葡萄园，并带领着酒庄登上列级酒庄的行列。杜福 – 都伯吉埃先生在任市长期间，还是1855年分级制度创始人之一，应法国巴黎世博会组委会要求，制作了一幅波尔多主要酒庄分布示意图并主持了梅多克产区和苏玳产区的酒庄分级，建立了全球第一个影响深远的列级酒庄制度，并为波尔多带来了巨大的富裕与名誉。

20世纪初，路易·埃森诺（Louis Eschenauer）公司开始关注史密斯拉菲特酒庄及葡萄酒酒品，而且越来越着迷于该酒庄，

史密斯拉菲特酒庄建筑

最终于1958年获得酒庄所有权。随即对酒庄进行了大量投资，包括规划设计和建造了一座宏伟的地下酒窖，可以容纳2000只橡木桶。

1990年，一个完美的波尔多葡萄酒年份。法国前滑雪冠军丹尼尔·卡迪亚德（Daniel Cathiard）成为酒庄的现任庄主。丹尼尔夫妇不仅把酒庄的传统品质提升到一个新的高度，而且结合酿酒葡萄的综合开发，特别是多酚养生产品的研发，通过健康养生休闲旅游，促进酒庄走向辉煌。

史密斯拉菲特酒庄的徽记上有个倒置的皇冠，中间一个月牙代表酒庄所处的位置——波尔多海湾。从历史上可以看出，波尔多葡萄酒之所以闻名世界，其最早的功劳归功于包括史密斯拉菲特庄园酒庄前庄主——苏格兰航运商史密斯（Smith）先生在内的英国商人，英国本身不生产葡萄酒，是他们把法国葡萄酒推广并销售到了全世界。

二、酒庄特点

1. 建筑风格

史密斯拉菲特酒庄的建筑群规模相当大，不仅有酒庄城堡、酿酒车间、大型地下酒窖，还有规模不小的高级度假宾馆、葡萄精华理疗美容SPA中心、高级餐厅，庭院里还有花园、小湖流水、众多的雕塑，最有名的就是雕塑《Leap Hare》（跃兔），这是酒庄的代表作，史密斯拉菲特酒庄也被公认为目前法国最英式的酒庄。列级酒庄史密斯拉菲特的酒品品

史密斯拉菲特酒庄《跃兔》雕塑

英式建筑风格的庄园和丹尼尔·卡迪亚德庄主

质不仅一流，而且酒庄的特色建筑、葡萄园艺术景观和特色餐厅、酒店，通过健康养生休闲旅游，促进酒庄走向了辉煌。

2. 风土和酒品特性

拉菲特（Lafitte）的意思是"比较高的小丘"，可见酒庄的位置和风土条件，对酿酒葡萄来说是极佳的产地。酒庄所在地的土质结构是由鹅卵石和砾石组成的沙壤，由于历史上加隆河泛滥的洪水，造就了今天沿比利牛斯山脉冲刷下来的深厚鹅卵石层，葡萄园表层布满了大大小小的砾石。这种土壤透水性好，贫瘠的土质一方面使葡萄树往下扎根获取水分和养分，根系最深可达6米，另一方面，这种酿酒葡萄生长所需逆境有利于诱导次生代谢，产生更多的多酚类物质，此外，土壤表层的鹅卵石通过将太阳光线反射，使得葡萄果实成熟得更充分。

史密斯拉菲特酒庄拥有72公顷土地，56公顷为葡萄园，其中45公顷种植红葡萄品种，有55%的赤霞珠（Cabernet Sauvignon）、34%的美乐（Merlot）、10%的品丽珠（Cabernet Franc）和1%的小味儿多（Petit Verdot）；11公顷为白葡萄品种，种植有90%的长相思（Sauvignon Blanc）、5%的灰苏维翁（Sauvignon Gris）以及5%的赛美蓉（Semillon）。葡萄树平均树龄38年以上，葡萄酒在5000～10000升的橡木桶和不锈钢发酵罐中发酵，然后在50%新桶比例的225升小橡木桶中陈酿15～18个月，而后无过滤装瓶。

史密斯拉菲特酒庄葡萄园风土

史密斯拉菲特红葡萄酒的特色很传统，充分体现了格拉夫产地的本色，赋予了史密斯拉菲特葡萄酒独一无二的轻微的熏烧香味。大部分赤霞珠在成熟时采摘并缓缓地酿制，以便提取最优雅、柔和的单宁，并在几年后充分显示其潜质，以保证典雅和坚实的酒体结构、清爽和复杂、平衡和丰满。

三、经营酒庄成功经验

丹尼尔·卡迪亚德入主酒庄后，怀着对酒庄和葡萄酒的激情，对酒庄发展战略进行了修订，在保持酒庄传统品质的基础上，规划设计了酒庄新的发展思路，改善和提升酒庄的设施、设备和技术，谱写了一个可歌可泣的新篇章。

1. 修订酒庄的发展战略，通过健康休闲旅游引领酒庄走向辉煌

丹尼尔夫妇通过运动生涯和自身企业的成功经营，积累了雄厚的财力，而且对优质葡萄酒也钟爱有加。因为史密斯拉菲特酒庄出产优质红、白葡萄酒，酿酒史悠久，发展潜力大，另外，还距离波尔多市区和各大研究机构都非常近，所以夫妇俩千方百计将其纳入麾下。尔后，他们还在附近将康得利酒庄（Château Cantelys）和乐蒂酒庄（Château le Thil）也一并买下。

丹尼尔夫妇原是滑雪运动员，他们凭借那

史密斯拉菲特酒庄高标准发酵装备和精细化管理

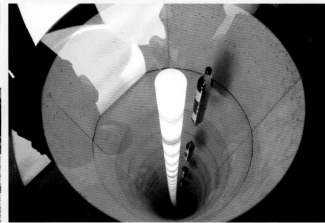

股不言败的体育精神，拜名师，认真学习葡萄酒酿造知识，并对酒庄的发展战略进行了重新梳理，在保持和发扬酒庄的传统品质的基础上，积极拓展酒庄业务，在酒庄建立了一个SPA酒店和餐厅，试图通过健康休闲旅游产业的发展，促进列级酒庄进入一个新高度，再创酒庄的新辉煌，经过多年的努力，他们成功了。

2. 不断提升酒窖和橡木桶质量

丹尼尔夫妇不断拓展酒庄的文化品位。巨大的地下酒窖由蜡烛点亮，单排的容量就高达1000个橡木桶。丹尼尔的私人珍藏酒被分别储藏，由一扇地面暗门与品鉴室连接，这些珍藏酒都由丹尼尔从各大拍卖会上拍得，其中1961年和1948年的史密斯拉菲特酒庄葡萄酒是他的镇窖之宝，也正是对这两款酒的痴迷促使他们夫妇买下这家颇具实力的酒庄。

近年来，酒庄还特意为其副牌酒奥史密斯红葡萄酒（Les Hauts de Smith）建造一个酒窖，名为隐形者（Stealth Cellar）。其位于一块废弃的采石场，半隐于地下，周围还种满了树木，从外部看是发现不了这个酒窖的。

酒庄团队的制桶大师让·吕克·伊特（Jean Luc Itey）是史密斯拉菲特酒庄的重要一员。从1995年开始，酒庄所用橡木桶几乎都出自让·吕克之手，这位大师为了酒庄酒品的不断提升，兢兢业业地规划设计和制作每一个橡木桶，以达到橡木桶的巅峰品质，由于他的努力，酒庄的酒品快速提高，2009年年份酒就被帕克评为100分。现在，就连一级名庄如拉菲、玛歌和侯伯王等酒庄也都从他这里购买部分橡木桶。让·吕克制作的橡木桶年产量约为450个，能满足酒庄本身70%的要求，而其余的则由其他两位制桶大师制作，且都仅用酒庄自有的橡木打造。

3. 打造葡萄园艺术氛围

丹尼尔夫妇按照酒庄的发展目标，利用酒庄和葡萄园的优雅环境，精心地在酒庄葡萄园中布置18个艺术品，如巴里·佛拉纳根

史密斯拉菲特酒庄旅游元素的完善

酒窖和橡木桶质量

（Barry Flanagan）的《跃兔》——现已成为酒庄的标志。不过，丹尼尔现在更喜欢美国工程师查克·霍伯曼（Chuck Hoberman）制作的雕塑，名为《Nousaison》，意为"我们"，是一个可开闭的模型，可象征初夏时期葡萄的生长过程。

查尔斯·哈克可（Charles Hadcock）则为酒庄获得100分的2009年份酒特别设计了一个名为《Torsion II》（意为扭转）的雕塑，还在其里面放置了一个超大型酒瓶，不过酒瓶内并未装酒，因为这里冬天的气温极低，酒瓶可能会被冻裂。

4. 不断追求酒品的最佳传统品质

酒庄的核心就是酒品质量。1990年，丹尼尔夫妇成为酒庄主人后，他们怀着极大的激情投身于史密斯拉菲特酒庄的葡萄园管理和酿酒技术改进。丹尼尔夫妇投入大量资金改善酒庄设施，把现代酿造科技与传统方式相结合提高酒品的品质。

为了更好地了解葡萄园风土，丹尼尔带领着酒庄技术人员花费18个月测量葡萄园土壤的各项指标，也据于此，他们熟悉了不同地点葡萄树的不同需求，还调整了葡萄园的种植密度，保证植株的最优生长状态。

1992年起，酒庄停止使用化学除草剂，实行生物动力法种植葡萄。1998年，酒庄将发酵桶更新为橡木发酵桶，增添了振动粒选挑选台。收购酒庄初期，酒庄葡萄酒聘请波尔多传奇酿酒师艾米尔·佩诺（Emile Peynaud）酿制，而丹尼尔本人也师从帕斯卡·利宾瑞安·加扬（Pascal Ribeyreau-Gayon）、丹尼斯·杜布尔迪厄（Denis Dubourdieu）和米歇尔·罗兰（Michel Rolland）等人学习酿酒技艺。至今，著名酿酒天才罗兰仍是酒庄的酿酒顾问。所有措施的目标都是不断提升酒庄酒品的品质。

功夫不负有心人，在2012年初，国际著名品酒师帕克宣布酒庄2009年份酒为100分。自从2009年份酒为满分酒后，葡萄酒买家和爱好者对酒庄葡萄酒的需求开始疯涨，其价格也不断攀升，从2010年6月到2011年6月的一年间，2009年份酒几乎都维持着发行价（97欧元）；然而，在帕克评分之后的2012年1月，其价格就飙升至150欧元；到了2013年6月，2009年份酒已经上涨到了234欧元。而这一现象并不是所有波尔多葡萄酒都有的，也显示着市场对酒庄葡萄酒品质不断提升的期待。

葡萄果实生长艺术模型《Nousaison》

5. 美酒、美食和健康体验

丹尼尔夫妇为了推广葡萄酒的健康体验，将美食、美酒和养生结合起来，在酒庄附近规划设计了高级度假宾馆（les Sources de Caudalie）、葡萄精华理疗美容SPA中心（Caudalie Vinotherapie Spa）和科达利（Caudalie）高级餐厅，当葡萄酒庄与美食、养生、休闲度假融为一体时，立即成了让世人向往不已的梦境般的体验。不论是池塘中的天鹅、黄昏时分如赤霞珠酒色般的天空，还是沐浴在葡萄酒精华中全身心的欢愉和舒畅，都会诱使葡萄酒爱好者和收藏者放弃离开的念头。在宽广的葡萄园中，它们伫立在一条路的两边，一个提供上好的葡萄酒，一个提供欧洲排名第一的SPA，而两者的原料都是酿酒葡萄。

丹尼尔夫妇在建立世界上第一家葡萄酒疗温泉中心的同时，还创立了欧缇丽（Caudalie）品牌。Caudalie是葡萄酒的专业术语，是用来衡量品尝葡萄酒后余香在口中停留时间。1秒余香为1 Caudalie。Caudalie的出现将单纯的酒庄改造为一个集酒庄、四星级饭店和SPA于一体的度假休闲理疗胜地。在这里，除了品酒、观光、休闲外，最高级的享受就是做一整套的SPA疗程。所有的SPA疗程都使用当地独特的天然温泉水，以及Caudalie研究室生产的稳定葡萄多酚养生产品。目前，Caudalie因此成为法国最著名的天然护肤品之一。

史密斯拉菲尔酒庄的度假宾馆

5.6 合硕特酒庄

融入天山南麓和硕产区与蒙古族和硕特文化的家族小型酒庄：

合硕特酒庄

一、酒庄创建

2006年6月，和硕县委县政府邀请中国农业大学葡萄酒科技发展中心研究团队考察新疆和硕县葡萄和葡萄酒产业，研讨天山南麓和硕产区酒庄葡萄酒产业带的发展思路。之后，中心与酒庄早期合伙人探讨了建立一个小型酒庄的可能性。怀着对故乡的热爱，以及对和硕优质风土的尊重，合硕特酒庄投资团队在资金并不充分的条件下，就下决心在和硕县清水河流域买下了66.7公顷的荒地，并在中心团队的指导下开始规划设计葡萄园和酒庄。

酒庄建设，苗木先行。为了选好酿酒葡萄种苗的品种品系，保证种苗的纯度，2006年10月，由中国农业大学葡萄酒科技发展中心从中法试验农场引进酿酒葡萄优质种苗插穗，开始育苗并建设葡萄园。

2009年，规划设计第一期半地下发酵车间和酒窖，于2010年建成。

2011年9月，合硕特酒庄采摘园内4年树龄的葡萄酿酒，开启了酒庄酿酒的第一个年份。至2014年底，合硕特酒庄葡萄酒一直未上市销售，而是全部在酒窖被悉心呵护。

中国农业大学葡萄酒科技发展中心和酒庄建立研究基地

2012年10月6日，中国农业大学葡萄酒科技发展中心——和硕分中心在酒庄揭牌成立，由中心主任黄卫东教授带领的农大研发团队开始正式主持合硕特酒庄葡萄酒的酿制。

2012年12月，合硕特酒庄在世界最佳葡萄酒杂志《中国葡萄酒》主办，全球200余家葡萄酒企业参加的2012年度"百大葡萄酒"评选活动中，荣获"十佳魅力酒庄"奖项。

2012—2013年，享誉国际的葡萄酒大师安东尼·汉森先生和西班牙著名酿酒师奥利奥先生相继访问酒庄，对葡萄园风土、品种配置、种植基地管理及酿制的葡萄酒给予高度认可并提出宝贵建议，安东尼先生还给2012年还在橡木桶陈酿的赤霞珠葡萄酒打出17分的高分（20分制）。

2013年，酒庄策划设计第二期半地下发酵车间和酒窖，于2014年6月建成，当年开始酿酒。

2015年7月，合硕特酒庄"天润合硕"2012陈酿型干红葡萄酒荣获2015布鲁塞尔国际葡萄酒大奖赛银奖。

2015年8月，西班牙著名马尔科·阿贝拉酒庄（Marco Abella）庄主夫妇来酒庄参观，给予酒庄高度评价，并与庄主一家人形成了深厚友谊，结成合作伙伴。

2015年8月，合硕特酒庄"天润合硕"2011陈酿型干红葡萄酒荣获2015柏林国际葡萄酒大奖赛金奖。

2015年8月30日，全国政协副主席罗富和携调研组莅临酒庄考察，自治区政协副主席巴代等领导陪同。

2015年9月，合硕特酒庄"天润合硕"2011陈酿型干红葡萄酒在韩国大田荣获2015亚洲葡萄酒大奖赛金奖。

2015年9月，酒庄正式开启了酒庄葡萄酒销售的第一个年份。

二、酒庄名称的由来

2013年和2014年，中国农业大学葡萄酒科技发展中心主任黄卫东教授将2011年和2012年赤霞珠陈酿型葡萄酒调配好后，和庄主一起品赏，深深地陶醉在美酒中，同时，也深深地被这片生养着蒙古族英雄人民和其他民族人民的土壤所感动。一种文化、一片山水和风土滋养着一个独具特色的民族，和硕特蒙古

合硕特酒庄名称

族作为蒙古族大家庭中一个古老而又活跃的部落，具备着与众不同的传统与气质。他们一致认为应该以和硕特部落来命名酒庄的名字。

"合硕特"为"和硕特"的同音同意。和硕特的释义即为"先遣部队"。据历史考究，和硕特部至今已有2000年历史。据史料记载，和硕特蒙古族经过四次西迁（1628年、1663年、1669年、1676年），在伏尔加河流域联合土尔扈特和杜尔伯特驻扎下来。驻牧的140余年间，他们与沙皇俄国进行过控制反控制、奴役反奴役的激烈斗争，始终保持了自己的政治独立性。为了民族生存，1771年，土尔扈特部、和硕特部的英雄儿女们，举行反抗沙皇俄国压迫的武装起义，并经历千辛万苦横跨整个草原向东迁移，牺牲了一半以上的儿女才终于回到祖国怀抱，这就是蒙古史上著名的东归。

和硕特人在每一个历史时期均表现出强烈的爱国精神，他们英勇无畏、团结奉献。因此，合硕特酒庄也要为继承历史文化，打造具有国际影响力的，独具特色的葡萄酒酒品来弘扬民族精神和产区文化。

三、合硕特葡萄园风土特性和逆境有机栽培

1. 位置

合硕特酒庄，地处天山南麓和硕产区。这里北纬42.29°，海拔1100米，位于天山南麓、焉耆盆地东北部，博斯腾湖（中国第一大内陆淡水湖）西北岸，清水河流域向阳戈壁滩；年积温3539℃，无霜期178天，年日照3127小时，土质结构偏硬、偏碱、多掺杂戈壁砾石和片岩，矿物质含量极其丰富，具有良好的通透性；气候干燥，病虫害极少发生，地下水储备丰富；独有的山湖效应及湖光效应为酿酒葡萄提供了独一无二的风土条件。

2. 小微气候

合硕特酒庄北靠天山，南临博斯腾湖。砾石和片岩形成的逆境土壤和适宜的紫外线，令这里生长的葡萄次生代谢旺盛，多酚类物质丰富，干浸出物高达30%以上。

3. 生态建设

由于天山南麓干燥的气候，和硕县西南部接壤的焉耆县就是西北风的风道，对酿酒葡萄果实表皮的成长具有一定的威胁。为了构建酿酒葡萄生长的良好生态环境，酒庄首先在葡萄园周边大面积栽种了加强版防护林带（比常规防护林多50%以上），通过绿植固土，形成了一个独特的生态微气候，以保护葡萄的健康成长。通过9年的种植管理，现已形成葡萄园独特的微气候，防风防沙效果显著，保温保湿的作用也明显表现出来，夏季平均气温较县城低2℃，相对湿度可达35%以上。

4. 有机种植

酒庄拥有100%可控的自属有机葡萄园46.7公顷，已获得国家有机产品认证证书。

合硕特酒庄葡萄园风土

合硕特酒庄葡萄园

有机种植结硕果

主要有适宜本地栽种的典型优质酿酒葡萄品种赤霞珠、美乐、霞多丽等。遵循生态化管理理念，全程严格执行有机管理模式，零污染，杜绝使用任何化肥、农药、除草杀虫剂，利用人工和天敌防治病虫草害。给水采用深井地下水滴灌，仅施用指定牧民山中放养羊群的羊粪，经完全腐熟后制沼液施用。葡萄园工人聘用热爱葡萄种植的当地蒙古族、维吾尔族和汉族居民，他们世代种植葡萄，对这种植物和这片风土充满深厚的情感。

四、酒庄建设设计理念

由于天山南麓和硕产区夏季凉爽，冬季寒冷，全年干燥，年降雨量只有80毫米左右。因此，酒庄规划设计，坚持环保和节能的理念，酒庄不用燃煤、燃气、锅炉取暖。车间和

酒窖采用半地下建筑，深度和墙体要尽可能保证在不用加温的情况下葡萄酒可以安全健康地成熟和陈年。

酒庄设计有接待室、品酒室、餐厅、画廊等功能性空间，突出"生态、环保和简洁"的理念。内部空间集中，外部空间开阔。酒庄内装则强调自然、舒适，使用高采光、保温墙等手段增加室内的光照度和温度，在空间设计上以"家"的设计元素体现家庭小酒庄的理念，使客户来酒庄品酒感受回家的感觉，创造热情温暖的氛围。

五、尊重风土、尊重葡萄的自然属性

1. 逆境栽培，精准管理

和硕县，虽然温度适宜，光照充足，光合产物高，但是原始风土，即清水河畔向阳戈壁

滩形成的贫瘠、紫外逆境突出的生态条件，酿酒葡萄的产量并不高，多年的试验表明，年产量2250千克/公顷，香气物质丰富，酿酒品质极佳。因此，合硕特酒庄按照逆境栽培和有机栽培的目标，葡萄园管理的葡萄产量严格安排在2250千克/公顷左右。这样的管理模式下，葡萄果实成熟充分，果皮细滑，单宁优雅。收获季节，依据品种特性及成熟程度分时分地块晴天采摘，三轮精细手工采摘逐串甄选，保证当日采摘的最佳原料尽快进入酿造车间。

2. 发酵条件和酿造工艺

酒庄的有限资金优先投在发酵车间和地下酒窖的建设上，确保车间和酒窖清洁、干净，发酵和陈酿条件适宜，能充分呈现葡萄酒品质。100多个法国橡木桶为优质葡萄酒提供良好的陈酿条件。在培养好酒庄自己的团队前，由中国农业大学葡萄酒科技发展中心黄卫东教授带领的团队提供酿酒技术并完成酿制。

采用传统酿酒方式与先进工艺相结合，最大程度保留原料的品种特性及产区特色。从破碎到橡木桶发酵、温度控制、酵母的施用等每一个环节，均有严格的控制标准，保证每瓶葡萄酒的自然纯正。

合硕特酒庄精细酿酒工艺与精准酿造

六、酒品创新与市场定位

合硕特酒庄葡萄酒酒品以"自然、醇厚、健康"为目标，强调酒品的自然、厚重、美满。

酒庄的酒品主要分为三个类型，高端适合陈年的"酒庄珍藏"级正牌酒庄酒和副牌"合硕猎人"，以及适宜日常饮用的"珍选"级酒品"合硕特"。酒庄出产的第一支葡萄酒为2011年"酒庄珍藏"级赤霞珠，此后的葡萄酒产品将逐步以地块命名。

由于产量较低，现阶段酒庄的葡萄酒产品只在酒庄商店和酒庄网店有售，主要面向酒庄注册会员。

酒庄作为一家种植葡萄、生产葡萄酒的小酒庄，推广销售的不仅是酒庄的酒品，更深层的追求在于推广热爱自然、热爱新疆、热爱和硕的健康生活方式。

每年酒庄除了向会员推出最新年份酒款外，还不定期举行和硕美食美酒、新疆美食美酒、和硕特色旅游等有关活动，在酒庄里为来宾和会员提供优质健康的葡萄酒和餐食，向客人推广合硕特酒庄对待自然和生活的态度，有意识地将葡萄酒融入和硕美食、新疆美食和蒙古族和硕特部的人文文化之中，弘扬我国各民族和谐美好的生活。

5.7 京津冀特色葡萄酒精品酒庄发展的探索者：
河北怀来东花园瑞云酒庄

一、庄主与酒庄创建

瑞云酒庄的创建始于偶然。庄主程朝的农业主业是玉米制种，一直想在京郊找一块净土来培育玉米种子。1998年，程朝团队征得了与北京延庆区相邻的河北省怀来县东花园镇东榆林村和羊儿岭村之间一块总面积48.4公顷的荒地。

由于石块过多，开垦困难，在当时是绝对意义上的荒地，从未被当地村民开垦耕种过，地表长满野草，偶尔会有村民来这里喂养自家的骡马。但是，令程朝兴奋的是，土壤成分分析的结果显示，这里的土壤极其纯净，没有任何农药和重金属污染或残留，称得上是一片净土。纯净的土壤和常年抛荒的状态造就了这里健康的生态环境，土地上长有几十种野生植物，西北端的两片小次生林更是多种小动物和鸟类的定居地。当时，他还不知道，这片生态

健康，但是土壤贫瘠、干旱、石块多的土地，对其他农作物是逆境的风土，其实正是优质酿酒葡萄生长的优良风土。

程朝及其团队原本希望利用这里极好的隔离条件来进行玉米制种。大片荒地周围并没有玉米田，而且地块处于上风口，非常有利于玉米制种工作的展开。1999年开春，团队划定了一个地块，将砾石清走，平整土地之后开始玉米种植试验，没想到玉米的长势由于本地土壤的干旱和贫瘠而不尽人意。

玉米制种项目被迫暂时延缓。但是创始团队并不想放弃生态条件如此干净的土地。在当地进行多方面了解咨询和土壤测评之后，种植酿酒葡萄成为替代玉米制种的最佳方案。但是，对于程朝来说，他除了对葡萄酒比较有好感外，对葡萄种植和酿酒还是一个门外汉。

然而，多年玉米制种工作培养成的科学、认真和细致的性格，对土地、风土尊重的态度

和理念，促使程朝下决心在这片土地上建一个酒庄。

2000年，酒庄正式开始酿酒葡萄的种植试验，至2003年，不同品种的初步表现使程朝确定了种植赤霞珠和西拉两个酿酒品种，并开垦了第一个6.7公顷地块，成为最初的瑞云酒庄葡萄园。

至2016年4月，瑞云酒庄已开垦并种植自有葡萄园33.3公顷，另有总占地面积超3公顷的生产车间、地下酒窖和酒堡等建筑，年产葡萄酒10～12万瓶，成为一家兼具葡萄酒文化与旅游，精致而个性化的优质酒庄。

二、酒庄规划设计理念

瑞云酒庄所在地原为古湖床，由于地质运动，南边军都山上滚落的石块经湖水缓慢冲刷，地势抬升后形成了如今独特的风土状况，即这片土地中埋藏着的大大小小没有棱角但并非卵石形状的石块。瑞云酒庄葡萄园开垦初期挖出很多直径超过40厘米的大石块，最大者直径超过1米，且数量极大。处理这些石块变成了麻烦事。后来，在参考了怀来古长城及古村落就地取材的建筑形式之后，程朝及团队决定将石块直接用在酒庄及葡萄园设施的建设上，自酒庄规划设计之初即已确定的设计理念为：配合葡萄园的优质生态，突出酒庄重视环境的自然哲学。建筑材料方面，葡萄园挖出的大石块用于葡萄园和酒堡的垒墙，小石块和石子用来铺路。酒庄主体建筑使用当地泥土生产的红砖，确保主要原料来自本地。

酒庄的长廊屋顶采用原木横梁，与石墙一起呈现朴拙自然的风格。酒庄大多数外窗和地下酒窖均为砖砌拱形设计，在强化支撑的同时增加了中国传统建筑元素。

河北怀来产区夏季凉爽，冬季寒冷干燥。酒庄室内部分包括接待室、品酒室、餐厅、画廊等功能性空间设计，突出内部空间集中、外部空间开阔的特点，借长廊和落地窗互通的设计，酒庄内装则强调舒适感，使用吊灯、壁炉等增加室内的光照度和温度，在空间设计上促成宾客聚拢的参观路线和落座位置，创造热情温暖的感觉；同时借长排落地窗实现内外空间的连接和视觉上的通透，方便宾客欣赏酒庄引以为豪的四季自然景观。

三、葡萄园气候和风土条件

北京和河北地域融合的延怀产区，是目前中国葡萄酒发展时间最长的葡萄酒产区之一。也是目前业内公认的中国优质葡萄酒产区。

瑞云酒庄位于官厅水库南岸，北部有松山，土壤由黄土、褐土和沙组成，由于每年都会有大量西北黄沙被季风携带至此，长期的积累使这里土壤含沙量较高。延怀产区中，官厅水库北岸土壤中的砾石遍布，但体量较小；南岸靠近南山（军都山余脉）的葡萄园，大中体量石块较多。而在所有南岸酒庄中，瑞云酒庄土壤

庄主程朝与瑞云酒庄

瑞云酒庄的建筑风格和特色

瑞云酒庄的环境

瑞云酒庄的葡萄园和葡萄生长状况

中的大型石块是最多的，也因此得以利用其建造酒庄。含沙量较高的沙壤土虽有水肥流失的问题，但通透性强，有效地防止了雨季土壤积水，保证葡萄树根部健康；同时，由于这一逆境，酿酒葡萄的次生代谢旺盛，果实多酚物质含量丰富，这也构成了这里葡萄酒的特色之一。

瑞云虽然坐落于河北怀来县，但是与北京延庆的康庄仅隔一条路。康庄风口是京西北最重要的风口。这里流行一句民谚："一年刮两次，一次刮半年"，用来形容此地常年季风。而瑞云酒庄是整个延怀产区距离康庄最近的酒庄，每次刮至北京的西北风，都是先经过瑞云酒庄葡萄园，才进入北京的。常年季风令葡萄园空气保持相对干燥和清新，尤其是7~8月雨季，雨后都会刮风，降低了葡萄叶片的湿度，明显地降低了真菌病害的威胁。而且，常年刮风也是一种逆境，就像世界一些常年刮风的产区都是优质葡萄酒产区一样，延怀产区这些年的葡萄酒质量也不断提升。

延怀产区酿酒葡萄的生长期在全国葡萄酒产区里算是比较长的。瑞云酒庄每年视天气情况，在3月下旬至4月初完成出土。西拉和赤霞珠每年4月中旬出芽，花期开始于五月下旬，转色始于7月中下旬。西拉采收一般在10月初，赤霞珠采收在10月中旬至下旬。一般情况下11月初开始剪枝埋土，此时早霜也已经开始。

四、酿酒车间和酒窖

为了酿造优质的个性化葡萄酒，瑞云酒庄最早建成的功能性建筑部分就是发酵车间和地下酒窖。与酒庄发展的总体思路一样，酿酒车间和酒窖的规划设计的理念也是尊重自然，尊重生态环境。建筑也是用当地葡萄园挖出的大型石块为材料，配以科学的设计，构建个性化突出的酿酒车间和酒窖。

酒庄现有发酵车间总面积445平方米，发酵能力10万升，与葡萄园的产量是配套的。车间内不锈钢发酵罐共32个，其中3700升罐8个，7000升罐12个，1万升罐12个。生产区地下部分位于酒堡正中心位置的地下，天花

瑞云酒庄的发酵车间和精准精细的酿造工艺管理

瑞云酒庄地下酒窖

板距地面约2米，建筑材料主要为砖石，拱形支撑。地下生产区域由瓶储酒窖和橡木桶酒窖组成，其中瓶储酒窖面积为370平方米，橡木桶酒窖总面积约为1000平方米，现在正在使用的橡木桶约250个。

五、酒品创新与市场定位

1. 酿造酒品优质、风土个性突出的自然葡萄酒

瑞云酒庄葡萄酒酒品以"自然、纯净、健康"为诉求，强调产品的自然性和纯净性，酿出与这片特色风土相适应的优质自然葡萄酒。由于庄主程朝农业企业家的背景，酒庄的葡萄种植始终避免所有化学产品，每年只在生长节点施用极少量采用传统堆沤腐熟的有机肥，从不使用除草剂和非生物农药。种植的方式采用延怀产区当地传统的龙臂架势，人为介入较少。酿造方面也延续相同的理念，就是确保葡萄在优良的条件下转变为优质葡萄酒，尽量减少人为介入，尽量保持这片风土葡萄园原料的个性化特点，正因为这种生物动力法酿造葡萄酒的理念，酒庄葡萄酒年份差别比较明显，酒品优质而且个性突出，香气独特，偏向冷凉地区葡萄酒的清爽口感，单宁柔顺，整体口感比较细腻优雅，非常适合搭配中国美食，尤其是当地美食。

瑞云酒庄的酒品主要分为两个类型，高端适合陈年的珍藏级产品和适宜日常饮用的珍选级产品。瑞云酒庄出产的第一支葡萄酒为2007年珍藏级赤霞珠，此后的葡萄酒产品以单一品种赤霞珠为主，由于葡萄园西拉种植面积较少，品种在产区适应性不算稳定，因此只在最好的年份出品单一品种西拉葡萄酒，目前仅出品2009年和2011年两个年份的西拉葡萄酒，且均为珍藏级。

由于产量较低，现阶段瑞云酒庄的葡萄酒产品只在酒庄商店有售，主要面向酒庄注册会员。

2. 推广自然、健康、快乐的生活方式

瑞云酒庄虽然是一家种植葡萄、生产葡萄酒的企业，但酒庄更深层的追求在于推广热爱自然、讲究品位的健康快乐的生活方式。

每年酒庄除了向会员推出最新年份酒款外，还不定期举行画展、摄影展、音乐会、婚庆、主题讲座、后备箱集市、怀来产区户外旅行、节日聚会、当季食材现时供应等活动，在酒庄里为来宾和会员提供优质健康的葡萄酒和餐食，向客人推广瑞云酒庄对待自然和生活的态度，有意识地将葡萄酒融入中国文化、中国美食和延怀产区的风土人文文化之中，融入热爱自然的健康快乐的生活方式之中，有效地为瑞云酒庄及其葡萄酒产品塑造高附加价值。

从2014年开始，瑞云酒庄每年都会参与公益活动，与河北张家口蔚县一所希望小学建立对口合作，从资金和宣传上帮助学校的发展，力图为贫困地区的孩子们提供更好的接受文化教育的条件，让他们具备更强的实现快乐生活的能力。

六、未来的瑞云中国梦

瑞云酒庄已经建立了一定规模的酒庄酒店，客房区由若干中国北方院落组成，依旧采用就地取材的形式，以开垦葡萄园时积攒的石块、本地烧制的红砖和原木为主要建筑材料。院落规划参考传统北方民居的设计和优点，力图为客人提供舒适且接地气的住宿服务。葡萄园、品酒室、餐厅、博物馆、艺术展和酒店服务相互配合，以葡萄酒为契机，让客人全天候体验到瑞云酒庄所推崇的热爱自然的健康快乐的生活方式，使瑞云会员、爱好瑞云酒庄葡萄酒的人们身心得到完全的放松。

针对现阶段酒庄产量过小、品种不够丰富、无法更多满足消费者对葡萄酒产品需求的情况，酒庄正在有步骤地策划、规划和设计酒庄的扩张发展计划，如与酒庄以外的私人葡萄园在种植方面进行合作，提升生产规模，丰富产品线；将原有的精英客户层扩大，为更多葡萄酒爱好者提供更多更好的酒品和相应的快乐生活服务；将酒庄的发展模式复制，建立瑞云酒庄的姊妹酒庄。

推广健康快乐的生活方式

第六章

葡萄酒酒庄
管理创新发展

第一节　创新人才培育与管理

葡萄酒酒庄的发展，强调历史和文化渊源，但也需要不断培育和创新增长元素，如特色风土的维护和提升，传统名种的品质保护和优良品系筛选，新品种的试验和评价，产地个性化酵母和微生物的研究和应用等，需要不断强化酒庄核心酒品的价值，同时推动酒品的多样化和市场影响力。

一、创新人才的发现和培育

葡萄酒酒庄是长期投入和经营的产业，人力资源的管理极其重要。人才资源永远是第一资源，因为，科技是人创造的，葡萄园和酒庄是人管理的。酒庄在传承酒庄文化和传统核心技术的同时，也要不断关注新技术和新装备，而且，酒庄也必须坚持提高自主创新能力。

发现、培育和用好创新型人才是酒庄发展的核心。一个缺乏创新人才的葡萄酒酒庄很难持续健康发展。

一般而言，有创新能力的人是保持好奇的，能够打破思维定式的，他们为人乐观，喜欢幽默。创新型人才敢于承担风险和责任，善于想象，思考缜密。其中最杰出的还善于检验自己的设想并做好一切准备把设想坚持不懈地付诸实施。

对于葡萄酒产业而言，最有价值的创新性人才是痴迷葡萄酒，热爱葡萄酒的人，并且具有相关的以葡萄和葡萄酒的基本知识、经验，以及主动精神为基础的生产技能和营销能力，善于思考，不受局限和蒙蔽，长于直觉，并乐于承担责任。

对于任何一个葡萄酒酒庄来说，一定会有许多创新型人才，每个人都是未知的奇迹。庄主和酿酒师的魅力、酒庄的文化与工作环境是员工创新潜力开发的重要基础，而管理者的重要任务之一就是开发这些人力资源。

而且，要把创新型人才的积极性调动起来，并使他们愿意与他人的创造力相结合，使团队的创新能力不断提升，他们的表现就会更加出色。因此，建立起团队的协作精神尤为重要。

研究和实践都表明，一个团体，如果其成员的智商均高于120，而集体智商可能只有60，也可能高达200。管理者能否有能力使集体智商高于个体智商体现了企业文化的优劣。酒庄也是如此。因此，把葡萄农艺师、酿酒师、营销人员和财务人员组织起来，对不断推行葡萄酒产品和服务的创新发展极为重要。

二、激发酒庄人员的葡萄酒情怀和创新激情

作为酒庄主，重要的是规划葡萄酒酒庄的发展蓝图，并使它深入酒庄管理团队的大脑中，同时，营造一个良好的酒庄文化，使大家对酒庄的发展远景有信心，而且愿意自觉地全力以赴去做。

要使酒庄的每个成员感觉到自己在酒庄的重要性。法国波尔多著名酒庄玛歌酒庄甚至吸引住了每年临时来采摘葡萄的人员，每年到那个时候就专门等着到酒庄采摘葡萄。每年采摘葡萄时，就像过圣诞节一样，成为了酒庄中的一分子。

要使酒庄的每个人能学习而且愿意学习，变成不断进步的人。酒庄发展战略确定之后，对于核心酒品来说，细节的管理和落实尤其重要，葡萄酒酒品的品质形成和维护链条长，不能出些许的差错，一个不大的差错就会毁掉一桶酒品。

第二节 酒庄务实和创新的核心酒品发展战略

葡萄酒酒庄在发展过程中，许多策略可以在短期内随机应变，然而，酒庄发展的核心特色酒品（品种）却需要战略部署，能否发展出具有特色风土风格、不可替代的酒品是酒庄生死攸关的大事。著名酒庄拉菲酒庄如此，拉图酒庄如此，1855 年波尔多列级酒庄的五大一级酒庄都是如此。

一个酒庄的发展，要把握市场需求，发展具有特色风格的产地葡萄酒和酒庄酒，而且要不断培育或引入新技术，维护酒庄不可替代且具有小产地特色的葡萄园持续发展。生产优质葡萄酒容易，但是，持续地生产特色突出、不可复制的产地高端葡萄酒却很难。酒庄的日常工作中必须严格执行酒庄传统农业集成技术，也要科学地改进或完善现有葡萄园和酒种的特征风格并保持其特色风土的可持续性，以满足消费者多样性的个性化需求。

庄主和酒庄管理者必须要有一种既务实又富有创新性的产品观念。要结合酒庄葡萄园风土和品种表现的实际情况，以及务实的市场调研，确定酒庄的核心酒品和精准定位酒庄的消费群体。

从市场的观点来看，产品或服务可以被定义为源自购买和使用的所有生理的、心理的、美学的和精神的满足之和。

对于消费者，产品是为满足自身精神与物质需求，而愿意购买的产品或服务，它能体现一定的"价值"，能满足消费者的需求。对于酒庄，是通过满足消费者需求，并通过市场获得合理的利润。

没有创新，酒庄就会走入死胡同而消失。

成熟的酒庄都在不断寻求创新，以便"赢得更多目标消费者"，目标首先是把酒庄做安全，进而不断成长和繁荣。拉菲酒庄及拉菲罗斯柴尔德集团葡萄酒产业的发展就是典型的案例。酒庄只能不断地发展和繁荣，原地踏步也许就是倒退。

世界知名的成功葡萄酒企业的实践证明，在一定的资本投入下，是想象力和创新促进了发展，而不是资本的不断增加。即使是法国具有悠久历史和品质的 1855 年评定的列级酒庄也是如此。在落伍的酒庄中，只有不多的酒庄在成本控制和日常管理中犯了错误，更多的落伍酒庄，它们丧失市场，是由于没能使其酒品以及服务持续地保持个性化的高质量和不断创新地提升酒庄和酒品的品质。

在酒庄的发展过程中，持续地保持传统的精华是重要的，而且也容易做到，欧洲的大多数酒庄，都是家族传承的，保持传统，确实做得很好。但是，酒庄在保持传统的基础上与时俱进、不断创新却很难，创新的要求常常被忽视或被压制。许多决策人或庄主有一种从众心理，一旦某个酒品被某家酒庄开发出来并取得成功，最不齿的做法就是群起而效之，虽然常常会得到一定的利益，但是，作为一个有远大目标的酒庄来说，这就是污点。我国葡萄酒行业一哄而起生产的"解佰钠葡萄酒"就是典型案例。而采取多样性个性化的发展模式却很难。在这个方面，勃艮第葡萄酒产区的发展值得好好学习：他们以村庄品牌和产地品牌为核心，大力推广个性化的、不可复制的村庄级社会品牌和产地品牌，使 44 个村庄的葡萄酒产业以多样性和差异化在良好的市场环境中有序竞争中发展。

面对当今的经济发展和市场变化，葡萄酒酒庄在靠某一酒种发展起来时，应该及时筹划后续酒种和技术，而且，在当今经济时代，这种新产品创新战略变化之快，令人目不暇接。葡萄酒虽然强调传统和自然，但是，产品不管采取传统的有机技术、生物动力法（事实上，它们也在传统的基础上不断创新），还是现代科技的应用，都需要创新。不仅要强调和继承酒庄的历史、文化和传统的工艺，而且更要创意和创新，包括多样性的产品种类、酒标、包装等仍然是企业不断发展的动力源泉。新建的、历史较短的酒庄更应该在传统和现代技术的集成创新中不断进步。

在现有优势酒品冲上顶峰之前就开始寻求更多的新酒品是一种明智的做法。拉菲罗斯柴尔德葡萄酒产业的发展就是样板。

今天，葡萄酒酒庄面临的问题是因为没有改变或改变的速度不够快而产生的。那么什么时候改变？在酒庄辉煌时和辉煌期间就要谋划改变，就是要在不必要改变的时候谋划改变。

第三节　不断完善和提升葡萄酒酒庄的核心产品

要让酒庄的目标消费者关注酒庄和酒庄的产品，酒庄建设初期时酒品一定不能太多，酒庄需要自己的核心产品，这些酒品的性价比一定要高于消费者的预期，尤其是新的酒庄，一定要更多地让利给消费者。

庄主和酿酒师提出了核心产品构思之后，就要集中精力完善每一个酒品概念。要明确并完善核心产品的消费者认同价值。

酒庄的核心酒品要表现产区文化、酒庄产地风土的核心价值，而价值的描述则直接瞄准着目标市场的需求和期望。

核心酒品概念的开发，首先要准确描述酒品的实质价值，又要诱发消费者的欲望，而且在竞争和信息传播市场中，这些概念能脱颖而出。

传播酒庄核心酒品的概念，就是要尽快地在目标消费者和潜在的客户群体中引起注意并留下深刻或特色的记忆，促进购买的愿望和提供参考的依据。酒品的推广要从高端酒品开始，推开之后，逐步带动其他层次葡萄酒的推广。

葡萄酒产品是健康产品，更是文化产品，因此，在产品概念上具有很大的开发空间。

酒品概念的开发就是发现和表现葡萄酒产品与目标消费者需求之间的价值关系，并通过企业设计的具有号召力的、货真价实的概念加以宣传，赢得消费者的认可。

酒品概念要达到以下标准。

1. 优质、个性化和稳定性

消费者对葡萄酒酒品的质量要求，首先就是安全优质，而且酒品的品质稳定和价格合适。酒庄的核心酒品一定要与目标顾客的需求保持一致，满足各种规定，统一标准，而且酒庄的核心酒品的企业标准最好明显高于国家标准和行业标准。葡萄酒产品是农产品，受影响因素很多，常常不容易做到统一一致。但是对于每个酒庄而言，酒庄的酒品一定要保持酒品质量的稳定并不断提升，超过消费者的预期。

对于多数葡萄酒酒庄而言，在核心酒品品牌的基础上，需要建立多层次的系列品牌，尤其是酒庄发展壮大过程中更是如此。例如，拉菲罗斯柴尔德酒业就包括拉菲酒庄酒、拉菲珍宝酒、拉菲罗斯柴尔德家族旗下系列酒庄酒、品牌酒等。

葡萄酒酒庄在供应酒品和服务的同时，要说到做到。消费者有权依据合同法对做出虚假承诺的卖方提起民事诉讼。一个葡萄酒酒庄，如果销售的是年份酒、产地酒，必须与说明一致，最好是用第三方的认定保护推进自我监督和防伪溯源。

注意客户使用情况也十分重要。要时常关注售后服务和消费者的饮用后反馈。此外，最好的办法是扮演消费者，思考作为用户，他们将怎样从这些产品中满足自己的需要？

2. 艺术性

在许多国家，外观设计往往比实体发明得到更长时间的保护。外在吸引力的作用将对形成竞争优势至关重要。

葡萄酒也是如此。包装和酒标更需要艺术性。例如，木桐酒庄在不断提高产品质量的同时，每年都请一个艺术大师给他们设计酒标，取得了巨大成功。

3. 酒品价值认同

葡萄酒酒品是消费者价值认同范围很宽的产品。新酒庄和非著名酒庄，葡萄酒酒品理应安全、高质量和高性价比才能得到消费者的认可，尤其是在当今的"质量型"消费时代。杜绝次品只是个必须做到基础项，顾客常希望产品尽善尽美，虽然酒庄不一定能做到（由于天、地、人的不确定性，不完善有时也是一种魅力），但是尽最大努力提高酒品质量、高性价比和稳定性是酒庄的最重要职责。但一些酒庄就做得很不好。例如，我国早期及近年来一些酒企把同一产品标出不同的酒标、等级，以不同的价格销售等。

4. 便利性

酒庄对葡萄酒食用的便利性一直很纠结，一方面想强调它的传统与文化，另一方面也有便利性问题。橡木塞和螺旋塞的争论就是如此，标准容量和小容量也让酒庄很纠结。但是，饮用便利也是葡萄酒推广的一个重要因素。在我国，许多的中老年消费者，愿意每天喝点葡萄酒，但是，现在的葡萄酒瓶容积太大，喝不完就容易氧化变质，因此，开发一些小瓶包装的葡萄酒就有利于这些消费群体的饮用和推广，而且适当降低某些单品的利润，也有利于酒庄总体利润的提高。

5. 收藏性和投资性

优质和收藏型葡萄酒本身就具有收藏特性和投资特性，例如，法国勃艮第村庄级以上的葡萄酒，收藏和投资回报甚至是目前欧洲投资回报最高的产品。收藏型的葡萄酒，当然能收藏的时间越长越好，酒品质量和瓶塞的质量都同等重要。而新鲜型的葡萄酒，也需要具有较长时间的优质饮用期。

在常温下，保持葡萄酒较长的寿命并能有效预防食用不当问题的酒庄是值得消费者青睐的。

6. 功能性

许多消费者对葡萄酒健康功能的兴趣有时高于它的品质，尤其是许多初期消费者，例如自配的洋葱加葡萄酒，其实不佳的滋味一般消费者是很难接受的，但是，就有消费者甚至企业这么做，重要原因就是那些消费者认为这样的结合有利于健康（尽管没有足够的科学证据）。一些酒庄也会夸大本酒庄的酒品功能，其实，这是很危险的，因为是违规行为，而且很容易被打假。对酒庄而言，酒品的有些功能甚至可以等产品站住脚了再说。为了减少风险，在得到"顾客看重什么"之前，何必自找麻烦，添加众多功能呢？但产品要有特色和个性。

因为葡萄酒的健康属性，所以它可能有广阔的市场，如它的多酚含量可能是所有食品中含量最高的，但是，不能过度宣传它的效果，葡萄酒就是一种好喝的饮料酒，一种能刺激消费者不断重复购买的饮料酒。

7. 酒庄和酒品的荣誉与保持

不断增加和提升酒庄和酒品的荣誉是酒庄发展的动力。它是酒庄和顾客的价值互动，它是一种安全感，一种这家酒庄生产的葡萄酒放心、可靠的感觉，一种对酒庄能力的胜任感。

酒庄，尤其是新酒庄，要得到市场和消费者的认可，酒品质量要超过消费者的预期指标，例如，获得市场和消费者认可的国际奖项的能力非常重要。某个酒品一旦获奖，并持续多年获奖，赢得市场好评，就会赢得"质量优异"这一无形资产。但是，葡萄酒奖项的宣传不能过分出格，否则适得其反。特别是不能拿一些不可靠的奖项来宣传，对于那些有长远目标的酒庄来说，这也可能是一种污点。

第四节　葡萄酒酒庄多层次产品的创新发展

一、以市场需求为基础的核心产品多层次发展策略

在现代葡萄酒产业中，先发现新品种或新技术，然后寻找需求而取得巨大成功的案例有，但是不多。绝大多数有成就的酒庄都是先明确需求，然后再以一种系统性的方法去寻找相关资源来满足需求。例如拉菲罗斯柴尔德集团开发的"传奇""传说"等系列品牌葡萄酒，就是他们根据市场和消费者对拉菲品牌的信任，开发的高性价比系列品牌酒。

当今的葡萄酒产品市场需求向多样化方向发展，与之对应的是多样化的产品开发取向。

1. 大众需求

在欧洲主要葡萄酒生产国和消费国，葡萄酒消费对于大多数人来说，是一种刚性需求，大众消费。中国是一个人口大国，葡萄酒在我国也有悠久的历史，近20年正在快速发展。虽然我国当代是一个以白酒等烈酒和啤酒为主的酒类消费大国，但是，葡萄酒是世界上大多数国家政务和商务活动以及家庭生活必需的酒品。随着我国经济的发展、人民生活水平的提高以及不断地国际交往，它很容易被广大的消费者理解、接受并在日常生活中饮用，因此，大众化消费的日常餐酒和品牌餐酒，对于我国来说，市场是巨大的，无法估量的。

为满足广大的大众需求，应研究多层次的、更多更好的酒品对策，不断自觉地提高葡萄酒产品的性价比，这项工作随时都应该进行，以满足我国广大葡萄酒消费者的日常葡萄酒需求。对于那些已经成名的酒庄，通过收购新的酒庄以及研发规模单品品牌酒对满足我国日益增长的大众市场是重要的战略取向。

2. 定制需求

葡萄酒是世界上政务、商务活动和私人交往的主要通用酒品。有一些很直接的需求，其主体是个别的人群或集团消费，这时就可以为这些人群、小企业或集团企业定制一种产品。例如，假日经济的礼品酒，私人产品（如女儿红、结婚纪念酒），大中小企业定制酒品（包括企业庆典定制酒品）等。

3. 不确定和变动需求

不确定和变动需求很难定义，也很难研究，是一种含而不露的需求，是一种确有其事却因其变化不定而无法定义或定位的需求，发明满足模糊需求的产品在很大程度上依赖于积累、灵感和直觉。

要满足不断发展变化的需求实在是困难重重。一些新的产品，尤其是新、特、奇、稀的葡萄酒产品，常常超时限、超预算，让酒庄和潜在客户难免大失所望。

然而，没有新产品，葡萄酒产品市场就不会有大的发展。只要踏实酿酒，不断创新和提升酒庄酒品的质量和特色，就会不断满足市场上不确定和变动的个性化葡萄酒酒品需求。

二、建立酒庄科技创新关系网

从长远看来，不与发明家、科学家合作的酒庄将会后悔莫及，要不遗余力地寻找发明家和技术专家。要与他们交朋友，并成为好朋友，建立酒庄的科技关系网。

一旦明确了酒庄的酒品发展战略和酒品层次，庄主和酿酒师就要研究、设计以及寻找满足这些核心酒品、不同层次的酒品所需要的新品种、新技术和新工艺。

利用外部资源的途径包括专利，农业农村部、科学技术部、科协，农业高校和科研院所公布的科技成果，科技杂志和学术论文等。

三、激发酒庄内部酒品创意

除了利用外来新技术和新思路，激发企业内部以需求为基础的产品创意也很重要。例如，结婚时就准备结婚1、5、10、20、30周年纪念酒。

第五节　重视葡萄酒市场和消费者服务的价值开发

一、市场和消费者服务的价值开发

在开发酒庄的核心产品的同时，要开发形象产品，包括品牌开发、包装和款式设计、产品概念开发等，售后服务、质量保证、送货上门等服务的开发也要跟上。

葡萄酒核心酒品的生产，就是将酒庄特色的产地资源、葡萄原料资源通过技术资源和人力资源转化为高质量的葡萄酒产品，葡萄酒是天、地、人完美结合的产品。

葡萄酒更是文化产品，消费者在品葡萄酒时，有时更多享受的是来自于酒庄历史、产区和酒庄文化带来的惊喜。如果酒品在酒的功能之外还能开发好形象产品和附加产品，给顾客以更多的文化享受以及良好的心情，这对产品的成功大有裨益。例如木桐酒庄的酒标，配上它不断提高的特色和品质，使木桐酒庄不断发展壮大。

酒品好比洋葱，围绕着酒品核心包裹着许多层有味道、有质地又能起保护作用的"葱肉"，顾客所感受到的首先是"外皮"，即酒品的物质文化，不同的品种、风土等赋予酒品的品质和风格，然后逐层深入，不同的产区、乡土文化等，这种渐渐延伸出来的体验和感受，形成越来越多的精神享受。这就是无形产品，无形产品也是常常附着在酒庄个性化的服务之上的。新产品开发时必须要明确想带给顾客哪种感受。

许多科学研究和成功案例表明，核心产品有20%的影响力，成本占其总量的80%；而服务和无形资产的影响力占80%，成本只占其总量的20%。

如果一名顾客对酒庄的酒品或者服务非常满意，他会告诉三个人；如果他不满意，就要告诉至少九个人。为了博得同情，大家纷纷为一次吃亏的购买行为而悲叹，同时也警告别人别再上当。

二、品牌创建和开发

品牌，是包括消费者在内的社会公众对一个产区或一个企业及其产品的公认评价，是企业产品质量、服务水平、诚信度、企业文化的具体象征。品牌可以通过一些第三方机构的评定，甚至政府的认证、认定和奖项授予，产生一定的影响，但是，真正对葡萄酒品牌生命力拥有决定权的始终是市场和消费者。

1. 葡萄酒产区酒庄品牌和村庄社会品牌的培育和推广

葡萄酒带有明显的地域特色，产地或产区宣传是首位的。波尔多产区的葡萄酒、勃艮第产区的葡萄酒、香槟产区的香槟葡萄酒等，几乎所有的优质葡萄酒都带着产区的印记。产区的形象知名与否，直接关系到葡萄酒产品是否好卖以及价格的高低。

　　如果在消费市场上，消费者信任了一个地区的葡萄酒产品形象，认可了该地区的产品质量，该产区的葡萄酒就会拥有较高的无形资产，并得到消费者的消费和品牌的推广。

　　产业发展的速度和质量依靠产区品牌的创立和宣传，它是一个系统工程，需要通过地方政府、中介机构、行业协会和企业等的统筹规划和合力宣传，如果策划得当，宣传到位，特色突出，该产区的葡萄酒产业就会赢得生产力要素的优先聚集，又好又快发展。葡萄酒产业是传统农业文明保持下来并与现代文明、现代科技相融合的产业。它以村庄文明和品牌为旗帜，以村庄不可复制风土和产业为基础，持续至今仍然具有很强的市场竞争力。世界上许多的葡萄酒名村庄，如玛歌村、波亚克村、教皇新堡村等，一直引领世界葡萄酒的发展方向。

　　对于葡萄酒新酒庄而言，发展初期，不仅要大力推动酒庄品牌的推广和发展，而且，更重要的是要和村庄品牌互动，持续推动酒庄品牌和村庄品牌在市场和消费者的推广，因为村庄品牌是区域最小的社会品牌，产区越小越不可复制。推动酒庄和村庄品牌互动发展，有利于市场的有序竞争，有利于酒庄的可持续发展。

2. 品质和诚信优先

　　一个立志持续发展、树立品牌的酒庄，最核心的就是坚持品质和诚信优先，并一如既往。要敢于负责并不断提升酒庄的产品质量和服务质量，才会赢得社会、政府和消费者的尊重和爱戴。

　　在现代发达的传媒体系中，凭借创意的点子以及良好的传播途径，获得知名度并不难，但是，要想赢得消费者的认可却难上加难。

　　品牌是质量和宣传双重打造出来的，缺一不可。树立品牌的酒庄，首先要保证酒品的质量，此外，必须持续务实地宣传和推广，一旦宣传和促销断线，产品的销量就会迅速减少。对于生产日常餐酒和规模单品的葡萄酒企业更是如此。

　　总之，在品牌培育过程中，一定要坚持消费者至上的原则，始终把质量放在第一位，要从消费者和市场的角度思考如何创立和维护品牌。

　　这是因为：

　　（1）葡萄酒消费者决定葡萄酒酒庄的存在和成长。

　　（2）消费者有葡萄酒的需求，产区和酒庄就有发展的空间。

　　（3）葡萄酒消费者有选择的自由，本酒庄的酒品必须成为他们最佳的选择。

　　（4）消费者是人，有感情，酒庄的服务要很贴心。

　　（5）葡萄酒消费者是个性化的，多样性的。葡萄酒也是文化产品，所以酒庄的产品要多样化，多层次，满足不同消费者的个性化需求。

　　（6）葡萄酒消费者的期待很高，酒庄必须超越他们的潜在心理期待。

　　（7）消费者有最大的影响力和传播力，所以酒庄有希望拥有更多的目标消费者。

6.1

经典传奇、品牌呵护和持续创新：
拉菲酒庄葡萄酒和罗斯柴尔德家族葡萄酒产业的高质量发展

拉菲酒庄

拉菲酒庄是世界最著名的葡萄酒酒庄，是罗斯柴尔德（Rothschild）家族旗下的领衔旗帜酒庄，也是1855年波尔多列级酒庄影响力最大的一级酒庄。从1868年开始，罗斯柴尔德家族便与波尔多产区葡萄园和酒庄结下了不解之缘。时至今日，罗斯柴尔德家族已拥有拉菲酒庄（Château Lafite Rothschild）、杜哈米雍酒庄（Château Duhart-Milon）、乐王吉尔酒庄（Château l'Evangile）和莱斯酒庄（Château Rieussec）等数家极品旗帜酒庄，形成拉菲罗斯柴尔德集团（以下简称拉菲集团）。

一、拉菲酒庄葡萄酒

（一）拉菲酒庄和葡萄园历史

拉菲酒庄和葡萄园的历史可以追溯至公元1234年，这一时代的法国，修道院遍布大小村庄城镇，位于波亚克村（Pauillac）北部的维尔得耶修道院（the Vertheuil Monastery），正是今天的拉菲庄园所在地。拉菲庄园从14世纪起属于中世纪波尔多领主的财产，当地方言中"la fite"意为"小山丘"，"拉菲"因而得名。

拉菲葡萄园形成规模是17世纪塞古尔

拉菲酒庄建筑风格

（Segur）家族到来后，也正是在他们手中，拉菲庄园发展成为伟大的葡萄种植园。

塞古尔侯爵是建立拉菲葡萄园的第一人，时间约在17世纪70年代左右到80年代初期。他的儿子亚历山大（Alexandre）于1695年继承了庄园，并与邻近另一所著名庄园拉图庄园的女继承人联姻，婚后育有一子，即为后来著名的尼古拉-亚历山大侯爵（Nicolas-Alexandre de Segur）。这正是拉菲与拉图这两大波尔多庄园所共同书写历史的最初篇章。

为了提升拉菲顶级酒在国外市场以及凡尔赛宫内的声望，从1716年起，尼古拉-亚历山大侯爵全力投入这一宏伟计划。在马雷夏尔·德·里奇留（Marechal de Richelieu）首相的支持下，他获得了"葡萄王子"的封号，拉菲庄园的葡萄酒也荣升为"国王之酒"。

法国大革命前夕，拉菲酒庄已经攀上欧洲葡萄酒世界的顶峰，后来成为美国总统的托马斯·杰斐逊（Thomas Jefferson），当时被封为"年轻的美利坚合众国"的大使，出使到凡尔赛宫，被法国宫廷中的葡萄酒文化深深吸引，以至于萌生了在自己国家内发展葡萄酒的想法。1787年5月，他来到波尔多小住，5天时间足够使他拜访夏同河流域（Chartrons，流经波尔多）最大的葡萄酒商并收集到足够多的信息带回国。在他自己拟订的梅多克地区葡萄酒分级表中，排行前四名的酒庄，其中就包括拉菲酒庄，也恰是1855年梅多克分级制度中的前四家，而他本人从此也成为波尔多顶级酒的忠实拥护者。在一个具有巨大市场的国家，有一个喜欢波尔多列级名庄葡萄酒的总统，对拉菲酒庄葡萄酒的再上一层楼起到了巨大的作用。

1855年，世界万国博览会在巴黎举行，

其分级制度作为官方的标准确立了拉菲酒庄无与伦比的地位，并为梅多克葡萄酒产区开创一个史无前例的繁荣时代。此时期的最佳年份葡萄酒可推选1847年，1848年，1858年，1864年，1869年，1870年和1876年，它们不一样的极品品质对葡萄酒的推广起到了重要的作用。

1973—1976年的波尔多危机过后，拉菲庄园由埃里克·德·罗斯柴尔德（Eric de Rothschild）男爵主掌，1975年与1976年两个特佳年份是酒庄重新步上发展道路后取得的突出成果。为追求卓越品质，埃里克男爵积极推动酒庄创新：在葡萄园苗木更新与葡萄园调整中注重配以科学的施肥方案；对酿酒工艺进行改进处理；发酵车间增加不锈钢发酵罐作为对橡木发酵桶的补充；最重要的是建立起一个新的用于葡萄酒陈酿的地下环形酒窖。此酒窖由加泰罗尼亚建筑师里卡多·波菲尔（Ricardo Bofill）主持设计建造，是革命性的创新之作，具有极高的审美价值，可存放2200个大橡木桶。

1985年，为推动拉菲酒庄发展，埃里克男爵摄影家合作，邀请著名摄影家们进入拉菲庄园，让拉菲的葡萄园和酒庄美景以及每一步工艺进入摄影大师的取景框，大大推动了拉菲葡萄酒的推广。

为了放大拉菲酒庄品牌的效益，男爵还通过购买法国其他产区的酒庄以及国外葡萄园而成功地扩大了罗斯柴尔德家族葡萄酒产业的发展空间。20世纪80年代和90年代好酒迭出，1982年，1986年，1988—1990年，以及1995年和1996年都是完美酒品的年份，价格更是创下新纪录。

2000—2010年，有利于葡萄果实成熟的

拉菲酒庄葡萄园和葡萄生长状况

拉菲酒庄发酵车间

拉菲酒庄地下酒窖

拉菲酒庄酒窖的瓶储
区和收藏区

拉菲酒庄的环境和
维护

较为干燥的天气接连不断，好年份层出不穷。其中，2000年，异常炎热的2003年，2005年，2009年，2010年的酒将会随时间的洗礼而散发耀眼光芒。

（二）拉菲酒庄酒品

1. 拉菲酒庄葡萄酒

与其他四个一级酒庄不一样的是拉菲酒庄只出产一款酒，即拉菲酒庄葡萄酒。而其他四个一级酒庄在同一葡萄园中都出正牌和副牌酒，甚至三牌酒。勃艮第产区出产的葡萄酒都是产地酒，即身份证和数量很清晰的葡萄酒。其实，拉菲酒庄葡萄酒与勃艮第也一样，也是出产的产地酒，只是它这块产地稍微大些，每年产出1.5～2.0万箱，而且是品种混酿酒。拉菲酒庄葡萄酒主要由四种葡萄酿制，其中80%～95%为赤霞珠（Cabernet Sauvignon），5%～20%为美乐（Merlot），3%为品丽珠（Cabernet Franc）和小味儿多（Petit Verdot），但是，有两个年份例外，1994年是99%赤霞珠和1%小味儿多；1961年是100%赤霞珠。这款酒会在法国新橡木桶中陈酿18～20个月。

2. 拉菲珍宝葡萄酒

拉菲珍宝葡萄酒（Carruades de Lafite Rothschild）的名字来自与拉菲酒庄所在小山丘接壤的卡儒阿德斯（Carruades）台地，此葡萄园由几个小地块组成，于1845年被拉菲庄园购入。19世纪时，卡儒阿德斯的酒与拉菲是分别酿造和销售的。后来，卡儒阿德斯这一名字被用于标识拉菲庄园的卡儒阿德斯葡萄酒，市场和收藏家也把它称为拉菲的副牌酒（又称为小拉菲），拉菲集团也安排两个葡萄园的葡萄由一个酿酒团队负责，市场和品牌推动也一起进行，更容易使部分消费者和收藏者误以为是正副牌了。其实，拉菲珍宝也是产地酒，这块葡萄园只生产一款酒，身份证和数量清晰且经过备案。每年生产2～3万箱葡萄酒。该款酒的中文名最开始为"卡儒阿德斯"，1980年起更名为拉菲珍宝。其质量可与拉菲酒庄葡萄酒相媲美。拉菲珍宝的酒标标注的是："CARRUADES de LAFITE，产地：

PAUILLAC"。橡木桶陈酿18个月，其中90%用旧桶，10%用新桶。品种组成为50%～70%赤霞珠（Cabernet Sauvignon），30%～50%美乐（Merlot），5%品丽珠（Cabernet Franc）和小味儿多（Petit Verdot）。

二、拉菲罗斯柴尔德集团葡萄酒酒庄酒产业

前面拉菲历史叙述时提到，埃里克·德·罗斯柴尔德（Eric de Rothschild）男爵通过购买法国其他产区的酒庄以及国外的葡萄园或酒庄成功地扩大了罗斯柴尔德家族葡萄酒产业的发展空间。由于拉菲酒庄葡萄酒和拉菲珍宝葡萄酒的产量不能满足葡萄酒市场日益增加的对拉菲品牌推广的需求，又由于波尔多法律的限制，拉菲酒庄不能生产更多的葡萄酒，为了将拉菲的品牌效益做大，拉菲集团有目标地收购了法国和世界葡萄酒产区的一些酒庄和葡萄园，按照拉菲集团对葡萄园风土和葡萄酒文化的理解和技术要求生产拉菲罗斯柴尔德集团系列葡萄酒，布局世界葡萄酒市场，壮大拉菲集团的葡萄酒产业，让更多的消费者享受拉菲集团葡萄酒带来的健康和快乐。

（一）杜哈米雍酒庄

杜哈米雍酒庄的葡萄庄园也与拉菲酒庄比邻，是1855年波尔多列级名庄的四级酒庄，也是每年波尔多期酒品鉴推广期间，与拉菲酒庄酒和拉菲珍宝酒一起品鉴推广的酒品。

从18世纪初开始，拉菲酒庄的所在村庄波亚克村就遍布葡萄园和酒庄。产自杜哈米雍山丘葡萄园的葡萄酒，在那时就已有很不错的品质。特别是在卡斯特加（Castéja）家族管理下，酒庄的成绩喜人。1855年的葡萄酒分级制度认可了杜哈米雍的品质，将其列为波亚克村唯一一个四级庄。杜哈米雍的40公顷葡萄园也是波亚克村最大的葡萄园之一。

但是，后来酒庄经营不善，品质下降，直到1962年罗斯柴尔德家族购买下这片产业，葡萄酒质量的下跌才得到遏制。当时庄园的地产尚有110公顷，而葡萄园只剩下17公顷，

重建工作成为当务之急。

罗斯柴尔德家族收购后就开始重建工作。由于葡萄园的维护缺乏已久，需要重新整合和提升葡萄园的风土条件。罗斯柴尔德家族首先拔除了枯死的葡萄树，并购买邻近的土地，重塑杜哈米雍坡地的风土，重新铺设灌溉排水系统，提升葡萄园抵抗不良气候和逆境的能力，重新栽种新葡萄苗，纯化品种的活力，同时建设新的酿酒设备与酒窖，确保酒品优质的酿造、陈酿和陈年环境。1973—2001年，逐年改造和新建葡萄园，并由42公顷扩大到71公顷。

在罗斯柴尔德家族40年的努力下，葡萄园的葡萄植株质量不断提高，全部翻新的酒窖更使葡萄酒陈酿和陈年质量进一步提升，家族一直坚持不懈的努力终于得到了回报，庄园的酒品又重回往日顶级酒品的行列，而且时至今日，声名已经更上一层楼。

由于葡萄园面积的增加，为了稳定酒庄的产品质量以及服务不同的消费者，作为拉菲集团的精品酒庄，酒庄实行差异化的酒品策略。

（1）正牌酒杜哈米雍酒庄酒（CH. Duhart Milon）酒体精致，质地完美，单宁细致，果香浓郁、丰满。

（2）副牌酒穆兰德杜哈（Moulin de Duhart）以高性价比服务消费者，果香清新，酒体柔润、平衡。

（3）米雍男爵（Baron de Milon）米隆男爵与酒庄正牌酒杜哈米雍酒庄酒有着相同的酿制基础，保持着一些共同的特点，但酒体结构较为清新，且陈酿时间较短，陈放潜力较小（所用葡萄藤树龄低于平均树龄）。因此，这款酒与正牌酒相比，更适合在酒龄较年轻时饮用。

目前，杜哈米雍酒庄已经纳入拉菲酒庄管理团队管理，葡萄园和酒品与拉菲酒庄酒、拉菲珍宝酒都按照统一的管理理念和方案进行，每年的期酒品鉴也在拉菲酒庄进行，作为集团的顶级酒品推向市场。

（二）乐王吉尔酒庄

乐王吉尔酒庄，位于波尔多右岸著名的葡萄酒村波美侯村，18世纪中期波美侯地区的

乐王吉尔酒庄

葡萄种植开始兴旺发展，当时庄主的家族就是此中的领军人物。

在19世纪初，葡萄园已经有大约13公顷，一位律师买下了葡萄园并重新命名为乐王吉尔（Evangile在法语中为"福音"之意）。1862年，Paul Chaperon收购了乐王吉尔庄园，继续使庄园闻名于世，并赋予庄园的主建筑第二帝国式的独特风格。在1868年的《Cocks et Feret》（科克斯与费雷）第二版中，乐王吉尔酒庄的葡萄园已被列为波美侯的顶级一等葡萄园。

1990年，拉菲集团购买乐王吉尔庄园。在集团葡萄酒产业的发展战略中，乐王吉尔酒庄是拉菲集团以波尔多右岸产区的旗帜酒庄来定位和经营的。收购该酒庄后，集团制定了一项全面提升计划，包括提高葡萄园的品质（1998年部分完成），整修酿造车间和酒窖（2004年竣工），一个更精心酿制葡萄酒的新平台由此诞生。

1. 极品风土的葡萄园

作为地质学上的奇迹之一，波尔多东南部高原拥有一片极长的砾石地质区域，三个葡萄园共享了这片珍贵的土地，其中就包括乐王吉尔庄园。庄园占据着极富战略性的位置，它北邻帕图斯酒庄葡萄园，南边仅有一条二级公路将它与圣·艾米隆的白马酒庄葡萄园隔开。

葡萄园占地16公顷，平均葡萄树龄为30多年。土质为沙质黏土与碎石，基岩为沉积岩。葡萄的品种中，美乐占80%，此种葡萄可酿制出充满果香味的美酒，浓度适中，并赋予无与伦比的柔顺度；品丽珠占20%，可增加精美细腻的品质。葡萄产量有限，全年的采收和其他工作全靠人和马等完成。

从2004年起，酒庄按照葡萄田地块进行分选，各块葡萄田的葡萄被分成了不同的批次，以便在发酵的最后阶段判定它们是否具有酿制酒庄级优质葡萄酒的潜质。

酿造过程中所有环节都沿用传统工艺，结合应用行之有效的现代技术，例如，采用传统的淋皮和控制浸渍工艺并频繁品尝发酵效果。一旦发酵完成，葡萄酒就被装入橡木桶，陈酿18个月。

2. 酒品策略

（1）乐王吉尔酒庄酒（Château l'Evangile）通过拉菲集团对酒庄葡萄园、酿造车间和酒窖的改造与提升，葡萄园质量和酒品品质有了很大的提高，前酒庄的原酒品已经不符合酒庄酒的要求。集团就从原正牌葡萄酒乐王吉尔庄园的木桶上挑选上面的徽章"乐王吉尔徽纹"作为这些酒的标志售出。拉菲集团将新酿造和陈酿的，品质更高更稳定的酒品作为酒庄酒，即正牌酒，推向市场。酒体丰满、优雅，具有无与伦比的酒香与细腻品质。许多品酒行家都认为精美和优雅是其标志，实现集团打造波尔多右岸旗帜酒庄的目标。

（2）乐王吉尔徽纹（Blason de L'Evangile）由于原酒庄的核心品牌酒用乐王吉尔徽纹品牌进入市场，集团就将新酿造的酒品打造成一款对应质量和风格的酒品，通过差异化风格服务消费者，创立了"乐王吉尔徽纹"（Blason de L'Evangile）作为其副牌酒。

乐王吉尔徽纹酒品的特征类似于正牌酒，最初的措施包括对优质酒进行再次提炼分选。目前的酒品策略是让酒庄的原酒在木桶中的陈酿时间较酒庄正牌酒缩短，使酒的适饮年龄较年轻，在陈放能力上也减少数年，以适应不同的消费市场。

1995—2005年是成绩显著的十年，让葡萄酒收藏家重新认识了该酒庄的产品。这些年份出产的酒具有极佳品质，而且1995年，1996年，2000年，与杰出的2005年份品质最佳。从此以后，拉菲集团在波尔多右岸酒庄就有了一个旗帜酒庄，波美侯葡萄酒名村的名号也更响亮了。

（三）莱斯酒庄

作为拉菲集团旗下的莱斯酒庄（Château Rieussec）坐落于上邦姆（Haut-Bommes）村，人们知道的可能不多，但它却是位于著名贵腐酒产区苏玳产区的1855年列级名庄的一级酒庄。

酒庄1984年以来归属拉菲集团旗下，并一直受益于集团的投资提升品质。1989年，集团在酒庄新建了酒窖，并提升了酒品的标

莱斯酒庄

准，控制了酒庄酒的数量，甚至在1993年还停止生产，确保核心酒品的高品质。2000年又对酒窖进行提升，同时，修建了新的前处理车间和发酵车间，添置了果实筛选和压榨的先进设备，更换了一批陈酿用橡木桶。

集团遵循苏玳产区传统的技术体系，加大了葡萄园的投资和管理，由于市场的发展，酒庄也增加了葡萄园的面积。

作为拉菲集团旗下的贵腐酒生产酒庄，虽然市场不大，产量不多，但也是集团的旗帜酒庄之一。

与该产区的其他贵腐酒相似，莱斯酒庄种植的葡萄品种为赛美蓉90%～95%，慕斯卡德和苏维翁5%～10%。据年份不同，贵腐酒在橡木桶中陈酿18～26个月，55%的橡木桶为新桶，每年产量相差很大，平均6万瓶/年。

莱斯酒庄的酒品也是经典的贵腐酒酒品。具有杰出的品质，口感浓烈，甜味丰富奇特，新酒有贵腐的芳香，陈酿后以一种华丽的口感突出其丰满甜润的品质。

（1）莱斯酒庄酒（Château Rieussec）作为正牌酒，优雅而强劲是它的主要特点。细腻的甜味，活泼开放。莱斯酒庄酒的品质被公认为是苏玳产区的一等酒品已有几代人的时间了。从1868年起，查尔斯·科克斯（Charles Cocks）就评论"莱斯古堡酿制的葡萄酒与伊甘酒庄有着众多的共同点"。

（2）莱斯珍宝（Carmes de Rieussec）作为副牌酒，选用与正牌相同的基酒陈酿而成。其特点为香气饱满丰富，入口有浓郁的柑橘香味。其名字来自于其18世纪的所有者——朗贡地区修道院的名字。

（3）莱斯之星（R Rieussec）莱斯之星使用的葡萄有部分来自酿制苏玳甜白酒的葡萄田。葡萄采摘首先从该葡萄田贵腐菌感染量未达到要求的葡萄植株开始，之后再对其他葡萄田上的未感染贵腐菌的葡萄进行筛选采摘。

同样位于波尔多苏玳产区的科斯酒庄（Château de Cosse），也是生产莱斯酒庄旗下酒款莱斯珍宝的酒庄。其名来源于一片名为"科斯"的葡萄林。与一级酒庄莱斯酒庄贵腐酒具有相近的品质特征，但是橡木桶陈酿时间较短，因而适饮年龄比较年轻。

以上的三家酒庄，都是拉菲集团的旗帜酒庄，以拉菲集团的极品葡萄酒服务市场的目标客户，都是通过期酒和配额制服务市场，也是拉菲品牌价值的主要贡献酒庄。

为了让不同的消费者都尽可能消费到拉菲集团不同类型、不同酒庄、不同风土葡萄园的酒品，拉菲集团实行多样化、差异化的酒庄酒品牌战略，拉菲集团收购了一些法国和世界其他国家具有不同产区特色和文化特色的酒庄，以服务更广泛的葡萄酒爱好者和收藏者。以下的这些酒庄，体现的是产区风土、产区文化和拉菲葡萄酒理念和技术的结合，通过拉菲集团资金、技术和品牌的介入，在保留原酒庄风土特色和文化特色的基础上，实现不同酒庄酒品的高性价比，服务更多的消费者。

（四）岩石酒庄

岩石酒庄（Château Peyre-Lebade）位于波尔多梅多克产区，酒品带有里斯特哈克产区的典型特征，果香浓郁丰满。而高比例的美乐品种又赋予其极为柔滑的口感，这是它和产区内其它酒与众不同的地方。

（五）卡瑟天堂古堡

卡瑟天堂古堡（Château Paradis Casseuil）位于波尔多两海之间（Entre-Deux-Mers）产区。酒庄酒款具有新鲜果香以及迷人的花香，酒龄较短时即可饮用，也是遵从波尔多传统的一款经典葡萄酒。

（六）奥希耶酒庄

奥希耶酒庄（Château d'Aussières）位于法国南部郎格多克科比埃产区，它是法国最大的葡萄酒产区，1999年被拉菲集团收购。

酒庄的600公顷土地曾被荒弃4年。拉菲集团收购后，对葡萄园进行了修复、重建和新建，每年以约40公顷的速度展开总面积160公顷的葡萄种植计划，以科比埃产区的传统品种西拉、慕韦度与歌海娜为主打品种。酒窖位于奥希耶酒庄的中心，也全部进行了翻新和改建，并于2003年正式开始运作。

2005年拉菲集团开始销售其在此酿制的第一批酒品（2003年份），并实行多酒品策略，服务更广泛的多样性的葡萄酒消费者。

（七）巴斯克酒庄

1988年，拉菲集团收购了巴斯克酒庄（Vina Los Vascos）的部分产权，与智利的酒庄合作，开始了集团在国外的葡萄酒产业布局。

这家始创于1750年的酒庄，当时已拥有土地面积2200公顷，葡萄园种植面积220公顷，是一家规模较大的酒庄。

智利是新世界葡萄酒国家中极具竞争力的产区，拉菲集团在智利发展葡萄园和酒庄就是要利用智利别具特点的风土和气候并结合拉菲的酿酒理念和技术，酿造出具有智利风土风情的美酒。在决定收购巴斯克酒庄之前，集团的技术小组走访了智利不同产区的许多酒庄，选定巴斯克酒庄的原因是其具有较大的规模，而且其地理位置与当地小气候条件优越：近太平洋，葡萄园风土特色突出，日照与水资源充足，罕见霜冻；海拔130米的山坡，离太平洋的最近距离仅为40千米，半干逆境的土质与气候条件为巴克斯酒庄酿造独具风味的顶级佳酿提供了理想的自然环境。

拉菲集团首先输出其葡萄酒发展理念和思路，并在拉菲集团技术团队的指导和监督下，通过一系列的投资、技术改进和设备更新，调整了酒庄的生产设施和装备：改良了葡萄种植技术，实施新的种植计划，重组现有葡萄园，主动降低产量，建立更高标准的葡萄园管理制度；通过凿井确保了水源，在葡萄园内建立了气象站，确保葡萄园的稳定和科学管理；陆续对酒庄的酿造设备和酒窖进行了现代化改造，用更严格的标准和更好的装备提升酒品质量。在智利这块具有得天独厚的风土条件及无限潜力产区改良和创新出了一个新的典范酒庄。

为了打出收购合作后的品牌效应，在拉菲集团进入后辛勤耕耘的第十年，酒庄首次酿制的酒庄旗舰酒品巴斯克十世（Le Dix de Los Vascos）上市，为了纪念拉菲集团进入智利十年，更是为了拉菲集团品牌在智利的推广。这款酒复杂、平衡又优雅，迅速得到了市场的认可。酒庄也实行多样化、个性化的酒品策略，服务多样性的消费者。

（八）凯洛酒庄

阿根廷是南美洲最大的葡萄酒生产国，也是世界上前五名的葡萄酒消费市场。拉菲集团在智利葡萄酒产业的成功推进，也加快了其国际化的布局。1999年，拉菲集团与阿根廷生产高品质葡萄酒的楚翘卡特那（Catena）家族联手，经过多年的努力，完美地打造了凯洛酒庄（Bodegas CARO），完成了集团进入阿根廷的布局。

"凯洛（CARO）"的名字来源于卡特那家族与罗斯柴尔德家族英文首字母的联合，代表了两个家族、两种文化的和谐，其葡萄酒酒品也体现出阿根廷马尔贝克与波尔多赤霞珠的完美结合。拉菲集团种植赤霞珠已有100多年，品种混酿制造出顶级酒品的技术更是拉菲集团酿酒历史中的精华。其实，在两个家族合作意向达成之时，或是商讨过程中，双方便共同做了决定：将门多萨的高纬度土地上的马尔贝克葡萄与赤霞珠结合，酿出一款风味独具特色的美酒。

2000年凯洛酒庄用马尔贝克和赤霞珠混酿出第一款酒"凯洛"（CARO）——它既保留了马尔贝克葡萄的典型阿根廷风情，又融合了赤霞珠更为优雅和复杂的结构，酒体丰满而细腻，完美地平衡了阿根廷与波尔多的不同风格。它一诞生就受到市场的追捧，这除了两个家族的魅力和拉菲品牌的影响力外，两个传统名种葡萄的完美结合，也是促进因素。

（九）珑岱酒庄

珑岱酒庄是拉菲集团在中国烟台投资建设的酒庄，也是从规划设计到运营，都由拉菲集团策划、设计和投资的唯一一个酒庄。是拉菲集团全球葡萄酒产业发展战略的一个重要组成部分。酒庄历时十多年才建设完成，其酒品一进入市场，就以高端极品酒品的姿态赢得市场的认可，并得到收藏者和经营者的追捧。有关酒庄的详细情况见第三章案例3.5。

三、拉菲罗斯柴尔德集团精选品牌系列葡萄酒

为了进一步放大拉菲葡萄酒的品牌效益，1995年，拉菲集团决定向广大消费者推出一系列以传统精神酿制、近似酒庄酒产品的不同法定产区酒（AOC级别）。因此，诞生了珍藏系列波亚克、梅多克和波尔多法定产区三个类别的葡萄酒。

从2000年起，集团专门的技术小组秉承着同一理念又陆续推出传奇系列法定产区葡萄酒与传说系列法定产区葡萄酒。

精选系列品牌葡萄酒均由波尔多、梅多克和波亚克三个类别的AOC优质葡萄酒调配而成，均来自两海间法定产区（Entre-Deux-Mers）、波尔多法定产区（Côtes de Bordeaux）、卡斯蒂隆法定产区（Côtes de Castillon）、法兰西海岸法定产区（Côtes de Francs）和布拉伊法定产区（Côtes de Blaye）等的产地葡萄园。

拉菲集团精选品牌系列葡萄酒满足了不同的葡萄酒爱好者和消费者的日常饮用需求，取得了巨大的社会效益，极大地推动了世界葡萄酒消费市场的发展。

6.2 托斯卡纳和翁布里亚葡萄酒产区的旗帜和典范：
安东尼世家葡萄酒产业的可持续发展

作为传承了26代，延续600多年的意大利葡萄酒世家，安东尼（Antinori）葡萄酒世家是意大利托斯卡纳（Tuscany）最显赫的葡萄酒家族，也是意大利十大葡萄酒世家之一，对意大利葡萄酒产业发展影响最大。在家族一代又一代庄主的带领下，以开放、引进、创新的精神，充分尊重托斯卡纳和翁布里亚（Umbria）各个产地的风土和传统文化，不断酿制出享誉世界，现代与传统融合，意大利风格与法国品种特色结合的高雅高品质葡萄酒。尤其是26代庄主皮耶罗·安东尼侯爵和3个女儿，勇于创新和探索，在先人积累的葡萄酒产业的基础上，先后开发了索拉雅（Solaia）、天娜（Tignanello）、泰纳安东尼侯爵（Marchese Antinori）、芝华露（Cervaro）、古道探索（Guado al Tasso）等新的高端产地酒，引领着现代意大利葡萄酒产业的发展。

一、发展理念

自1385年，古奥瓦尼·迪·皮耶罗·安东尼（Giovanni di Piero Antinori）加盟意大利佛罗伦萨葡萄酒商协会（Arte Fiorentina dei Vinattieri）起，安东尼家族就正式进入葡萄酒产业。安东尼家族一直以托斯卡纳和翁布里亚为主要基地发展意大利葡萄酒产业，在这两大产区内，他们在最适宜酿制高品质葡萄酒的区域内拥有约1400公顷的葡萄园，主要产地包括经典吉安帝（Chianti Classico）、博格利（Bolgheri）、蒙塔奇诺（Montalcino）、奥维多（Orvieto）、蒙特普齐亚诺（Montepulciano）等著名产地，以及索瓦纳（Sovana）、南马雷玛（Southern Maremma）等引人注目的新兴产地。

安东尼世家核心理念就是始终不渝地尊重意大利传统葡萄酒文化，尊重每一块土地；家

安东尼世家酒庄葡萄酒产业的领航人
皮耶罗·安东尼侯爵

族的葡萄酒价值观是传承家族对葡萄园土地和人的尊重，对葡萄酒酒品的激情和耐心，保持对酒品质量的执着追求。将安东尼家族葡萄酒产业带向高峰的26代庄主认为：上佳品质的葡萄酒酿造与探寻更好的葡萄酒品种、土地以及它们的最佳组合息息相关。阿璧拉·安东尼（Albiera Antinori），26代庄主的大女儿，在接受采访时说："我们家族传承了26代，其本质是我们传递了一种跨越几个世纪的价值观，这种价值观帮助我们的家族持续从事同一个事业和生意。这是一种价值观的传承，而不是某种技术、技巧的传承。它是我们对葡萄酒事业的激情，对土地的尊重，对公司、对与我们一起工作的人的尊重，等待葡萄从种植到酿成美酒的耐心，还有对高品质的不懈追求和尊重科学的精神。这是我的祖父、父亲教给我的，也是我现在要教给我的孩子们的。酿酒的技术从1500年至今一直在改变，但是这些价值观，这些核心的理念，一直没变。"

近几十年来，安东尼家族及团队对于葡萄

酒世界的浓厚兴趣不断增强，对探索比较不同的传统品种和新品种与风土的合理组合的强烈渴望不断加深，他们以创新的精神，大胆开拓、锐意进取，加强与意大利其他产区和世界葡萄酒的贸易和交流，不仅交流酒品，更重要的是引进先进的酿酒葡萄品种和技术，结合托斯卡纳和翁布里亚产区不同土地和气候的特点，通过与本地传统的技术和品种进行融合，在保持原有产区、产地特色的同时，酿造出享有国际声誉、现代且优雅的葡萄酒，而且，也在皮埃蒙特产区（Piedmont）、帕格里亚产区（Puglia）和弗朗斯奥塔产区（Franciacorta）等意大利和世界的一些产区选择最佳地理位置和风土条件的葡萄园和土地进行收购并开发葡萄园和酒庄。

二、安东尼世家葡萄酒产业的传承、管理模式及经验

新一代的接班人，阿璧拉·安东尼（Albiera Antinori）说："我们每一代的接班人总是被这样教育'家族的葡萄酒产业不是我们某个个人的，而是整个家族的。'所以，我们应该要把这些从父母手里继承来的产业发扬光大，然后传给下一代，这是一种责任，而不是利益的分配。这是唯一能够使得家族传承下去的方法，否则，如果我们家族的每个人都希望从中分得一杯羹，那就很容易将产业变小、变分散，很难传承下去了。其实，过去我们并没有严格的书面约定，而只是基于家族的言传身教以及家族成员间的相互信任，这种家族的言传身教通常都很奏效。为了不再出现可能影响传承的问题，2012年11月家族第一次做出了以书面约定来制定家族葡萄酒产业作为整体传承的严格规则。"安东尼家族成立了一个家族信托，接下来的90年，所有权不能分割。

她说，作为每一代的接班人，从孩提时代就被培养对葡萄酒和风土的激情。1977年，索拉雅葡萄园（太阳园）的第一年采摘，当时她11岁，她妹6岁，她们从非常巨大的树上摘下葡萄，酿成酒，自己装瓶，自己设计酒标，然后送给佛罗伦萨首屈一指的酒评家去品

尝。她们从小就在乡间的葡萄园和酒庄生活，享受葡萄酒带来的健康和快乐，不经意间就对葡萄园和葡萄酒产生一种热爱和激情，是一个非常自然、循序渐进的过程。

目前新一代三姐妹都在参与葡萄园和酒庄的管理以及市场的开发，阿璧拉从18岁开始工作，她孩子这一代就需要进大学学习，需要在其他的地方积累工作经验。

对于家族成员介入经营，是不是安东尼家族产业的某种选择或安排；家族过多成员在企业中过于频繁出现，是否影响其他员工的积极性的问题。阿璧拉·安东尼介绍说，"这就是制定家族信托的原因。为了公平和公正，信托机构成员是我们家族信任的朋友；他们是评审，有最终发言权，决定谁能进入企业管理，谁可以担任最高职位，企业该付给这个成员多少薪资等。我们的规定是任何成员满足一定的条件（大学教育、工作经历、语言要求、责任心、遵纪守法等）后，只要他们愿意，都可以在家族企业里工作。"

家族信托不会介入任何常规运营层面的决策。已经在企业里工作的，或即将在企业里工作的家族成员在传递家族的价值观方面有充足空间和时间保障。家族信托机构只有在保护家族企业股份和挑选最高职位的合适人选时才会起作用。他们也可以防止已经成为企业最高领导人的家族成员独断专行。而所有与葡萄酒相关的，与日程运营相关的，与产品、质量相关的决策，都是由家族成员一起研讨决策。

安东尼世家家族产业能够做大做强，皮耶罗·安东尼侯爵做出了最大贡献。1966年，他28岁接手葡萄酒产业，勇于创新，尊重葡萄酒，尊重土地。在他的手中，安东尼家族资产增长很明显。阿璧拉说："我的父亲使一个小的家族企业成长为一个资产、创意、产品都更加丰富的大型家族企业，他创造出了像天娜干红、芝华露酒这样的极具创新力的酒，打破陈规，用一种国际市场能够理解的方式来呈现托斯卡纳、意大利传统的葡萄美酒。"

在经营管理上，相比其他酒庄主，他们家族最鲜明的特色是什么？阿璧拉说："人品和能力。当你把小家族企业发展成大的家族企业

时，你必须要引入外部的优秀经理人。这很重要。"在安东尼家族，如果一名家族成员想成为某个市场的管理经理，必须证明自己比企业聘请的经理人更优秀，才能得到这个职位。不论家族成员还是外部雇员，只要表现优秀、能力出众，就可以得到相应的职位。

三、安东尼世家新经典吉安帝酒庄：新的起点、新的腾飞

市场对安东尼世家葡萄酒的需求明显增加，为了更好地发展家族的葡萄酒产业，同时进一步宣传家族的葡萄酒价值观，安东尼家族成员决定建设一个新的酒庄和安东尼世家的企业总部。历时7年，耗资1亿多欧元，安东尼世家的新酒庄：安东尼世家新经典吉安帝酒庄（Antinori nel Chianti Classico）于2012年建成并投入使用，标志着安东尼世家葡萄酒一个新的里程碑。

新酒庄充分体现了安东尼世家对于酒庄"可持续性"的理解和对环保的支持：不使用过多的水、电等资源；从外部看不显眼，尽可能少地影响周边环境；使酒庄和环境融为一体；建筑内部也秉承简约主义，线条简洁，并且所有建筑材料都就地取材、就近取材。

褐色的地砖和墙壁使用的是当地的赤陶土，全部来自于附近的小城因普鲁内塔镇（Impruneta），这种建材历史悠久，从1300年左右开始，就在托斯卡纳地区广泛使用，具有非常典型的托斯卡纳特色。在使用因普鲁内塔镇赤陶土这种传统建材时，安东尼家族尝试用一种创新的方式来呈现。例如，像使用纺织面料一样在酒窖中制造出高低起伏的内部墙壁；而在另一侧的墙壁，则是沿用了托斯卡纳人构建屋顶、窗户的方式，形成酒窖一道独特的装饰。赤陶土是非常好的隔热体，整个酒窖的温度可以被自然地控制到一个理想的状态；酒窖屋顶的圆洞则有助于热空气自然散发出去。酒庄里的空调设备，主要是用来控制酒窖的湿度。

酒庄使用的钢材为科滕（Corten），产自本地，其所含金属成分的配比是托斯卡纳地区

安东尼世家新经典吉安帝酒庄

历史上就一直在使用的。酒庄的所有玻璃也来自于托斯卡纳地区。

安东尼世家在新酒庄落成之后，做出了一个重要的决定——对公众开放整个酒庄。人们可以在这里参观葡萄酒的酿造过程，可以品尝葡萄酒与美食，欣赏建筑、音乐、艺术，可以领略安东尼世家的文化、历史、故事。酒庄开放于2012年10月，这是安东尼世家首个对公众开放的酒庄。

酒庄周边的葡萄园是经典吉安帝葡萄园，种有桑娇维塞、马尔维萨等托斯卡纳本地品种，也种有赤霞珠、品丽珠、美乐、霞多丽等国际化品种。

发酵、混酿采用重力法酿造，压榨的果实、原酒和酒的调配都利用重力输送到发酵罐和橡木桶里。这个酒庄陈酿的葡萄酒包括碧

波、泰纳安东尼侯爵陈酿干红、安东尼庄园陈酿干红。木桶用法国橡木桶及稍大的橡木桶。

新酒庄也开始酿制意大利传统的干化酒——圣酒（Vin Santo）。这种甜葡萄酒是托斯卡纳地区传统的餐后甜酒，由风干之后的白葡萄酿造。风干之后的葡萄，通过压碎，放入不同规格的橡木桶，经历一个自然氧化的过程后，再进行几年的陈酿，陈酿的时间取决于圣酒的质量。这种酒必须要完全氧化，然后就可以存放很长时间。酿酒使用量身打造的新橡木桶。

新酒庄特别注重意大利、托斯卡纳、家族葡萄酒和葡萄酒文化的推广，酒庄的圆球形装置艺术，是意大利当代艺术家托马斯·萨拉塞诺（Tomas Saraceno）的作品《Bioshpere》（生物圈）。这是Saraceno先生专门为安东尼

世家新酒庄创作的艺术，灵感来自于安东尼世家的葡萄酒价值观，将创新与建筑之美融合，将人与土地、环境巧妙地融合。这也是"安东尼世家艺术项目"系列中的一个。该项目始于2012年，起点就是安东尼世家的这个新酒庄。项目旨在探索艺术收藏的多样化表现。通过历代艺术家们的作品，在一个没有明确时间特征的空间里进行展现，在这里先锋艺术与传统艺术可以互相对话。

新酒庄还建设了一个博物馆。大部分展品来自安东尼世家宫殿，按照不同的年代进行了分类展示。酒庄还展示了达·芬奇发明的葡萄酒压榨机等非常珍贵的展品。

新酒庄是新的起点，也预示着安东尼世家葡萄酒产业新的腾飞开始。

四、天娜酒庄：超级托斯卡纳的经典之作

天娜酒庄位于意大利托斯卡纳格雷沃（Greve）和贝萨河（Pesa）山谷之间的缓丘，位于意大利著名产区经典吉安帝（Chianti Classico）产区的核心地带，距离佛罗伦萨南部30千米。酒庄占地319公顷，葡萄园面积127公顷，在这个127公顷的丘陵葡萄园中，安东尼家族充分表达了他们酿造葡萄酒的原则：在坚持使用经典吉安帝传统的酿造工艺和本地葡萄品种同时，借鉴能够提升葡萄酒品质的先进思想；在维系原产地特征的同时，通过品种提纯和优良品种引进、品种产地布局、技术持续改进和完善，使传统和现代完美融合。

天娜酒庄葡萄园被划分成若干小块，其中包括2块珍宝地块：57公顷的天娜葡萄园和20公顷索拉雅葡萄园（又称太阳园），它们位于同一块丘陵坡地。海拔340~400米，地中海泥灰质土壤，富含石灰石和钙质黏土岩，使生长的葡萄具有独特和个性的风格，气候冬暖夏凉，白天气温温和，夜晚天气凉爽，昼夜温差较大，特别适合葡萄果实生长和多酚类物质的形成，有助于获得具有明确特征和独特优雅的葡萄酒。

天娜酒庄种植的品种主要是本地传统的桑娇维塞葡萄，还有19世纪引入意大利的赤霞珠和品丽珠，以及少量的白葡萄（玛尔维萨和白玉霓，用于酿造Vin Santo甜酒）。这片酒庄还包括37公顷的橄榄树丛，以出产高品质的橄榄油而著称。

1950—1960年，安东尼家族通过调查，发现葡萄园地块品种混杂的情况，进行了近十年的品种株系选优、繁育和地块布局，按照不同的地块进行分类管理和酒品酿造。1979年以来，天娜酒庄成为安东尼世家的"葡萄与葡萄酒实验室"，承担从葡萄栽培、酿造和陈酿环节的很多试验性工作。安东尼世家于20世纪20年代开始研究赤霞珠和品丽珠的引种，在二战期间曾被废止，后于20世纪60年代又开始重新种植，并于1971年首次使用在天娜干红的酿造中。

在葡萄栽培方面，为了获得更浓郁丰满和丰富单宁的葡萄果实，他们调控植株的间距并通过剪枝增加光照，通过桑娇维塞优良株系的选优和克隆大大提高了果实的品质。在酿造方面，打造更明晰个性的葡萄酒，通过葡萄发酵时柔和挤压的强度和频率对品质的影响研究确定相关的参数，在橡木桶乳酸发酵时，通过柔和的非创伤性运动的最佳规律试验，获得了酿造更高品质葡萄酒的一系列酿造方法。

在托斯卡纳的天娜葡萄园，桑娇维萨葡萄变得富有表现力，能够把所有的特点及个性都表达出来，唯一的不足是不太完美的熟化而带来有些"紧张"的单宁。为了减少对圣娇维塞表现力的局限，安东尼家族使用石灰石"白色灰石（Alberese）"来解决问题，这些白色的石头先被粉碎成小块，然后被投放在葡萄藤的下面，通过石头反射阳光带来的更多阳光反射光，使果实获得了更多阳光照射，减少杂草的侵扰，使土地温暖果实，这样的果实可以酿造出更柔和与圆润的单宁，同时保持了桑娇维塞的典型结构和复杂性。

天娜酒庄拥有专用的发酵及陈酿酒窖，酒窖位于靠近天娜酒庄别墅的一座数百年历史建筑的地下，安东尼世家在2008年重新翻修了酒窖，酒窖的重新设计充分考量发酵和陈酿的细节，以实现葡萄酒中微妙神韵。

天娜酒庄

安东尼家族以创新甚至可说大胆的理念经营天娜酒庄，在不断创新的同时，他们矢志不渝地坚持着对传统和托斯卡纳土地的尊敬，使天娜酒庄生产的酒品品质不断提高，成为超级托斯卡纳的经典和领袖酒庄。

1. 索拉雅干红葡萄酒

皮耶罗·安东尼侯爵最得意的作品应该就是索拉雅干红了。诞生于1978年的索拉雅干红虽然只有不到40年的历史，但是已被公认为世界顶级红葡萄酒的经典之作。1997年份的索拉雅干红被全球权威杂志《酒观察家》评为"2000年全球100佳酿"的冠军，作为第一个获此荣誉的意大利葡萄酒，索拉雅干红确立了在意大利乃至世界顶级红葡萄酒中的核心地位。

索拉雅干红采用75%赤霞珠、20%桑乔维塞和5%品丽珠葡萄混合酿造，橡木桶中陈酿18个月，瓶储12个月。酒色深宝石红色，清新透亮，闪烁着宝石光泽，果香丰富，香草、果香和橡木香平衡，入口后黑莓及可可味滑过味蕾，口感均衡柔润，单宁丰满细腻，余香绵延。酒如其名，索拉雅干红是太阳的"宠儿"，生长环境得天独厚。索拉雅葡萄园占地20公顷，位于天娜酒庄日照最为充沛的山坡，海拔在340～400米。园中种植着经过精挑细选的葡萄，它们在生长季节可以毫无遮挡地享受从黎明到日落的每一缕日光。

索拉雅干红酿造有专用的发酵罐和相关区域。采用颗粒筛选，在传送带上一个果实一个果实手工筛选可供酿酒的葡萄。只有最好的果实才能入选，宁缺毋滥。

筛选后的葡萄果实直接进入为索拉雅干红特制的发酵罐。罐顶带有挤压装置，柔和地挤碎精选出来的葡萄。相比普通发酵罐，索拉雅干红的发酵罐体积很小，呈圆锥形，以避免在搅拌发酵的果汁时，分离的果皮对果汁产生多余的压力。采用低温发酵，发酵过程当中，所有工作都由总酿酒师人工控制、完成。

发酵完成之后，按照托斯卡纳地区自古以来的办法，酒体仅在重力的作用下，直接流入到地下酒窖的橡木桶中进行陈酿。索拉雅干红的陈酿酒窖是天娜酒庄别墅最早期建筑的地下室，拥有几百年的历史，不仅温度和湿度适宜，而且微生物种群优异，陈酿环境的各个细节，都为获得顶级葡萄酒而设置。

作为安东尼世家最昂贵的干红葡萄酒，对于品质的不懈追求使索拉雅干红只在条件成熟的年份才能酿造，1980年，1981年，1983年，1984年和1992年都没有酿制索拉雅，由于每年的产量稀少，索拉雅干红在全球葡萄酒市场中一直价高而难求。

2014年，安东尼世家将把中国列为重点市场，索拉雅干红这样的珍稀顶级产品，也将更多考虑中国消费者的需求而调配资源，中国葡萄酒爱好者将有更多的机会品尝到这款来自安东尼世家的世界顶级红酒。

2. 天娜酒庄的骄傲：天娜干红葡萄酒

第一支天娜干红诞生于1971年，它的诞生标志着当代意大利葡萄酒酿造革命的成功，是托斯卡纳葡萄酒酿造史上的一个里程碑。当时，安东尼家族为了提升家族葡萄酒的品质，研究决定，打破托斯卡纳产区的核心产地经典基安帝产区葡萄配比的规定，放弃了本地白葡萄的种植而引入原产法国的赤霞珠和品丽珠葡萄，决心酿造出了品质可以与法国列级酒庄顶级酒媲美的天娜干红。

引入非本地品种葡萄，意味着他们将放弃高等级DOC的评级，而自愿降级为IGT。为了开创托斯卡纳葡萄酒酿造的新时代，皮耶罗·安东尼侯爵调整品种组成，选择桑娇维塞优良株系，配合赤霞珠、品丽珠，按地块精心布局品种，决心打造一款既尊重本地传统和土地，又符合国际潮流品质的优质葡萄酒。

功夫不负有心人，安东尼家族以及团队的其他成员，按照顶级葡萄酒的酿制标准，精心种植，细致管理葡萄园，耐心酿制，并选择优质的法国橡木桶陈酿，终于于1971年酿制了一款意大利传统与现代潮流结合的优异葡萄酒——天娜干红葡萄酒。以天娜、西施佳雅等葡萄酒为代表的新一代托斯卡纳酿酒人多年不懈努力的成果，也终于获得了葡萄酒市场的认可，超级托斯卡纳（Super Tuscana）葡萄酒在市场不断获得佳绩。超级托斯卡纳虽然不是一个官方的正式级别，却代表者意大利酿酒革命的胜利成果，这批意大利现代酒在价格和品质上都达到挑战法国波尔多列级名庄的水平，令世人对意大利托斯卡纳葡萄酒刮目相看。

天娜干红具有浓郁的红宝石色并暗含轻盈的石榴色，充满了强烈而和谐的烟草、咖喱、黑浆果和果酱的香气，口感充裕而稠密，酒质复杂，余味优雅绵长，充满了巧克力、越橘和果酱的味道。酒体丰满，单宁优雅，是一款充沛而典雅的葡萄酒。

天娜干红由产自天娜酒庄的80%桑娇维塞、15%赤霞珠和5%品丽珠混合酿造，法国橡木桶陈酿约12个月，瓶储12个月。天娜干红是意大利最早放在橡木桶中陈酿的桑娇维塞葡萄酒，也是最早混合了非传统类别（如法国赤霞珠）葡萄和完全不使用白葡萄的经典基安帝产地葡萄酒。天娜干红也只在好的年份装瓶，在1972年，1973年，1974年，1976年，1984年，1992年和2002年都没有生产，显示了它对葡萄酒质量的苛刻要求。

五、古道探索酒庄

古道探索酒庄（Guado al Tasso）是安东尼世家将传统和现代完美结合的典范酒庄。它布局于中高端市场，按照最高品质要求生产高性价比的中高端葡萄酒酒品。

1. 古道探索酒庄的故事

一场联姻使得现在的古道探索领地归属于安东尼世家，安东尼世家又将它建成了著名的酒庄。德拉·吉拉迪斯卡家族的俩姐妹将陪嫁的5000公顷土地按照对角线（从东边的山到西边的海）的方式进行了划分。安东尼世家拥有的土地在靠近山的部分面积小一些，但拥有广阔的海边土地；而因吉萨·德拉·罗切塔家族拥有在海边较小的土地，而在山脚下，却拥有更广阔面积的山地。

因为过去这块地是沼泽，只能从事简单的农业种植，比如马铃薯、番茄、蜜瓜、西瓜，但没种植过葡萄。很长时间内，葡萄酒被当地人当作是在家中喝的自酿饮料酒，用来代替水或和水一起喝。由于安东尼世家从1358年就开始酿造葡萄酒，所以安东尼家族和因吉

萨·德拉·罗切塔家族来到这里之后，尼科洛·安东尼做的最重要的事情就是开始尝试种植葡萄并酿酒。在二战之后，他先在这里种植桑娇维塞葡萄，葡萄长成后，开始酿造的是桃红葡萄酒，因为这个地区当时典型的葡萄酒就是桃红葡萄酒，也因为当时安东尼世家的产品系列中缺少桃红葡萄酒，他们在吉安帝产区酿造红酒，从1940年底开始在翁不里亚产区酿造白葡萄酒，但没有桃红葡萄酒，最重要的是，托斯卡纳地区当时只有桑娇维塞葡萄，但宝格丽（Bolgheri）地区与其他托斯卡纳地区风土条件完全不同，桑娇维塞在这里的表现只适合酿造桃红葡萄酒。与此同时，罗切塔先生在这里开创了一片驯马场，不过他是个葡萄酒爱好者，尤其喜爱波尔多葡萄酒。19世纪40年代，在这里招待朋友喝波尔多酒是很困难的，所以他引进法国波尔多葡萄品种自己种葡萄，酿造这种与该地区传统完全不同的葡萄酒，也是该地区生产的第一支红葡萄酒，但是只是在自己家中饮用。一次皮耶罗·安东尼侯爵偶然拜访，品尝了这款酒，认为这款酒有巨大的潜力，想合作销售。由于罗切塔先生不做葡萄酒生意就同意交给皮耶罗侯爵接管这只新类型的葡萄酒。为了加强国外的合作，皮耶罗侯爵在尊重传统和当地的风土条件的基础上，不仅精心管理引进的法国葡萄赤霞珠等，还引入了法国橡木桶（波尔多地区使用的典型）进行葡萄发酵和葡萄酒陈酿。1968年，西施佳雅的第一个年份酒问世了。从那时起，21年的期间，这只酒由罗切塔家族生产，由安东尼世家进行销售和运营，西施佳雅逐步走红国际葡萄酒市场。

在这21年中，安东尼世家逐步认识到在宝格丽地区生产重要葡萄酒的可能性。1989年，罗切塔家族想要收回西施佳雅的经销权时，安东尼世家已经布局赤霞珠、美乐、品丽珠、西拉等葡萄园了。1990年，安东尼世家开始酿造古道探索（Guado al Tasso）干红。他们秉承安东尼家族对葡萄酒高质量的追求，尊重这里的风土对这些法国葡萄的高度适应性，以开放、创新的精神，打造一款高品质和高性价比的葡萄酒。从此以后就不在宝格丽产

古道探索酒庄

区再种植桑娇维塞葡萄了。

2. 古道探索葡萄园

安东尼世家总是用"天堂的一小块"来形容宝格丽产区。它有以下主要特征：这里没有托斯卡纳地区典型的起伏丘陵，但是有大山环抱，挡住了来自东边的严寒、雨水，雨云在山边就停住了。夏天时常能听见山那边是隆隆雷声，而葡萄园却是晴空。而且这里总是有持续的凉风从海面吹来，被环抱的山脉留在这片地区，使得种植的葡萄非常清新，新鲜。夏季这里温度很好，但没有很热的感觉，因为微风不断。所以与吉安帝地区相比，这里夏季更凉爽，冬季更温暖。而且因为曾经是一片湿地，这里很湿润，这对葡萄种植很理想。昼夜温差很大，夜晚很凉，高湿润度使得葡萄果实保持清新；清晨之后，太阳普照，伴随微风，葡萄串又很干爽。最重要的风土特征是土壤，也是最吸引人的特征。这里不仅仅是富含水分和矿物质，而且土壤特别多样，包括沙壤、石砾、片岩、黏土等多种类型，土壤类型改变也非常迅速，改变次数也特别多，所以同一个块地可以生产完全不同的酒。

他们根据每一小块地块特性种植，采摘也是在不同的时间进行，保证葡萄充分成熟，达到酿酒的最佳状态，在酿酒过程中也区别对待，在橡木桶陈酿中也是分开存放。在现在的酒窖里有40种不同风格的酒，来自于不同的微地块。

3. 发酵车间

古道探索酒庄不仅葡萄园按照不同的小地块进行精细种植，发酵也是如此，根据地块的不同设计不同大小的发酵罐。例如，发酵5公顷地块所产出葡萄的发酵罐约3万升，发酵1～1.5公顷地块所产出葡萄的发酵罐约1万升。新试验的一种晚摘的葡萄，量非常少，只有9～10行左右的葡萄，产量很小，就用更小的罐。

酒品产量取决于酒和酿酒的理念。古道探索干红现在的产量是6500～7500升/公顷。酒庄另一款伊布西图干红是8000升/公顷。

古道探索酒庄只用新橡木桶，95%来自法国，5%来自匈牙利。伊布西图采用二轮或三轮的旧橡木桶。

橡木桶陈酿也是按照酒品进行。例如，每年酒庄采用12～14种品牌的橡木桶，不同法国地区、不同生产商的橡木桶，他们对橡木的烘烤程度是不同的，而且相同名称、相同级别的木桶也是不同的，例如，每个生产商对于"中等"的定义不同，给出的橡木桶也不同。所以酒庄才用多种橡木桶来增加酒品的复杂度。不同地块种植的葡萄、发酵的酒液，分别用不同的橡木桶陈酿。酒庄根据不同的地块

葡萄酒品，尝试用不同的橡木桶。在陈酿的最后，不仅可以筛选出最好的微地块，还可以知道对最好的微地块而言，最适合的橡木桶是哪一款。这是非常系统、复杂、细致的精细管理。

酿酒就像拼图，但不是每年拼图答案都一样。酒庄不是生产可乐这种标准化产品，没有统一配方和方案，而取决于风土、天气等多种因素。

宝格丽产区位于托斯卡纳地区靠近西部海边的地方。21世纪80年代，这里只有6个葡萄酒生产商，由于西施佳雅和古道探索等品牌的带动，现在已经发展到53个。30年间数量翻了9倍，而且成为意大利日益重要的核心产区，对意大利葡萄酒产业产生重要的影响。

六、帕西诺修道院酒庄：桑娇维塞的魅力

安东尼世家有魅力的葡萄酒很多，帕西诺修道院经典吉安帝珍酿干红（Badia a Passignano Chianti Classico DOCG Riserva）就是其中之一。全世界有数百位资深红酒客痴迷于它，并且组成粉丝俱乐部，每年从世界各地组队到帕西诺修道院酒庄（Badia a Passignano）品尝新酒，其盛况着实罕见。帕西诺修道院经典吉安帝陈酿干红深远迷人的历史文化背景，和独具个性的高贵品质，是越来越多资深红酒客痴迷于它的原因。

帕西诺修道院葡萄园位于经典吉安帝产区的心脏地带，面积约223公顷，葡萄园环绕着千年历史的帕西诺修道院，在一片石灰岩质的土壤上延伸，直到海拔250～300米处，佛罗伦萨州立档案馆收藏的史料中对帕西诺修道院葡萄园在意大利葡萄种植历史上的重要性有着详细的记载。

帕西诺修道院的历史可追溯至公元395年，由当时的佛罗伦萨主教建立。自中世纪起，帕西诺修道院就以其在三方面的实践著称，通过培育葡萄园和植树关照着修道院周围的土地是其中之一。

1987年，安东尼世家成为帕西诺修道院葡

帕西诺修道院酒庄

萄园的拥有者，其中56公顷的土地种植着来自天娜葡萄园最好的桑娇维塞（Sangiovese）葡萄的克隆植株，每公顷土地葡萄的种植密度是5000～7000株。皮耶罗·安东尼侯爵把帕西诺修道院葡萄园当作高端桑娇维塞陈酿葡萄酒的试验地，倾力打造经典吉安帝产区的陈酿极品葡萄酒。

桑娇维塞（Sangiovese）起名于"sanguis Jovis"，该词在意大利语中是丘比特之血的意思，是意大利最古老也最有代表性的葡萄品种，有200多个品系，经典吉安帝产区拥有最优质的品系。高品质的桑娇维塞葡萄可以酿制出丰满厚重、单宁强劲、结构紧密和极耐久存的顶级佳酿。

帕西诺修道院经典吉安帝珍酿干红就是由100%的桑娇维塞葡萄酿造，帕西诺修道院葡萄园的桑娇维塞品系是最原始的品系，代表着最古老的原始品质。自1996年起，经典吉安帝产区葡萄酒要求由80%～100%的桑娇维塞酿造，为了迎合国际市场的需求，绝大多数的经典吉安帝都会混入赤霞珠、品丽珠等其他品种的葡萄以形成更丰富的口感，只有极少的酒庄使用100%的桑娇维塞酿造经典吉安帝，它要求所有的葡萄都是优选的高品质桑娇维塞葡萄果实，对葡萄园的风土、葡萄的品系和种植、成本等很多方面都有更高的要求。

帕西诺修道院经典吉安帝干红的发酵和陈酿都是在有近千年历史的修道院地下酒窖里进行的，1937年的水泥发酵罐仍在使用。四季恒温的修道院地下酒窖里放置了2000多个橡木桶。酿酒师把在葡萄园不同区域采摘的葡萄分开发酵，分别存放在不同的橡木桶（450升和225升法国橡木桶）中并加以标注。酿酒师凭借多年积累的经验，根据不同酒液的个性，决定如何混合产自不同小地块的葡萄酒液，红酒客最终品尝到的，就是具有鲜明的当年特征，并且呈现个性和变化的高品质帕西诺修道院经典吉安帝干红，充分展示了桑娇维塞的魅力。帕西诺修道院经典吉安帝干红酒标用独特的瑞士银行票据印刷工艺制成，是由安东尼世家的拥有者皮耶罗·安东尼侯爵亲自设计的，用现代手法描绘了帕西诺修道院以及葡萄藤叶

的形象，他说："因为不容易复制和伪造，人们通过酒标即可判断这款葡萄酒的真伪。"

七、萨拉堡酒庄

为了满足葡萄酒市场对安东尼葡萄酒日益增加的需求，安东尼世家于1938年购买萨拉堡酒庄，这是一个可爱的中世纪堡垒，坐落于亚平宁半岛翁不里亚（海拔534米）的一个海角上，距离托斯卡纳边界很近，在帕格利亚河和尼伯峰的中间。酒庄占地总面积500公顷，其中葡萄园面积140公顷，海拔200～400米，土壤为富含上新世火山沉积成因化石的黏土。另外大约8公顷种植着橄榄树，用于生产内部使用的特级初榨橄榄油。

1938年，安东尼世家购买了萨拉堡酒庄。但是直到1985年，才开始酿制第一支芝华露干白，并在1987年面世。芝华露这个名字来自于莫纳尔德斯基·德拉·芝华露（the Monaldeschi Della Cervara）。

酒庄最初种植着一些意大利传统的葡萄品种，主要是普罗卡尼可（Procanico）和格莱凯多（Grechetto）。普罗卡尼可葡萄是白玉霓葡萄在翁不里亚产区的克隆，古时就已经在奥维多种植。但是，普罗卡尼可与托斯卡纳的白玉霓葡萄有着显著的不同，其活力及产量都更小，葡萄串更松散，果皮是黄粉色，而不是绿色。格莱凯多葡萄则是一种特色的厚果皮的翁不里亚本地葡萄品种，色泽深黄，果汁非常酸，产量低，单宁显著。它可酿造丰满的酒，闻起来辛辣，有刚刚切割的干草气息，结构坚固，有很好的陈酿潜力。

引进的非意大利传统葡萄品种包括60公顷霞多丽葡萄，在海拔230～340米的土地种植；20公顷的长相思葡萄和4公顷黑比诺葡萄，在海拔340～460米的地方种植。在萨拉堡，还有一些小的种植地块种着赛美蓉葡萄（Semillon）和琼瑶浆葡萄（Gewürztraminer）。

随着酒庄的发展，2006年安东尼世家在葡萄园边建立了现代化的酿酒车间和地下酒窖。

芝华露干白（Cervaro），是萨拉堡酒庄的

萨拉堡酒庄

旗舰型产品，由90%霞多丽葡萄和10%格莱凯多混酿。自它诞生以来，已经赢得了市场的重要认可及无数仰慕者。用来酿造芝华露干白酒的霞多丽葡萄，树龄15~20年，种在海拔200~400米的葡萄园里非常特别的一小块土地上，其土壤含有大量海洋生物化石，与黏土底层交错。

葡萄在夜间采摘后先冷藏处理，果实降温后才进行去梗和压榨操作。由于两种葡萄成熟的时间不同，因此发酵和熟化也不同：霞多丽经过短期（4~6小时）的冷浸渍后被放在法国小橡木桶里发酵18天；然后在橡木桶里，酒与渣滓在一起陈酿6个月，并经历完整的乳酸发酵。而格莱凯多，则是在不锈钢罐里发酵、成熟。在混合调配及装瓶之后，葡萄酒在城堡古老的酒窖里陈酿10个月。

芝华露干白酒色呈明亮的黄色，高光部分带绿色。果香丰富，柑橘、热带水果以及轻微的奶油味和烘烤香，令人陶醉。清新清香平衡的口感，回味长且持久。显示持久的陈年潜力，陈年后的干白，香气、口感都很有勃艮第蒙哈榭的感觉，但是本地风土以及10%的本地品种格莱凯多，又深深地表现了安东尼家族激情、耐心的性格和品质至上、开放、融合的精神。

酒庄还生产100%霞多丽酿造的布兰蜜翁布里亚IGT（Bramito del Cervo Umbria IGT），100%黑比诺酿造的黑比诺翁布里亚IGT（Pinot Nero Umbria IGT），以及60%长相思、40%格莱凯多、琼瑶浆和雷司令酿造的慕法托翁布里亚IGT（Muffato della Sala Umbria IGT）等葡萄酒酒品。

八、勒莫泰勒酒庄：安东尼世家不断创新的典范

勒莫泰勒酒庄（Le Mortelle Estate）坐落于托斯卡纳的著名旅游地马里码（Maremma），是皮耶罗·安东尼侯爵于1999年购买并开发的一个全新酒庄。酒庄总面积270公顷，其中160公顷是葡萄园，此外15公顷的土地种植有机水果（桃子、李子、杏子、梨子和蓝莓）。还有两

个人工湖，其中大的湖有6公顷。酒庄被低矮的丘陵环绕，山上遍布橄榄树丛和灌木林。在勒莫泰勒酒庄，安东尼家族坚持发展生态有机农业，生态的可持续性意味着要系统地、有序地对传统农业活动进行维护，即注意能量的循环使用，谨慎使用农业生产资料和工作方式。酒庄一直直销水果、蜂蜜和果酱，因为酒庄种植的各种蓝莓、梨、李和桃子都是酒庄的土地上种植出来的有机作物，而且是先辈种植并传下来的农业作物，而酒庄里的湖则成为了鸭子、黑鸭等禽类的家园。

勒莫泰勒酒庄的气候是典型的第勒尼安海岸（Tyrrhenian）气候，温暖、干燥，有海风可以减轻冬季的寒冷，缓解夏季的炎热和降水。安东尼家族在160公顷葡萄园上主要种植着赤霞珠、品丽珠和桑娇维塞，后又增加了白葡萄品种，如安索尼卡（Ansonica）和维欧尼（Viognier）。这里的土地比较多样，有沙土和沙质壤土，但是普遍由黏土和硅组成，某些地块甚至有些岩石化。安东尼世家一直在探索在这片土地和风土条件上表现最好的酿酒葡萄品种，从2009年酒庄的第一个酒品酿制成功至今，安东尼世家已成功地酿制出几款优质的葡萄酒酒品。证明当地的风土条件可以使葡萄园中种植的葡萄品种酿制优秀的酒品。

新酒庄先建立葡萄园，2006年建成发酵车间，2011年建成地下酒窖。酒庄拥有先进的生产高质量葡萄酒的设备和储酒条件。发酵车间和酒窖位于一座低矮的山上。酒窖大部分建在地下，为了尽可能减少对环境的影响，都采用自然材质建造，尽可能多地利用了地下岩石来降低酒窖的温度。处于地下，呈圆柱体的车间和酒窖结构分为三层，在其空间中涵盖了葡萄酒生产的各个环节——从葡萄运到酒庄，到除梗破碎、发酵、在橡木桶里的陈酿老熟、瓶储等都在这里完成。

这样独特的结构允许最大限度有效地利用最精益的工艺生产葡萄酒：整个生产的循环采用自然重力的作用，将原料、半成品从上一层推向下一层酒窖，进行发酵、陈酿。

酒庄设计产能可达到100万瓶，目标是为普通的葡萄酒消费者提供高性价比的优质葡萄

勒莫泰勒酒庄葡萄园风土

勒莫泰勒酒庄

勒莫泰勒酒庄先进的发酵车间和酒窖

酒。经过10年的努力，目前，每年生产葡萄酒10万瓶左右，酒品6款，款款都达到设计水平，再经过一段时间的努力，新的高品质葡萄酒将推向市场，显示了安东尼家族生机勃勃的活力。主要酒品黑鸭山岗园（Poggio alle Nane），由60%品丽珠和40%赤霞珠酿制。酒名可以直接理解成"黑鸭山岗园葡萄酒"，一种以产地命名的葡萄酒，该葡萄园得名于人工湖上成群的鸭子，"Nane"是当地人对黑鸭的称呼。

目前，在皮耶罗·安东尼的带领下，当代安东尼世家的葡萄酒产业快速发展，在意大利、美国和智利的一些优质产区都拥有多个葡萄园和酒庄，各个葡萄园的风土条件不同，各有优势和特色，安东尼世家的主要葡萄园和酒庄有：意大利的圣卡希亚诺瓦尔迪佩萨酒庄（San Casciano Val di Pesa Winery）（1898）、碧波园（Peppoli Estate）（1957）、拉布拉西卡园（La Braccesca Estate）（1990）、蒙特罗园（Monteloro Estate）（1990）、平安园（Pian delle Vigne Estate）（1995）、法托丽亚园（Fattoria Aldobrandesca）（1995）、普鲁诺托酒庄（Prunotto）（1990）、瑞斯卡酒庄（Tormaresca）（1998）、蒙特妮莎酒庄（Montenisa）（2000）；美国纳帕溪谷的安提卡酒庄（Antica）（2007）、哥伦比亚谷的阳光山谷酒庄（Col Solare，合资）（1992）。并入股纳帕谷著名酒庄纳帕鹿跃酒庄（Stag's Leap Wine Cellars）和智利的种马园（Vina Haras de Pirque，合资）（1999）。

6.3 几个世纪持续对风土和传统的尊重以及不断创新的里程碑酒庄：拉图酒庄

拉图酒庄

　　拉图酒庄（Château Latour）是1855年列级一级酒庄，一直是经典传奇的典范，并引领着葡萄酒酒庄发展的方向。这家法国国宝级的、独一无二的古老酒堡，位于波尔多著名葡萄酒村波亚克村（Pauillac）的南部，离吉伦特河岸300米左右的一个地势比较高的碎石河岸上。法国有一句谚语"只有能看得到河流的葡萄园才能酿出好酒"。在吉伦特河口处矗立的一座古老的白塔周边，被玫瑰花环抱的葡萄园和酒堡，就是拉图酒庄。酒庄拥有葡萄园面积43.5公顷，植株的平均年龄在35年以上。庄园每公顷土地种植葡萄约1万株，年产大约35万瓶酒。

　　拉图酒庄对葡萄的产量和品质的控制极其严格，因为他们唯一想法就是如何在任何年份和气候条件下奉献最好的葡萄美酒。常在葡萄条件不太好的年份，对严格采摘后的葡萄还要经过严格的手工筛选。他们的目标就是酿造史诗般的葡萄美酒，为了这个目标，2011年起他们还退出了波尔多期酒交易，只将酒庄酒窖培育成熟的几近完美的葡萄酒推向市场。每年的波尔多期酒期间，只有品鉴，并且还拿出当年准备推向市场的年份葡萄酒一起品鉴，例如，2016年期酒期间，与2015年期酒一起品鉴的是2000年的正牌，2009年的副牌和2010年的三牌。就是为了让消费者购买时就能品到充分成熟的极品拉图。当然，这也来自于庄主和酒庄的管理者对他们自己酒品的自信。酒庄1945年和1947年这样老的年份酒，至今依然保持强劲度，还可以继续收藏增值。为此，这些年酒庄还专门规划设计新建了条件更好的新酒窖，2014年9月建成投入使用。

一、拉图酒庄葡萄园风土

　　世界上几乎所有的名庄，都强调他们酒庄的风土，不可复制的土壤、微气候和逆境条件以及在这些风土条件下酿造的具有风土特征的葡萄酒。拉图酒庄作为法国里程碑的神奇酒庄，其风土当然是独一无二的。但是，更重要的是他们吸收多个世纪一代一代拉图人积累的丰富经验和智慧，不断去发掘风土的潜力，因

地制宜地种植最适宜的酿酒葡萄品种，尊重风土，尊重自然，尊重葡萄酒的自然属性，尊重消费者的需求。

　　在1855年梅多克的分级制度中五个一级酒庄有三个在Pauillac村。Pauillac村不大，葡萄园面积约有1100公顷，种植的葡萄品种有赤霞珠、美乐、品丽珠和小味儿多等，其中赤霞珠是该产区最重要，种植面积最广泛的酿酒葡萄品种，该村优质的砾石土壤为其提供了绝佳的生长环境。拉图酒庄的主人和经营者经过长期的探索才发现拉图酒庄葡萄园风土与优质葡萄酒的关系，保持风土的同时挖掘其巨大潜力。

　　拉图酒庄就在吉伦特河岸很近的地方，一共拥有65公顷土地，其中只有43.5公顷可以用来酿造酒庄酒（正牌酒），酿造正牌酒的土地称为"Grand Enclos"（大中心圈地）或"Enclos"。这块土地离吉伦特河岸大约300米，有轻微的坡度，最高处约有15米高，南北各有一条小溪流过，靠近吉伦特河岸的地方是一片青青的草地。Enclos葡萄园由75%赤霞珠，20%美乐（离河岸较近，地势较低的葡萄园），4%品丽珠与1%小味儿多组成。这里受大西洋海洋性气候影响，冬季有时会比较寒冷，初春通常寒冷而潮湿，晚春时节则较多雨水。夏季通常比较温暖，在6月中旬以前雨水充沛，然后就会非常干燥。在秋天收获的季节，9月10日—10月20日之间通常是晴朗而温暖的好天气，这样的气候，不仅有适宜的生长条件，使果实能够充分成熟，也有一定的逆境，如贫瘠的砾石土壤（石灰质土壤，含50%的砾石），果实成熟时干旱的天气，适宜的风等，使果实次生代谢旺盛，多酚物质丰富，酿出的酒品酒体强劲，厚实。但是，成熟期时间或来的雨水有时会让一年辛苦的结果大打折扣。2000年前，Enclos葡萄园的葡萄都用来酿造正牌葡萄酒，但是，2000年后，酒庄新的管理层制定了更严格的品质筛选，逐渐将Enclos葡萄园内的地块降级酿造副牌酒，以确保正牌酒的最上乘品质。这也是近年副牌和三牌酒质量不断上升的原因之一。尽管目前1945年，1947年，1949年，1961年，1982

拉图酒庄的葡萄园风土、耕作和生长状况

年拉图年份酒依然光彩照人，令人痴迷。但是，如今拉图酒庄的葡萄园和发酵、陈酿条件比过去几个世纪的拉图都好得多，酿酒师们的精工细作和新科学技术的进入使酿酒品质不断提升。有理由相信几十年后，当人们喝到2009年，2010年，2014年，2015年，2018年，2019年等年份酒时，也一定会为之倾倒，为之痴迷。

拉图酒庄的葡萄园土壤表层是0.6～1米厚的粗砾石，是第四纪冰川开始时，冰河融化侵蚀的产物。这些砾石对其他农作物是生长逆境，但是对于酿酒葡萄而言，却是适宜的逆境，是果实品质提升的保证。这样逆境迫使葡萄的根系向深处生长，以找到所必需的养分。砾石在葡萄生长过程中也可以吸收热量，帮助葡萄充分成熟，同时也有利于排水，可以让水很快渗透到下一层的灰土与黏土层中去。这在雨水量大的年份非常重要，可以帮助排走过多的水分，减少病虫害的发生。砾石层的下面就

是灰土与黏土层，这一层保持有一定的水分和营养，在干旱的夏天，葡萄藤的根系就从这一层吸收水分。黏土层的营养并不肥沃，对于葡萄生长来说，一方面可以诱导和促进酿酒葡萄根系向深处生长，另一方面又可以控制和防止葡萄产量过高，果粒过大，果皮过薄。适宜的逆境使拉图酒庄葡萄园的果实果粒小，皮厚，容易得到更加集中、浓郁的香气和复杂的结构。拉图酒庄的葡萄藤，尤其是那一些老植株，其根系可以达到5米之深。这种土壤结构可谓上天的恩赐，因为吉伦特河岸有些地方下部没有灰土和黏土层，而是砂土，失去了保持水分的能力。

正是这样的风土，构建了拉图葡萄酒强劲、厚实的酒体与丰富的果香，特别是丰富的黑加仑和细腻的黑樱桃香气，丰满强劲的单宁，持续厚重的回味。拉图酒庄的风土和葡萄美酒表明，对于酿酒葡萄来说，贫瘠的砾石中蕴藏着多么丰富的财富。如果没有发现

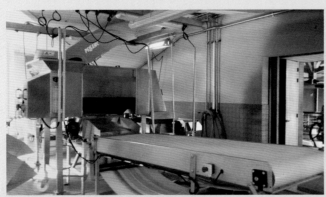

拉图酒庄特色的发酵车间和精细化管理

拉图酒庄地下酒窖

酿酒葡萄这种植物，波尔多人也许要体会大饥荒的滋味。英国的著名品酒家休·约翰逊（Hugh Johnson）对比拉菲酒庄和拉图酒庄时说，"如果拉菲是男高音，拉图就是男低音，如果说拉菲是一首抒情诗，拉图就是史诗巨著。"

二、酒庄发展简史

拉图酒庄的历史可以追溯到公元1331年。1331年的10月18日，戈塞尔姆·德·卡斯蒂隆（Gaucelme de Castillon）家族获批在圣兰伯特（Saint-Lambert）建造堡垒。15世纪中期，这里建造了用于河口防御的瞭望塔，被称为"圣莫伯特塔"（Saint-Maubert Tower），位于距吉伦特河岸大约300米的地方，是1个至少有2层的方形瞭望塔。这也成了拉图酒庄酒标的主要图形。拉图酒庄正牌酒与副牌酒就是分别根据以前的圣莫伯特塔和当时堡垒的建筑设计的。现在这个被称为圣莫伯特塔的建筑早已经不存在了，矗立在拉图酒庄内的圆形白色石塔原来是1个鸽子房，建于17世纪20年代，一直保存至今，而且这座白色石塔，也成了拉图酒庄的标志性建筑，见证了酒庄300多年的沧桑变幻。

拉图酒庄的葡萄园大约始建于16世纪，1695年起，拉图酒庄在西刚家族手中被掌管了将近300年。当时西刚家族是波尔多地区的名门望族，拥有拉菲（Lafite）、拉图（Latour）、木桐（Mouton）、凯龙（Calon-Segur）等几座著名酒庄。亚历山大侯爵的儿子尼古拉更有"葡萄酒王子"的美称。

1755年，享誉一时的"葡萄酒王子"尼古拉去世，彻底改变了拉图酒庄的命运。因为在此之前，尼古拉的主要心思放在了拉菲酒庄上。侯爵死后，拉图酒庄由于继承关系，转为侯爵儿子的3个妻妹所有，并与拉菲酒庄正式分家。法国大革命爆发时，拉图酒庄仍有1/4属于西刚家族的卡巴纳伯爵（Cabanar de Segur）。但伯爵流亡海外，革命政府便将这1/4的产权拍卖了。几经转手，这1/4的股份在1841年以150万法郎被伯梦（Beaumont）家族买下。伯梦家族也是当年拥有拉图葡萄园股份的三大家族之一，并控制了多数的股权。为避免重蹈西刚家族的覆辙，伯梦家族依法成立了一个法人，使拉图堡酒庄不至于因继承权而被瓜分，也使得拉图酒庄100多年来能在三大家族——郭帝伏龙（Cortivron）、弗乐（Flers）及最大股的伯梦家族的掌控中维持全貌，才有了今天拉图酒庄的辉煌。

拉图酒庄在18世纪已经是非常有名望的酒庄了。当时，很多贵族与富贾大户都热衷于波尔多几个著名酒庄的名酒，拉图酒庄就是其中之一。美国总统托马斯·杰斐逊在出任法国大使期间，最喜欢的4个波尔多酒庄之中，也有拉图酒庄的名字。1855年，法国巴黎开世博会，请波尔多对酒庄进行等级评定，拉图酒庄名列61个列级庄的4个一级酒庄（Premier Grand Cru Classe），位列拉菲之后。19世纪中叶，由于波尔多毗邻吉伦特河水道的地理优势，葡萄酒贸易在这里得到飞速发展，并且推动欧洲的消费者，越来越喜爱波尔多的好酒。此时一瓶拉图酒庄的价格可以达到其他普通波尔多酒的20倍，进入了酒庄的黄金发展时期。

1963年，伯梦及郭帝伏龙不愿每年将巨额红利分给68位股东，便将拉图酒庄79%的股份卖给了2家英国公司哈维（Harveys of Bristol）和皮尔森（Pearson Group）公司。

英国人在掌握拉图酒庄股权的时候，对于酒庄管理和发展事物并未作过多干预，完全委派给当时著名的酿酒师让·保罗·加德尔（Jean-Paul Gardere）管理。加德尔先生不负众望，上任伊始，就对酒庄进行大刀阔斧的改革。1963年拉图酒庄收购了庄园周围共计12.5公顷的2块葡萄园，并开始铲除过于老化的葡萄植株。1968年他开始致力于改进葡萄园下面的排水系统，并在葡萄园管理中适当地采用机械化作业。最重要的改革则是在1964年，加德尔先生力排众议，率先在梅多克顶级酒庄中采用控温不锈钢发酵罐代替老的橡木桶发酵罐。英国股东对酒庄资金的注入和任人唯贤的管理，让拉图酒庄迅速摆脱第二次世界大战的不利影响，进入另一个黄金时代。

三、传统经典的酿造工艺与技术创新

拉图酒庄的酿酒工艺传统而经典，一代代酿酒人用他们的经验和智慧不断深挖拉图酒庄葡萄园葡萄果实的品质潜力，严格按照酒庄的质量控制程序有条不紊地进行酒品生产。

拉图酒庄的葡萄园每公顷种植1万株葡萄，单位产量不超过4500千克/公顷，这就意味着酒庄的园艺工人要照顾总共大约75万株葡萄。虽然葡萄园的工作有一些可以由机器和马来完成，但是大部分工作还是要手工操作，尤其像剪枝和果实采摘这样繁重而辛苦的工作。

拉图酒庄的葡萄种植方式一直在不断改进，核心就是尊重自然、尊重葡萄园，因地制宜地开发风土和遗传基因赋予的原料潜力，以完美地展现风土和品种的特征。为了保护风土，保护环境，酒庄禁用一切化学除草剂，严格控制防治病虫害的产品，逐步推广有机种植。2009年首先在3公顷的葡萄园上试验生物动力法，2013年在核心园Enclos推广到了1/3的面积。生物动力法要求尊重葡萄树的自然生长规律，提高葡萄植株的自身免疫力，依据研究分析和气候学规律，对葡萄树进行动态的精准管理。它要求极大的耐心与细心观察，要求葡萄园的员工加大巡视的时间和频率，关注每一株葡萄不同的生长活动和动态。

每年的11月葡萄收获完以后到第二年的3月，要对葡萄进行剪枝。拉图酒庄采用波尔多传统的T字形整形修剪法，每侧主枝留3个芽以控制产量。到了6月，还要进行疏果，去掉部分果穗保证优选的果穗能够有充足营养和更加集中的香气。对于年轻的植株，这项工作尤其重要。

保存老藤遗产，适时更新植株。每个品种都有不同的品系，品系之间的差异是明显的。目前，全世界的赤霞珠可能只有5、6个最为优质的品系。拉图酒庄为了保留珍贵的赤霞珠优质品系老藤，经过3年的系统观察和酿酒研究，从老葡萄藤中筛选出最佳品质、生长势和最适产量的植株，并建立植株库，利用嫩枝嫁接技术培育新植株，保留这些优异的原始植株和丰富遗产。对于那些太老已经失去活力的植株，酒庄将会采用优选的株系培育的苗木进行更新重新种植。酒庄一般不对整块土地的所有植株进行更新，而是对某个单株进行适时更新。为了精准管理，需要对所有植株进行记录，记录种植的日期以鉴别年龄。在葡萄果实收获时，还需要对新老植株的葡萄分别进行采摘，为此，葡萄园管理工人要分几次采收。一般地，先采摘年轻葡萄藤的果实，然后再采摘较老葡萄藤的果实。葡萄在采摘的同时经过人工筛选，按照树龄和质量不同而分别存放和处理，保证酿造用的每粒葡萄果实都达到质量要求。

新的分析能力和技术手段也被应用，以获得更多的葡萄园信息。酒庄采用新的科学技术，检测葡萄园和植株的基础信息，例如，进行土壤深层质地探测以发现深层土壤的黏土分布和数量以及不同土壤类型的土壤阻力；对叶片叶绿素和葡萄树的缺水程度进行测定和评价，对收获前果实的糖分和单宁含量进行测定和评价；根据葡萄的物理参数和香味参数观察果实的每日变化状况，如葡萄皮的成熟，果肉的剥离，葡萄籽的颜色和脆度，"烤面包香味"的强弱，葡萄多酚物质的多少和组成等，以确定果肉和果皮是否达到最佳状态，根据年份的不同，有时会在同一天的早晨或前一天的晚上做出采摘时间的决定。

采摘时间确定后，3人一组的团队会小心地采摘果实并分选，采摘后的果实置入小筐中，以避免压伤浆果。每个工序都要遵循2项重要原则：葡萄不能有任何瑕疵，不能遭到损坏。葡萄果实经轻柔除梗破碎后，在自然重力的作用下落入发酵罐。发酵在控温不锈钢发酵罐中进行。来自不同的地块、不同的年龄和不同品种的葡萄果实分别进行发酵。拉图酒庄不用商业酵母，带有

不同地块风土特点的各类酵母等微生物群体在葡萄酒酿造的不同阶段发挥着重要作用，赋予了拉图葡萄酒特有的复杂性，使之与众不同。这除了需要更细心的呵护，使之酿出更高品质的葡萄酒外，同时，它对葡萄园环境的清洁管理、发酵车间环境的清洁管理和发酵罐的过程监控都有更高的要求，绝对不能有任何细小差错。酒精控温发酵过程约1星期，然后在发酵罐内进行为期长达3星期之久的浸皮过程，以充分提取葡萄皮内的多酚类物质。这可能是拉图酒庄特有的过程，只有在干净控温的环境才敢这么做。这一过程结束后，将酒液转到另一个干净的发酵罐中进行酒渣分离，并开始苹乳发酵过程。发酵过程完全结束后，对所有酒液进行一系列品尝鉴定，除了地块和树龄要求外，只有质量最好的才有资格作为正牌酒进行橡木桶陈酿，其余质量合格的、不同树龄和地块的酒液，则根据标准制作副牌酒和三牌酒。

正牌酒稍澄清后在12月注入到全新的法国橡木桶里，进行最短18个月的陈酿过程。橡木桶陈酿在新酒专门的酒窖里进行，约每星期进行补酒以添满橡木桶。每3个月，酒庄会进行1次倒桶，以分离澄清的酒液和沉淀物质。整个陈酿过程要经过至少6次的倒桶工作。到了6月，天气转热，则转入温度较低的地下酒窖进行陈酿，酒庄称其为"第二年酒窖"。此时，橡木桶酒桶换用橡木塞子。橡木塞子会因为吸收液体膨胀，将酒桶严丝合缝地堵住，就不需要定期补充酒液了。但每3个月的倒桶工作依然需要进行，直到葡萄酒陈酿结束，开始装瓶为止。

在第二年的冬季，要对葡萄酒进行1次澄清，在每个橡木桶酒桶里打入6个鲜鸡蛋清，让酒中的悬浮杂质与蛋清结合沉到酒桶的底部。在装瓶的前1个月，要进行最后1次倒桶，并经调酒师严格品鉴，确定每桶酒的质量，然后根据酒品等级将每类葡萄酒全部转入到一个混合酒槽中，进行混合并品鉴，确保酒庄生产的3款葡萄酒的任何1款，分配到每瓶的酒液都能达到该酒品的极佳品质。最后才能决定装瓶的日期。

为了使葡萄酒与橡木桶达到完美结合，自2000年起，拉图酒庄要求全程监控陈酿过程，以确保橡木香气、单宁进入酒中，带给葡萄酒细腻、优雅的结构，并进行护色，培育成分多样性的复杂特征。拉图酒庄与15个橡木桶供应商通力合作，不懈追求葡萄酒与30多种橡木桶的完美和谐，使拉图葡萄酒的成分多样性、复杂性充分展示。每年不同类型的葡萄酒都要灌入不同类型的橡木桶中，并得到全程监测，比较分析不同的橡木桶对当年葡萄酒的影响。

前文已经叙述，为了确保葡萄酒的最佳品质呈现给消费者，酒庄自2011年起，退出了波尔多期酒销售。拉图酒庄为了酿造经典的美酒，他们的酿酒工艺有长达3星期之久的浸皮过程，以充分提取葡萄皮内的多酚类物质，这样的酒品刚刚酿成时常有十分青涩的强烈单宁感觉，需要在瓶中至少成熟10年以上才可以品赏，为了给酒品最好的陈年和成熟环境，他们宁愿延后收入时间，也要让他们的酒品在酒庄优良环境的酒窖陈年，待它们充分成熟后再提供给葡萄酒消费者、爱好者和收藏者。目前，也只有拉图酒庄采取这种方式对待它们的美酒。由于拉图酒庄对酒庄葡萄酒品质的极致呵护和苛刻要求，也使拉图酒庄的客户对酒庄极其忠诚。

为了保证拉图酒庄的陈酿和陈年环境，使拉图酒品锦上添花，酒庄还专门规划设计了新酒窖。为了设计好新酒窖，酒庄专门邀请了法国著名的室内设计师布鲁诺·默因纳德（Bruno Moinard）规划设计新酒窖和新的办公区域。新酒窖于2013—2014年建设，施工时间长达18个月，于2014年9月正式投入使用。新酒窖可以储藏100万瓶酒，目的就是提供更大的专业酒窖空间来储酒，使其达到适宜饮用时才提供给消费者和收藏者。拉图酒庄的正牌酒需要在酒窖内陈年10～12年，副牌酒陈年6～7年，三牌酒陈年3～4年才可能提供给经销商，并由他们销售给消费者。每款酒何时出库，需要依年份和酒的检测和品鉴结果决定，例如，2000年的年份酒直到2016年才提供给消费者，在酒窖储藏了16年。

葡萄酒越优秀，它所携带的文化就越深厚，给予人们视觉、嗅觉和味觉的感受就越隽永。拉图酒庄几个世纪持续对风土和传统的尊重，以及在历史长河中的几个关键时刻实施的重大创新，成就了拉图酒庄的传奇，使它成为法国和世界里程碑的酒庄。21世纪是葡萄酒世界的又一个黄金世纪，科技打开了新的道路，市场和消费者的需求和品味也给予了更高的要求。已经享誉世界的拉图酒庄正以更高的激情，继续承担起对这片土地赋予的卓绝风土的责任，以及3个世纪以来从未遭到质疑的一级名庄的名誉，用更大的雄心和耐心再次赋予它独一无二的、不可复制的酒品特质，对拉图优秀经典的传统做出贡献，并不断创新，追求完美。

6.4 引领中国酒庄葡萄酒产业发展和葡萄酒文化推广的先锋酒庄：
中国长城桑干酒庄

长城桑干酒庄

中粮集团有限公司（以下简称中粮集团）旗下的中国长城葡萄酒作为中国葡萄酒行业领军品牌，是目前中国葡萄酒产业规模最大的国有葡萄酒企业，其葡萄酒产销量和市场综合占有率连续多年领跑中国葡萄酒产业。围绕我国适宜发展葡萄酒产业的多样性气候和风土，以及葡萄酒产区，长城葡萄酒品牌的拥有者中粮集团作为国家改革开放葡萄酒产业快速发展的奠基石，先后布局沙城怀涿盆地、秦皇岛碣石山、烟台蓬莱海岸、宁夏贺兰山东麓、新疆天山北坡五大产区，从早期围绕国家"减少粮食酒、促进果酒发展"的发展战略，以地区餐酒和品种酒为主大力推广葡萄酒和葡萄酒文化，到目前以国内外市场为导向，不断满足国民对

美好生活的需求，形成以长城桑干酒庄、长城天赋酒庄、长城华夏酒庄等为代表的国内酒庄群，以及以蓬莱、沙城、昌黎和新疆北坡基地建立的四大葡萄酒企业，促进区域经济发展，服务国家乡村振兴战略。多年来，长城葡萄酒一直致力于服务中国广大的葡萄酒消费者，推广葡萄酒文化和健康的葡萄酒生活方式，让中国的消费者喝到安全、健康的葡萄酒是长城葡萄酒人的首要目标。同时，长城葡萄酒也一直担纲人民大会堂国宴用酒，成为2008年北京奥运会和2010年上海世博会唯一指定用酒，并频频亮相亚太经济合作组织（APEC）会议、博鳌亚洲论坛、亚信峰会、二十国集团（G20）峰会、"一带一路"高峰论坛、金砖国家领导

人厦门会晤等国际重大会议，始终践行"国有大事，必饮长城"的品牌理念，推动中国长城葡萄酒产业乃至国家葡萄酒产业的发展。

一、长城葡萄酒桑干酒庄的发展历程

新中国成立后，我国的农业重点是解决国民的吃饱饭问题。尽管如此，在老一辈葡萄酒人的努力下，至1972年，我国的葡萄酒企业也从新中国成立初期的6家增加到34家，商品酒产量也从1949年的10万余升增加到4898万升。但遗憾的是，由于多种原因，我国的葡萄酒生产标准除了1949—1964年的少量酒厂和少量年份的葡萄酒符合国际葡萄酒标准外，而且还是半甜型的葡萄酒，我国葡萄酒的成品商品酒几乎都是非全葡萄汁酿造的半汁酒，与国际标准还有一段距离。

长城葡萄酒桑干酒庄及前身酒企就是在这种背景下起步发展的。

桑干酒庄坐落于首都西北约100千米的河北沙城桑干河流域，是中温带半干旱冷凉区，属温带大陆性季风气候，太行山、燕山群山环抱，北纬40°、年降雨约400毫米，具有四季分明，光照充足，昼夜温差大等气候特点，非常适宜酿酒葡萄种植。这里栽种葡萄的历史非常悠久，可以追溯到唐代。长城桑干人于是也从这里开始了新中国国产酒庄葡萄酒的发展之路。

桑干酒庄的葡萄园始建于1978年，由原轻工业部牵头、五部委联合考察，最终选定位于河北省怀来县沙城镇（怀涿盆地核心区内）中一块有800多年葡萄种植历史的75公顷土地作为国家葡萄酒项目的第一块试验田，也就是桑干酒庄的前身——张家口地区长城酿酒公司沙城葡萄酒厂葡萄试验园。

1994年，长城葡萄酒公司为了响应国家号召减少粮食酿酒比例，大力开发以山地、坡地种植葡萄进行果酒酿造的国策，成立了以葡萄试验园为基础的"中国长城葡萄酒有限公司技术中心"。名称的变更，意味着原有的葡萄园地，已经成为葡萄酒研发的重要平台，开始走向专业化酿酒技术体系的研发。为了拓展葡

长城葡萄酒

萄酒的品类，长城桑干人在干白、干红的基础上，又着重进行传统法起泡酒、晚收甜酒、白兰地等特种葡萄酒的研发。1995年河北省经济贸易委员会认定中国长城葡萄酒技术中心为河北省认定企业技术中心。

在酿酒技术逐步提升、专业化逐步增强的同时，原有的运营模式已无法满足产品的精细化及高品质发展。1997年，技术中心正式更名为中国长城葡萄酒有限公司长城庄园，成为中国首家葡萄酒庄园，自此开启酒庄葡萄酒研发和管理模式。经过多年的研发和生产实践，长城庄园发展模式取得阶段性成果。2005年，"长城庄园模式的创建及庄园葡萄酒关键技术的研究"获得国家科学技术进步二等奖。借此契机，酒庄开始大步前行，引领中国酒庄葡萄酒的高质量发展，向世界发出中国的葡萄酒之声。

庄园（酒庄）模式的开启，意味着桑干从此走向了精细化葡萄园管理和生产管理，严格控制产量，全方位致力于提升葡萄酒品质。除了进一步提升原有产品的感官品质，酒庄也开展了一系列不同类别葡萄酒的技术研发及工艺提升。北京奥运会申办成功后，中粮长城桑干庄园接到了一项重要的生产任务——为2008年北京奥运会酿制一款传统法起泡酒。在这项荣誉又艰巨的任务面前，长城桑干庄园在原有的起泡酒生产的基础上再接再厉，选用100%霞多丽葡萄品种，成功生产出桑干酒庄传统法起泡葡萄酒（2006年份），使中国葡萄酒市场

长城桑干酒庄葡萄园

又增加了一个新品类。传统法起泡酒起源于法国香槟产区，工艺十分复杂，每一道工序都需要精准执行，对于中国的葡萄酒酿酒师来说也是一个挑战。首先以干白发酵工艺酿制霞多丽基酒，然后加入酵母、糖、澄清剂等必要辅料，灌装到瓶中进行二次发酵。二次发酵产生了大量二氧化碳起泡，发酵结束后的酵母化作酒泥，降解成蛋白质，为圆润酒体、丰富酒中风味起到重要作用。本款传统法起泡酒，于2007年进行瓶中二次发酵，带酒泥陈酿至上市已有十几个春秋。这样的陈酿工艺，即使在法国香槟产区都非常少见，是名副其实的"白中白年份香槟"。本款传统法起泡酒，因其严谨的工艺和极富怀来风土特性的口感，受到了历次来访国内外宾客的赞许。

2009年，长城庄园正式更名为长城桑干酒庄。由于酒庄位于美丽的桑干河畔，"桑干"二字便得名于此。桑干酒庄的英文名称是"Chateau Sungod"，体现了敬畏祖先、热爱土地，对刻画极致风土的追求。时至今日，长城桑干酒庄已成长为国内葡萄酒行业建园最早、树龄最长、品种最全、酒种品类最多的国际化酒庄。本着"秉承传统、笃定创新、精耕细作、精益求精"的发展理念，充分利用40多年黄金树龄葡萄树，独特的桑干河流域微气候环境，坚持采用传统工艺，结合酒庄研发创新的关键工艺技术，辅以法国顶级橡木桶对桑干产品进行精心陈酿呵护，研制出上乘佳酿起泡、干白、干红、甜白等六款主要产品和其他特色产品，多个年份稳定产出，风格愈发明显，成为长城葡萄酒的领军酒庄。

长城桑干酒庄着力打造集体验葡萄酒文化、休闲、餐饮、高端酒店于一体的综合工程，将葡萄的苗木培育、葡萄种植、高端葡萄酒生产、旅游观光、葡萄酒文化展示汇聚一体。酒庄建立至今，丰富的葡萄酒类别、高端专业的葡萄酒质量，使长城桑干始终走在中国葡萄酒产业的前端，为满足我国消费者对"美

长城桑干酒庄特色陶罐

长城桑干酒庄地下
酒窖

长城桑干酒庄葡萄酒
瓶储和收藏区

不断创新发展中的长城桑干酒庄

酒"日益增长的味蕾需求而努力着。酒庄搭建了便捷的预约通道，提供一站式贴心服务，创办酒庄特色主题活动，例如展藤节、采收节、封藏节等，大力倡导葡萄酒文化。长城桑干酒庄将继续坚持品质为本、品牌引领、科技创新、文化赋能，为消费者带来极致体验。

二、长城桑干酒庄的发展方向和发展战略

1. 服务中国广大的葡萄酒消费者

作为国有葡萄酒大型规模型企业，长城葡萄酒的首要发展方向一直没有变，那就是践行国家酒类发展战略，为广大的中国葡萄酒消费者服务，让他们喝到安全、健康的葡萄酒，进而推广葡萄酒健康的生活方式。

中粮集团国内葡萄酒产业包括四大葡萄酒基地和三大酒庄，经过几十年的发展，各个基地和酒庄的发展逐渐形成各自的特色。虽然不同基地和酒庄酒品的风格不同，但都是为满足人民日益增长的美好生活需要及不断变化的市场多样化的需求，通过产区差异、品种差异、酒体风格差异等为消费者提供多元化选择。

中国是一个巨大的葡萄酒潜在市场，面对中国广大的消费者，大力推动葡萄酒文化和葡萄酒消费，是落实"国家减少粮食酒增加水果酒战略"的战略举措。作为国有大型规模型酒企，勇于承担责任，设计生产出多个战略大单品酒品，以高性价比提供市场。

作为长城葡萄酒的酒庄核心品牌，桑干酒庄也把服务广大消费者为己任，生产高性价比的酒庄酒大单品提供市场，例如，长城桑干酒庄西拉干红葡萄酒已经成为长城葡萄酒战略核心大单品之一。

2. "国有大事，必饮长城"的品牌发展战略

长城葡萄酒一直把提高葡萄酒质量放在首位，践行"国有大事，必饮长城"的品牌发展战略，引领中国酒庄葡萄酒产业的发展。

2008年北京奥运会的申办成功，对于长城葡萄酒几个酒企的酿酒师团队来说尤其意义非凡。2008年奥运会指定用酒的筛选一波三折，前两轮筛选，奥运会市场部主席海博格，对送选酒品都不满意，说实在不行的话，就从国外进酒。于是有了第三轮的筛选，参与的葡萄酒来自世界各地，很多是国际名庄。品鉴之后，长城葡萄酒从众多葡萄酒中脱颖而出，深受海博格称赞，长城葡萄酒被选定为北京奥运会指定用酒。他说："这才是能够进入奥运会的葡萄酒。"

此外，长城葡萄酒连续11年作为博鳌亚洲论坛会议用酒，还亮相多个重大场合，包括2009年美国总统奥巴马访华国宴用酒，2010年上海世博会唯一指定用酒，2014年APEC会议及亚信峰会官方指定用酒，2016年G20杭州峰会高级赞助商及指定用酒，2019年法

国总统马克龙、英国首相特蕾莎·梅、德国总理默克尔等领导人访华国宴用酒、中非论坛峰会国宴用酒、国庆69周年招待会用酒。

2017年5月，"一带一路"高峰论坛在北京举行，新时代的"丝绸之路"正在铺设，在举行的盛大宴会上，来自各国的领导人和贵宾们高举酒杯，用长城桑干酒庄酿造的中国美酒，为世界的和平繁荣发展干杯。

为国宴选酒，要经过专业而细致的调研和论证。宾朋来自世界各地，口味各异，选择既能代表中国高标准酿造的长城品质标准，又能为大多数来宾所喜爱的葡萄酒，是一项充满挑战的任务。多年来，长城桑干酒庄葡萄酒见证了中国800多场各级别国宴，是当之不让的中国红色国酒。

时间见证了一粒粒果实转化为陈酿，时间也见证了每一个人所经历的磨难、奋斗和成功的喜悦。葡萄酒需要时间去酿造，葡萄酒行业更要用时光去慢慢酝酿。这路上的很多长城人，终其一生所追求用匠心酿造美酒，用美酒书写自己的梦想和家国情怀。

三、桑干酒庄的商业规划和高质量发展

1. 作为长城葡萄酒的高端品牌进入国内外葡萄酒高端市场

酒庄与紫禁城中轴线同出一脉，曾被誉为"龙脉上的酒庄"。历经数十年砥砺，桑干酒庄载誉无数，已成为享誉世界的东方名庄。长城桑干酒庄西拉干红葡萄酒是长城葡萄酒战略核心大单品之一，也是长城高端酒庄酒之一。每年长城都会举办桑干西拉垂直年份的品鉴会，向市场和葡萄酒收藏者推荐年份酒。长城桑干酒庄传统法起泡葡萄酒，经历13年的酒泥陈酿，酵母用生命讲述着"陪伴是最长情的告白"，每一瓶都是一次沁人心脾的享受。著名品酒师杰西斯·罗宾逊（Jancis Robinson）评价这款酒："中国竟然存在这样长时间酒泥陈酿，如此严肃风格的传统法起泡酒，这是非常令人惊喜的。"酒评家米歇尔·贝丹（Michel Bettane）也说："这款传统法起泡酒着实令人惊喜，喝过之后非常难忘，值得铭

记。我给桑干酒庄这款传统法起泡酒打17分（20分制，中国起泡酒最高分），这款酒可以用'Excellent'来评价。"

2. 生产具有独特中国风土和中国风味的产地特色葡萄酒

长城桑干酒庄扎根于长城脚下，桑干河畔这片有200万年历史的土地，以40年积淀，秉承传统，笃定创新，精耕细作，精益求精，深挖风土特色与人文精神，奉献出独具这片风土的典雅佳酿。

微生物风土是构成酒庄特色的重要一环，酒庄近年来陆续开展了本土酵母研究、陶罐酿造、智能葡萄园系统建设等科研项目，为品质提升赋能。桑干酒庄与中粮营养研究院合作，筛选桑干酒庄葡萄园的本土优质酵母。从2020年年份酒开始，长城葡萄酒桑干酒庄产品正式启用本土酵母进行发酵酿造，除了中国产地风土的表达，更增加了中国微生物风土的表达。2021年11月29日，"基于本土酵母的葡萄酒关键酿造技术研究与应用"的相关技术，被河北省科学技术厅认定为达到国际先进水平。桑干酒庄本土酵母雷司令2020在2021年国际传统发酵食品大赛上荣获金奖。其具有清新明快的柑橘、白桃香和独特的茉莉花香，口感酸度宜人，与国外产品形成了鲜明对比，而且更适合中华美食。

葡萄园风土特色和持续维护也是关键措施。2020年桑干酒庄率先在国内安装第一个交互式智慧葡萄园信息化系统，通过搭建精密气象站和梯度土壤监测系统，实时监控葡萄园每个地块的气候环境，土壤墒情和葡萄长势情况，实现了风土可视化、数据信息化、决策网络化、产品可溯化，将天人合一的农业传统和全天候智能科技相结合，为桑干葡萄园插上智慧的"翅膀"。利用智慧葡萄园信息化系统的25.8万条数据开展种植作业，结合2021年榨季运行情况和发酵情况，并发布葡萄酒行业首个酒庄大数据年份报告，对2021年份全年风土条件、种植发酵情况、产品风味进行全面的阐述，为2021年份产品留存了第一手的数据和文字描述，创新了中国葡萄酒品质表达方式。

3. 借助长城葡萄酒的平台，大力推广中国酒庄酒

跟着长城葡萄酒与新华社、人民日报等媒体合作，用桑干酒庄酒与全国人民同频共振，共襄盛举，共庆盛事。同时，积极开展跨界圈层交流，推广同知者共卓的理念；在春季和秋季国际糖酒食品交易会、中国酒业博览会等行业和展会平台大力推广中国葡萄酒和中国葡萄酒文化。

伴随信息技术对消费行为习惯带来的改变，通过线上和线下的全场景体验互动销售将成为趋势。长城桑干葡萄酒人以"中国味""中国色""中国礼"三位一体为核心，通过互联网全媒体平台，建立起中国独特的酒庄葡萄酒价值体系，体现出中国自有的葡萄酒文化特色，拉近与消费者的距离，从而赋能市场，做大中国酒庄葡萄酒市场这块"蛋糕"。

[1] 郭其昌. 新中国葡萄酒业五十年[M]. 天津：天津人民出版社，1998.

[2] 黄卫东，李可心，王全辉，等. 中国都市农业：探索与发展[M]. 北京：中国科学技术出版社，2002.

[3] 战吉成，李德美. 葡萄酒品种学[M]. 北京：中国农业大学出版社，2010.

[4] [英]Hugh Johnson. 葡萄酒的故事[M]. 李旭大译. 陕西：陕西师范大学出版社，2004.

[5] [加拿大]Ronald S.Jackson. 葡萄酒的品尝[M]. 第3版. 游义琳主译. 北京：中国农业大学出版社，2022.

[6] [美]Vijay Krishna. 拍卖理论[M]. 罗德明，奚锡灿译. 北京：中国人民大学出版社，2010.

[7] Bokulich N.A., Collins T.S., Masarweh C., et al. Associations among wine grape microbiome, metabolome, and fermentation behavior suggest microbial contribution to regional wine characteristics [J]. *mBio*. 2016，7（3）：e00631-16.

[8] El Khoury M., Campbell-Sills H., Salin F., et al. Biogeography of Oenococcus oeni reveals distinctive but nonspecific populations in wine-producing regions [J]. *Appl Environ Microbiol*. 2017，83（3）：e02322-16.

[9] Gayevskiy V., Goddard M.R.. Geographic delineations of yeast communities and populations associated with vines and wines in New Zealand [J]. *ISME J*. 2012，6（7）：1281-1290.

[10] Hugh J., Jean-Paul K., Dewey M., et al. *BORDEAUX CHATEAUX: A History of the Grands Crus Classes Since 1855* [M]. France：Flammarion. 2009.

[11] Joan A., Rafael L.M., Anna F., et al. *PRIORAT* [M]. Spain：LUNWERG. 2004.

[12] Li R.L., Yang S.Y., Lin M.Y., et al. The Biogeography of Fungal Communities Across Different Chinese Wine-Producing Regions Associated with Environmental Factor and Spontaneous Fermentation Performance [J]. *Front Microbiol*. 2022，12：636639.

[13] Li R.L., Lin M.Y., Guo S.J., et aL. A fundamental landscape of fungal biogeographical patterns across the main Chinese wine-producing regions and the dominating shaping factors [J]. *Food Res Int*. 2021，150：110736.

[14] Miura T., Sánchez R., Castañeda L.E., et al. Is microbial terroir related to geographic distance between vineyards? [J]. *Environ Microbiol Rep*. 2017，9（6）：742-749.

[15] Remington N., Charles T., Broadbent M.. The Great Domaines of Burgundy Third Edition [M]. London：Kyle Cathie LTD. 2010.

致 谢

—

　　如果没有酒庄主和酿酒师的企业家精神，我们一定不能品赏到这么丰富多彩的葡萄美酒，葡萄和葡萄酒的传统农业文明也不可能传承下来，当然，也就不会有本书的出现。

　　非常感谢参与本书编写的我的同事、学生们以及喜爱葡萄酒和葡萄酒酒庄文化的朋友们，你们多年的辛勤耕耘，终于通过本书呈现给喜爱葡萄酒和葡萄酒文化的爱好者。

　　感谢中国轻工业出版社的支持和工作人员提供的帮助，尤其是责任编辑的辛勤付出。

　　最后，谢谢我夫人多年的支持和鼓励，使我终于完成了书稿。

黄卫东

2023年3月

后记

书稿写完后，感觉总有一些话没有说完。回想十多年来的准备和积累，需要感谢的人很多。

对于国外的酒庄，尽管十多年来的访问很多，但是，总结好也不容易，我尽量想把各个酒庄的亮点和特色的经验写出来。感谢奥松酒庄的亚伦先生还专门回复邮件总结了他的酒庄特色和管理酒庄的经验；每年去国外访问时，酒庄的庄主或接待人员总是详细地讲解当年的气候变化对葡萄园的影响以及果实的成熟状况；尤其是在勃艮第产区，庄主最多的讲解就是葡萄园，讲得最多的就是葡萄园风土的变化和特色，他们关注和投入最多的也是葡萄园。虽然总想在本书反映出来，但是，由于能力有限，总觉得本书没有写透他们酒庄发展的灵魂。但是，与他们在一起的点点滴滴，总是让我感恩，让我感觉从园艺果树专业转到食品科学与营养工程学院来创办葡萄与葡萄酒工程专业是多么正确和美好的决定。

中国是以饮用白酒为主的国家，在国内创办酒庄，推广葡萄酒和葡萄酒文化是很困难的事。所以，国内酒庄的创建者是多么不容易，特别是早期的创业者。把国内的酒庄写好也不容易，这些酒庄主创建酒庄时的甜酸苦辣，不用他们说也能感受到，但是，他们却义无反顾，有的几乎把所有家当都投了进来，甚至，有时都快坚持不下去了。一路走来，他们的故事，本来应该写得生动些，可是，我们的文笔太对不起他们了。

但是，不管如何，本书还是完成了，如果有遗憾，希望在再版时可以补上。

黄卫东

2023年3月